MERCADO FINANCEIRO BRASILEIRO

O GEN | Grupo Editorial Nacional – maior plataforma editorial brasileira no segmento científico, técnico e profissional – publica conteúdos nas áreas de ciências humanas, exatas, jurídicas, da saúde e sociais aplicadas, além de prover serviços direcionados à educação continuada e à preparação para concursos.

As editoras que integram o GEN, das mais respeitadas no mercado editorial, construíram catálogos inigualáveis, com obras decisivas para a formação acadêmica e o aperfeiçoamento de várias gerações de profissionais e estudantes, tendo se tornado sinônimo de qualidade e seriedade.

A missão do GEN e dos núcleos de conteúdo que o compõem é prover a melhor informação científica e distribuí-la de maneira flexível e conveniente, a preços justos, gerando benefícios e servindo a autores, docentes, livreiros, funcionários, colaboradores e acionistas.

Nosso comportamento ético incondicional e nossa responsabilidade social e ambiental são reforçados pela natureza educacional de nossa atividade e dão sustentabilidade ao crescimento contínuo e à rentabilidade do grupo.

Liliam Sanchez **Carrete**
Rosana **Tavares**

MERCADO FINANCEIRO BRASILEIRO

Rua Conselheiro Nébias, 1384
Campos Elísios, São Paulo, SP — CEP 01203-904
Tels.: 21-3543-0770/11-5080-0770
faleconosco@grupogen.com.br
www.grupogen.com.br

Designer de capa: OFÁ Design | Manu
Imagem de capa: SireAnko | iStockphoto
Editoração Eletrônica: IO Design

CIP-BRASIL. CATALOGAÇÃO NA PUBLICAÇÃO
SINDICATO NACIONAL DOS EDITORES DE LIVROS, RJ

Carrete, Liliam Sanchez
Mercado financeiro brasileiro / Liliam Sanchez Carrete, Rosana Tavares. - 1. ed. - São Paulo : Atlas, 2019.

ISBN 978-85-97-02058-8

1. Mercado financeiro. 2. Mercado de capitais. I. Tavares, Rosana. II. Título.

19-55671 CDD: 332.6
CDU: 336.76

Vanessa Mafra Xavier Salgado - Bibliotecária - CRB-7/6644

Nota sobre as Autoras

Prof.ª Dra. Liliam Sanchez Carrete
Professora da Faculdade de Economia, Administração e Contabilidade da Universidade de São Paulo (FEA/USP). Doutora em Administração pela FEA/USP. Mestre em Administração de Empresas pela Escola de Administração de Empresas de São Paulo da Fundação Getulio Vargas (FGV EAESP). Bacharel em Administração pela FEA/USP. Autora de artigos publicados em periódicos e congressos acadêmicos. Possui experiência no mercado financeiro, tendo atuado no exterior e como consultora na área financeira, principalmente nos seguintes temas: *valuation*, gestão financeira, avaliação de investimentos, estrutura de capital, previsão de falência e precificação de títulos de renda fixa.

Prof.ª Dra. Rosana Tavares
Doutora em Administração pela Faculdade de Economia, Administração e Contabilidade da Universidade de São Paulo (FEA/USP). Mestre em Ciências Contábeis pela Pontifícia Universidade Católica de São Paulo (PUC-SP). Bacharel em Administração de Empresas pela Escola de Administração de Empresas de São Paulo da Fundação Getulio Vargas (FGV EAESP). Especialista em Finanças pelo Curso de Especialização em Administração para Graduados da FGV. Possui experiência profissional de mais de vinte anos em departamentos técnicos de instituições financeiras. É professora do Departamento de Administração da FEA/USP.

Apresentação

Com esta obra buscamos oferecer a alunos e professores um amplo conjunto de conceitos fundamentais, princípios e práticas do mercado financeiro, ilustrados com casos brasileiros. O texto procura seguir uma linha de aprendizagem dinâmica que mescla aspectos conceituais e aplicações práticas.

O diferencial da obra é a aplicação dos conceitos às situações reais do mercado e, dessa forma, torna-se de interesse de estudantes de graduação, pós-graduação e de cursos de especialização, bem como de analistas e consultores de investimento.

O primeiro capítulo, introdutório, apresenta os principais conceitos relacionados ao mercado financeiro, sua abrangência, segmentos de negócios, principais produtos, serviços e riscos envolvidos.

Os quatro capítulos seguintes trazem com mais detalhes os quatro principais segmentos do mercado financeiro, a saber, os mercados monetário, de crédito, cambial e de capitais. Em cada capítulo são expostas as características, os objetivos, a abrangência do segmento de mercado, os aspectos da legislação pertinente, os participantes, os principais produtos e serviços. São também apresentadas as principais operações e a terminologia específica, incluindo situações e casos reais do mercado brasileiro.

As autoras

Agradecimentos

Agradecemos a participação dos executivos que apresentaram suas respectivas visões do mercado financeiro. Em primeiro lugar, agradecemos ao Gustavo Marin, Presidente para a América Latina da First Data, que faz a abertura do primeiro capítulo do livro com a descrição do mercado financeiro com base na sua experiência de mais de vinte anos na tomada de decisão nos mais diversos mercados da América Latina, Estados Unidos e Europa.

Ao Rodrigo Terni, sócio-fundador da Visia Investimentos, que descreve no Capítulo 2 uma experiência no mercado monetário. Agradecemos ao Emerson Faria, que atua há mais de oito anos do ABC Arab Bank, por compartilhar com nossos leitores uma de suas experiências no mercado de crédito. Sua contribuição refere-se ao texto de abertura do Capítulo 3. Agradecemos ao Carlos Eduardo Lara, que tendo atuado em mais de vinte anos nas instituições financeiras como Safra e Itaú, descreve na abertura do Capítulo 4 uma de suas experiências nesse mercado, a crise do mercado de câmbio de 1999, quando o Brasil passou a adotar a política de câmbio flutuante.

Finalmente, agradecemos ao Murilo Freiberger, que atua em um grande banco global em Nova York, o qual descreve no Capítulo 5 sua experiência no mercado de capitais na área de *equity research*.

Recursos Didáticos

OBJETIVOS DE APRENDIZAGEM

Relação dos objetivos que se pretende alcançar ao final da leitura do capítulo.

EXEMPLO

Textos que tratam de situações relacionadas aos assuntos abordados.

FIQUE ATENTO

Dicas sobre os assuntos apresentados nos capítulos.

SAIBA MAIS

Textos complementares para enfatizar aspectos que merecem a atenção do leitor.

LINKS

Indicações de *sites* da internet para aprofundamento dos estudos.

RESUMO

Síntese dos assuntos abordados, apresentada ao final dos capítulos.

Sumário

1 Introdução

MERCADO FINANCEIRO

Compreender como opera o mercado financeiro é fundamental para entender o funcionamento das sociedades modernas, a fim de que no dia de amanhã se possa ser ator do próprio desenvolvimento.

Por quê? Muito simples. O mercado financeiro é peça central no processo de criação de riqueza e desenvolvimento de um país, pré-requisito para uma sociedade mais rica e mais justa. As sociedades que souberem canalizar sua criatividade e poder multiplicador, bem como controlar os seus excessos, irão prosperar e se desenvolver.

A razão de ser do mercado financeiro não tem mudado na sua essência desde que o crédito foi inventado na Mesopotâmia em 2000 a.C.: indivíduos guardando sua riqueza (ouro, grãos etc.) no templo ou no palácio e os sacerdotes (os primeiros banqueiros) emprestando os grãos para os agricultores que iam repagar os empréstimos com a colheita. Tudo registrado em barras de argila. Ou seja, canalizar excedentes financeiros de poupadores para pessoas ou entidades que precisam desses recursos para uma atividade comercial ou produtiva.

Nosso país é cronicamente deficitário em poupança, ingrediente essencial para financiar enormes necessidades de investimento, novos e represados. Um processo de conversão eficiente de poupança doméstica e externa em investimento produtivo, ou seja, um mercado financeiro eficiente, é fundamental para aumentar a produtividade de nosso capital humano, gerando riqueza e crescimento sustentável.

Hoje, o mercado financeiro está se adaptando à revolução digital. Não poderia ser diferente. Toda nossa vida está sendo impactada e transformada por este fenômeno. Ela está revolucionando a forma que nos comunicamos, estudamos, nos relacionamos e interagimos com o sistema financeiro.

Neste processo de adaptação, o mercado financeiro está se reinventando, com um conjunto novo de regras, novos atores, novas ferramentas. Um mundo fascinante.

Porém, para que os estudantes de hoje possam ser atores nesta jornada, o primeiro passo é dominar os conceitos básicos do funcionamento atual do mercado financeiro. O texto a seguir será de grande ajuda para conseguir esse objetivo.[1]

OBJETIVOS DE APRENDIZAGEM

- Entender os principais conceitos relacionados ao mercado financeiro, seus segmentos de negócios, abrangência, principais produtos, serviços e riscos.
- Aplicar conceitos a situações observadas no cotidiano das corporações e instituições financeiras.
- Analisar as atribuições, responsabilidades e comportamento das instituições governamentais que regulam e fiscalizam os participantes das operações e serviços do mercado financeiro.
- Criar condições para o desenvolvimento dos conteúdos dos capítulos seguintes, onde serão apresentadas as principais características dos segmentos do mercado financeiro.

[1] Texto de autoria de Gustavo Marin, Presidente para a América Latina da First Data.

A First Data é a líder global em tecnologias e soluções para meios de pagamento, atendendo mais de 120 instituições financeiras e um milhão de comerciantes na América Central e América do Sul, bem como no Caribe. Com escritórios em Buenos Aires, Bogotá, Medellín, Montevideo, Cidade do Panamá, São Paulo e Cidade do México, a First Data emprega cerca de 1.500 pessoas. A empresa tem sua sede em Atlanta.

Gustavo Marin é o atual Presidente para a América Latina, com base na cidade de São Paulo, onde mantém fortes relações com comunidades empresariais e governamentais. Possui ampla experiência e habilidades para apoiar o desenvolvimento dos negócios de clientes em importantes mercados e é membro do comitê de gestão global da First Data Corporation.

Que mercado é esse?

A leitura do noticiário econômico financeiro permite observar, rotineiramente, situações como:

Uma grande empresa produtora de papel e celulose procura garantir o fornecimento da matéria-prima eucalipto e adquire florestas e terras. Ao mesmo tempo, essa empresa analisa a construção de uma fábrica ou a aquisição de um concorrente.

Outra empresa do setor petroquímico prepara uma oferta global de ações.

As famílias aumentam as compras natalinas, melhorando os indicadores do setor de varejo. As instituições bancárias preveem aumento das operações de crédito, mas o aquecimento do comércio pode aumentar a inflação.

O noticiário também informa que o Banco Central reduziu a taxa básica de juros (Selic) e sinaliza ao mercado quais serão as próximas movimentações dos juros, consideradas as condições dos mercados interno e internacional.

O que essas notícias têm em comum?

Todas essas iniciativas envolvem diversos participantes e requerem regras bem definidas, divulgação e documentação.

Todas essas operações requerem agentes intermediários especializados a promover direta ou indiretamente as operações de investimento ou financiamento.

Todas essas operações estão inseridas num ambiente organizado, que conhecemos por **mercado financeiro**.

Para uma grande empresa investir, o volume de recursos é muito elevado para poder ser realizado exclusivamente com os lucros retidos na sua atividade. Ela precisará obter recursos adicionais, e deverá procurar instituições especializadas em "encontrar" pessoas físicas e jurídicas que têm recursos e estão dispostas a emprestar ou a se associar ao projeto de investimento da grande empresa. Se a empresa contratar operações de empréstimo, estará operando no **mercado de crédito**. Se emitir títulos de dívida, além do mercado de crédito, estará acionando intermediários do **mercado de capitais**. As empresas que emitem ações também estarão utilizando os agentes e os recursos do **mercado de capitais**. Se essas operações forem realizadas no mercado internacional, também estarão presentes agentes e produtos do **mercado de câmbio**.

A entrada de investidores internacionais adquirindo ações ou títulos de empresas brasileiras pode provocar uma entrada extraordinária de moeda estrangeira no país, que, ao ser convertida para a moeda local, pode influenciar a cotação da moeda. O Banco Central, como autoridade responsável pelo equilíbrio da moeda local, deverá, portanto, controlar esse fluxo, atuando no **mercado monetário**.

O aumento do consumo das famílias e o aumento das condições de crédito podem aquecer a economia, e a autoridade monetária deve acompanhar permanentemente esse movimento para evitar a perda do poder aquisitivo da moeda. Esse controle utiliza os mecanismos do **mercado monetário**.

Nos capítulos seguintes, você vai conhecer um pouco mais sobre essas operações e os participantes nesses mercados.

1.1 INTRODUÇÃO AO MERCADO FINANCEIRO

Nas atividades diárias, as pessoas compram, consomem, poupam, investem, emprestam recursos, viajam ao exterior. Da mesma forma, no desenvolvimento de suas atividades, as organizações compram, vendem, prestam serviços, contratam, pagam impostos, emitem títulos, no país e no exterior. Em todas essas situações, as pessoas e as organizações deverão utilizar recursos financeiros e/ou os serviços de instituições especializadas que são considerados como **agentes econômicos**.

O **mercado financeiro** é o ambiente onde ocorrem as operações e serviços oferecidos pelas instituições financeiras destinadas a possibilitar o fluxo de recursos monetários entre **agentes econômicos**. Para garantir equilíbrio entre todos os participantes, esse ambiente deve ser regulado e controlado pela autoridade monetária do país.

O mercado financeiro pode ser dividido em quatro principais segmentos:

- mercado monetário;
- mercado de crédito;
- mercado cambial; e
- mercado de capitais.

Essa divisão não é rigorosa e, na prática, os agentes do mercado financeiro podem, em determinada operação, utilizar simultaneamente produtos e serviços de mais de um segmento. Essa inter-relação entre os segmentos do mercado financeiro está representada na Figura 1.1.

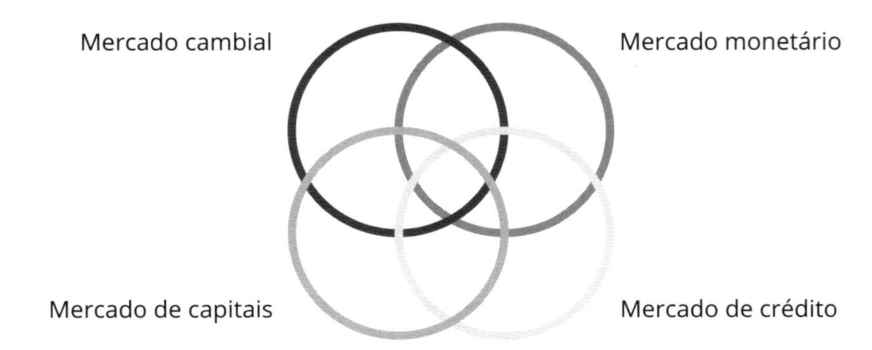

Figura 1.1 Representação do mercado financeiro e o entrelaçamento dos principais segmentos.

- O **mercado monetário**, que envolve as operações com títulos públicos, tem como objetivo controlar a liquidez e a taxa de juro básica da economia. Nesse mercado a autoridade monetária controla os meios de pagamento e conduz a política monetária, gerenciando as operações de mercado aberto, operações de redesconto e os depósitos compulsórios.
- O **mercado de crédito** abrange as operações de empréstimo e financiamento para fortalecimento de capital de giro ou investimentos entre os agentes econômicos e instituições financeiras.
- O **mercado cambial** compreende as operações de troca de moedas originadas principalmente pelas transações comerciais e de remessa de divisas.
- O **mercado de capitais** envolve as operações de médio e longo prazo com títulos mobiliários emitidos pelas empresas, onde, em geral, instituições financeiras especializadas estruturam as operações e proporcionam o "encontro" entre os agentes superavitários e os demandantes de recursos para investimentos tanto em capital fixo como em capital de giro.

EXEMPLO

Uma empresa precisa de recursos financeiros para implantar uma nova linha de produção. O caixa gerado em sua atividade operacional não será suficiente para esse plano de investimento e ela deverá empregar recursos de terceiros (bancos ou investidores) ou ainda aos recursos próprios (dos sócios). Essa empresa poderá obter esses recursos contratando financiamento de médio ou longo prazo em uma instituição financeira ou emitir um título mobiliário como debênture ou, ainda, emitir novas ações.

Se optar por financiamento bancário, estará atuando no mercado de crédito. A instituição financeira que emprestar o dinheiro para o investimento precisará aprovar uma linha de crédito para essa empresa. Se os recursos emprestados tiverem origem no exterior, será feito um empréstimo em moeda estrangeira, com troca de divisas, e nesse caso a operação envolve os mercados de crédito e cambial.

Se, ao invés de contratar um empréstimo bancário, essa empresa optar por emitir um título de dívida como debênture ou *commercial paper*, estará atuando nos mercados de crédito e de capitais. Toda a emissão de títulos é regulada e fiscalizada pela Comissão de Valores Mobiliários (CVM). Observe que, se os títulos forem emitidos no mercado externo, também envolverão troca de divisas e essa operação também será caracterizada como de mercado cambial.

Se a empresa realizar um aporte de capital obtendo recursos dos sócios, a operação será considerada de mercado de capitais.

As instituições do mercado financeiro exercem papel de intermediários entre os agentes deficitários e superavitários de uma economia.

A instituição financeira mais tradicional é o banco comercial, por oferecer segurança aos agentes poupadores na proteção ao respectivo patrimônio, tenha ele a forma de objetos de valor recursos monetários ou ativos financeiros. Outra atividade usualmente conhecida prestada pelos bancos comerciais são os empréstimos para atender às necessidades de caixa dos agentes deficitários.

Os agentes deficitários são pessoas ou empresas com plano de realização de investimento como aquisição de casa própria, no caso dos indivíduos, e investimento em novas plantas fabris, como no caso de empresas e indústrias. Esses agentes realizam as operações de empréstimo para recebimento de recursos na data presente com compromisso de pagamento em data futura em função de suas expectativas de recebimento de recursos no futuro.

A intermediação financeira prestada pelo banco comercial pode ser representada pela Figura 1.2:

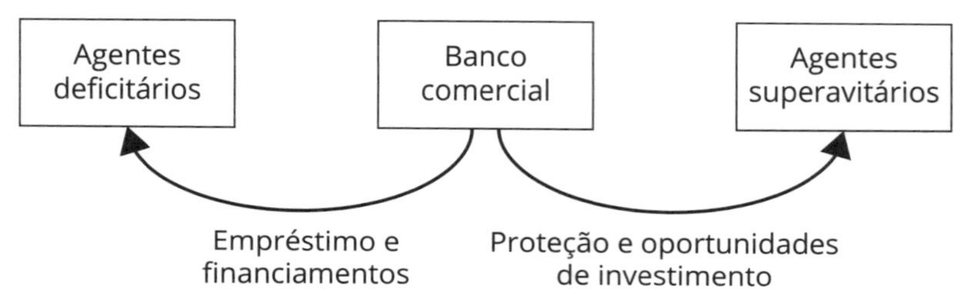

Figura 1.2 Representação do papel dos bancos comerciais entre os agentes econômicos.

O mercado financeiro é composto de outras instituições financeiras além dos bancos comerciais, conforme será apresentado mais adiante.

> As operações realizadas no mercado financeiro estão sujeitas às políticas governamentais como política monetária, cambial, fiscal, tributária, entre outras, sendo que cada uma dessas políticas afeta um ou mais segmentos do mercado financeiro.

A intermediação bancária possibilita maior eficiência para que os recursos sejam transferidos entre os agentes econômicos através de produtos financeiros que utilizam uma medida em comum, **a taxa de juros**.

O custo das operações de empréstimo e a remuneração dos investimentos é realizado pelo **juro**. A proporção entre o juro de um determinado período e o valor emprestado ou investido resulta na **taxa de juro**.

FIQUE ATENTO

Cada economia possui uma taxa de juro básica que é aquela oferecida pelo governo para captação de recursos. A taxa de juro básica do Brasil é a taxa Selic. As taxas de juros variam ao longo do tempo em função da política monetária e disponibilidade de recursos na economia.

O conceito e a formação da taxa Selic serão apresentados no **Capítulo 2 – Mercado Monetário.**

Os agentes que necessitam de recursos ofertam títulos, ou seja, são vendedores de títulos; e os possuidores de moeda são compradores desses títulos.

Títulos são aplicações financeiras ou papéis que rendem juros, por exemplo, nota promissória (NP), certificado de depósito bancário (CDB), debêntures etc.

Moeda é o meio de troca, isto é, possibilita a transação de bens. Moeda também funciona como reserva de valor, ou seja, pode ser guardada para um momento futuro.

Assim, no âmbito do mercado financeiro, quando um agente econômico empresta recursos ou aplica em títulos, ele está trocando recursos financeiros (moeda) por títulos, tornando-se **credor** do valor emprestado somado a um valor pactuado de juros.

Do outro lado está um agente econômico que tomou recursos financeiros (moeda) emprestados e, portanto, é vendedor de um título, tornando-se um **devedor** do valor contratado acrescido dos juros pelo período.

Quanto maior a oferta de títulos, maior tende a ser a taxa de juros: a maior oferta de títulos indica maior necessidade de recurso (moeda); de acordo com a lei da oferta e demanda, quanto maior é a demanda por recursos monetários, maior será o custo para obtenção dos recursos, ou seja, maior a taxa de juros. Inversamente, se a demanda por títulos se eleva indicando excesso de recursos financeiros (moeda), a taxa de juros tende a baixar, cenário esse que pode ser caracterizado como excesso de **liquidez**.

Os títulos podem ser negociados entre os agentes econômicos, sendo que as informações sobre tais transações são monitoradas pelas instituições como Banco Central (Bacen), Comissão de Valores Mobiliários (CVM) e bolsa de valores, que disponibilizam para o mercado as respectivas informações para que todos os agentes possam ter informações simultaneamente, oferecendo assim um ambiente com condições homogêneas para todos os participantes do mercado.

Títulos mais demandados por investidores devem oferecer taxa de juros menor e os menos demandados, taxa de juros maior. Se um agente emissor de título apresentar dificuldades de honrar sua dívida no prazo estipulado, os investidores terão menor interesse por esse título, já que há deterioração na qualidade do crédito do emissor. Com a menor procura por esse título, ele tende a perder seu valor. Um título não liquidado caracteriza a **inadimplência** do devedor.

Acabamos de apresentar a **relação inversa entre taxa de juros e preços de títulos**: quando a taxa de juros de um título sobe, seu preço cai e quando a taxa de juros de um título cai, seu preço sobe, conforme representação na Figura 1.3.

Essa relação inversa se dá em função fundamental de matemática financeira de valor presente e valor futuro:

$$\text{Valor presente} = \frac{\text{Valor futuro}}{\left(1 + \text{Taxa de juros}\right)}$$

O **preço** de um título equivale ao valor presente, que é igual ao valor nominal do título no futuro dividido pelo fator de taxa de juros.

O **valor nominal do título** é quanto o emissor do título irá pagar no seu vencimento.

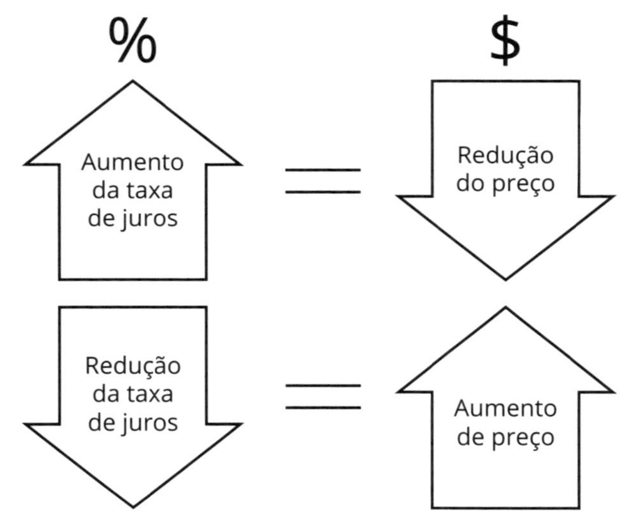

Figura 1.3 Representação da relação entre taxa de juros e preço de títulos.

EXEMPLO

Ao comprar um título pré-fixado do Tesouro Nacional com prazo de 1 ano que paga R$ 1.000,00 no vencimento, o investidor irá pagar R$ 900,90 se a taxa de juros for igual a 11% a.a.

$$900,90 = \frac{1.000}{(1+0,11)}$$

Neste caso, o **preço** é R$ 900,90 e o **valor nominal** é R$ 1.000.

Entretanto, se a taxa de juros for igual a 15% a.a., o valor que o investidor irá pagar pelo título (preço) é somente R$ 869,56.

$$869,56 = \frac{1.000}{(1+0,15)}$$

Dessa forma, é possível observar que, para uma taxa de juros maior, o preço é menor e vice-versa, conforme representação da Figura 1.4.

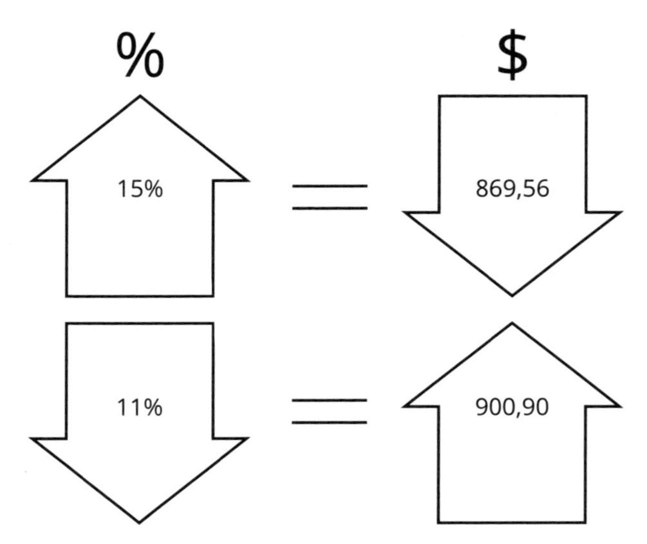

Figura 1.4 Esquema representativo da relação inversa entre "preço" e "taxa".

Além dessa intermediação, em que assumem operações ativas (como credor) e passivas (como devedor) junto aos agentes econômicos, as entidades do mercado financeiro também podem desempenhar funções como **prestadores de serviços**. Por exemplo, instituições financeiras especializadas prestam o serviço de estruturar e distribuir operações de captação de recursos, em geral de médio e longo prazo. Nesses casos, os agentes que demandam recursos emitem títulos de dívida ou ações. A instituição financeira orienta e assessora o emissor e assume a função de localizar os investidores, agentes superavitários, que irão adquirir tais títulos.

As instituições financeiras (apresentadas na seção 1.2: Sistema Financeiro Nacional) que oferecem os serviços de intermediação acabam por especializar-se e podem ser segmentadas por tipo de produto ou serviço oferecido. Dessa forma, as entidades participantes do SFN contam com pessoal técnico especializado e desenvolvem tecnologias próprias em busca de eficiência.

Um mercado financeiro eficiente é fundamental para o equilíbrio e a estabilidade dos agentes econômicos, proporcionando o alicerce seguro para o crescimento econômico nas sociedades modernas. Quando o mercado financeiro é eficiente, pode proporcionar o acesso das empresas aos recursos necessários para estimular produção e investimento.

SAIBA MAIS

Existem alguns momentos em que o mercado financeiro se desequilibra, entretanto, mais cedo ou mais tarde ele se ajusta. Esses ajustes são conhecidos como crises financeiras, como a crise do *subprime* em 2008 nos Estados Unidos, que causou impacto em todas as economias do mundo. A origem da crise se deu no sistema de concessão de financiamento imobiliário na qual os bancos que concediam crédito às famílias subestimaram a capacidade de pagamento dos tomadores de recursos. A crise iniciou-se com o mercado de crédito e alastrou-se para o mercado de capitais, pois os bancos emitiram títulos de dívida cuja fonte de pagamento eram os tomadores de crédito imobiliários. Os investidores identificaram que o risco de não pagamento desses títulos era maior do que o inicialmente previsto e passaram a vender seus títulos. Com o movimento de venda pelos investidores, os preços dos títulos caíram, gerando perdas tão grandes que causaram a falência de bancos como Lehman Brothers e aporte de recursos pelo governo federal para evitar uma falência em série das instituições financeiras. A Figura 1.5 apresenta o impacto da crise do *subprime* através do percentual da queda das principais bolsas de valores ao redor do mundo.

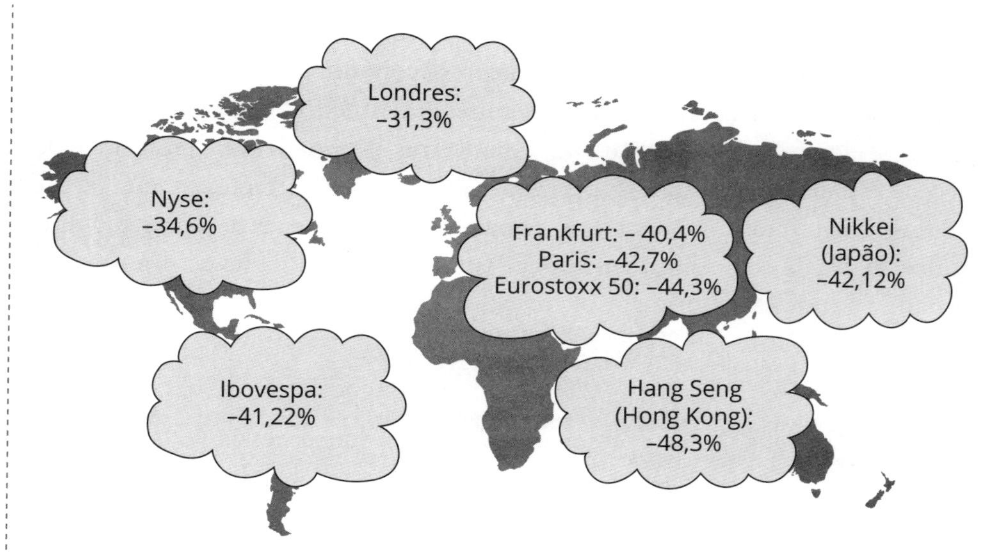

Figura 1.5 Impacto imediato da crise *subprime* nas principais bolsas mundiais.

1.2 SISTEMA FINANCEIRO NACIONAL

No Brasil, o mercado financeiro é organizado e controlado pelas instituições que compõem o **Sistema Financeiro Nacional (SFN).** O **SFN** é o conjunto de instituições que propiciam o fluxo de recursos entre os tomadores e os aplicadores de recursos na economia brasileira. É composto por todas as instituições públicas e privadas atuantes no mercado brasileiro.

De acordo com o Banco Central do Brasil (Bacen), o SFN é composto por órgãos normativos, entidades supervisoras e operadores. O Quadro 1.1 apresenta a composição do SFN.

LINKS

http://www.bcb.gov.br/pre/composicao/composicao.asp
Utilize esse *link* para acessar a composição do SFN no *site* do Bacen.

Quadro 1.1 Composição do SFN

<table>
<tr><th>Órgãos normativos</th><th>Entidades supervisoras</th><th colspan="3">Operadores</th></tr>
<tr><td rowspan="3">Conselho Monetário Nacional (CMN)</td><td rowspan="2">Banco Central do Brasil (Bacen)</td><td>Bancos e caixas econômicas</td><td>Cooperativas de crédito</td><td>Instituições de pagamento**</td></tr>
<tr><td>Administradoras de consórcio</td><td>Corretoras e distribuidoras *</td><td>Demais instituições não bancárias</td></tr>
<tr><td>Comissão de Valores Mobiliários (CVM)</td><td>Bolsas de mercadorias e futuros</td><td colspan="2">Bolsas de valores</td></tr>
<tr><td>Conselho Nacional de Seguros Privados (CNSP)</td><td>Superintendência de Seguros Privados (Susep)</td><td>Seguradoras e Resseguradores</td><td>Sociedades de capitalização</td><td>Entidades abertas de previdência complementar</td></tr>
<tr><td>Conselho Nacional de Previdência Complementar (CNPC)</td><td>Superintendência Nacional de Previdência Complementar (Previc)</td><td colspan="3">Entidades fechadas de previdência complementar (fundos de pensão)</td></tr>
</table>

* Dependendo de suas atividades, corretoras e distribuidoras também são fiscalizadas pela CVM.
** As instituições de pagamento não compõem o SFN, mas são reguladas e fiscalizadas pelo Bacen, conforme diretrizes estabelecidas pelo CMN.
Fonte: Bacen (2017).

SAIBA MAIS

O SFN começou a ser estruturado pela Lei nº 4.595, de 31 de dezembro de 1964, conhecida como Lei da Reforma Bancária, que criou o Conselho Monetário Nacional. Em seguida, foi editada a Lei nº 4.728, de 14 de julho de 1965, que reformou o mercado de capitais.

1.2.1 Órgãos normativos

As instituições que compõem o SFN são subordinadas a um dos três **órgãos normativos**. Esses órgãos são as instituições que editam as normas que regem o sistema financeiro e fiscalizam as operações. São eles o Conselho Monetário Nacional (CMN), Conselho Nacional de Seguros Privados (CNSP), Conselho Nacional de Previdência Complementar (CNPC).

CMN

Conforme o Bacen (www.bcb.org.br), o Conselho Monetário Nacional (CMN) foi criado pela Lei nº 4.595, de 31 de dezembro de 1964, e efetivamente instituído em 31 de março de 1965. É o órgão superior do Sistema Financeiro Nacional e tem a responsabilidade de formular a política da moeda e do crédito, objetivando a estabilidade da moeda e o desenvolvimento econômico e social do país. O CMN é composto pelo ministro da Fazenda, como presidente do Conselho; ministro do Planejamento, Desenvolvimento e Gestão; e presidente do Banco Central do Brasil.

O CMN tem como principais objetivos:

- adaptar o volume dos meios de pagamento às reais necessidades da economia nacional e seu processo de desenvolvimento;
- regular o valor interno da moeda, corrigindo inflação ou desequilíbrios;
- regular o valor externo da moeda;
- orientar aplicação dos recursos das instituições financeiras públicas e privadas, propiciando condições favoráveis ao desenvolvimento harmônico da economia nacional;
- propiciar o aperfeiçoamento das instituições e dos instrumentos financeiros, com vista em maior eficiência dos sistemas de pagamentos e de mobilização de recursos;
- zelar por liquidez e solvência das instituições financeiras;
- coordenar as políticas monetária, creditícia, orçamentária, fiscal e da dívida pública, interna e externa.

CNSP

O Conselho Nacional de Seguros Privados (CNSP), conforme definido pelo Bacen (www.bcb.org.br), é o órgão responsável por fixar as diretrizes e normas da política de seguros privados. O CNSP foi criado pelo Decreto-lei nº 73, de 21 de novembro de 1966. É composto pelo ministro da Fazenda (Presidente), representante do Ministério da Justiça, representante do Ministério da Previdência Social, chefe da Superintendência de Seguros Privados, representante do Banco Central do Brasil e representante da Comissão de Valores Mobiliários. Dentre as funções do CNSP estão:

- regular a constituição, organização, funcionamento e fiscalização dos que exercem atividades subordinadas ao SNSP;

- aplicar as penalidades previstas em caso de infração;
- fixar as características gerais dos contratos de seguro, previdência privada aberta, capitalização e resseguro;
- estabelecer as diretrizes gerais das operações de resseguro;
- prescrever os critérios de constituição das sociedades seguradoras, de capitalização, entidades de previdência privada aberta e resseguradores, com fixação dos limites legais e técnicos das respectivas operações; e
- disciplinar a corretagem de seguros e a profissão de corretor.

CNPC

O Conselho Nacional de Previdência Complementar (CNPC) é o órgão responsável por regular o regime de previdência complementar operado pelas entidades fechadas de previdência complementar. Foi instituído pelo Decreto nº 7.123, de 3 de março de 2010, juntamente com a Câmara de Recursos da Previdência Complementar (CRPC), para substituir o extinto Conselho de Gestão da Previdência Complementar (CGPC). É presidido pelo ministro da Previdência Social e composto por representantes da Superintendência Nacional de Previdência Complementar (Previc), da Secretaria de Políticas de Previdência Complementar (SPPC), da Casa Civil da Presidência da República, dos Ministérios da Fazenda e do Planejamento, Orçamento e Gestão, das entidades fechadas de previdência complementar, dos patrocinadores e instituidores de planos de benefícios das entidades fechadas de previdência complementar e dos participantes e assistidos de planos de benefícios das referidas entidades.

1.2.2 Entidades supervisoras

As **entidades supervisoras** do SFN fiscalizam as operações. As entidades supervisoras vinculadas ao CMN são o Banco Central do Brasil (Bacen) e a Comissão de Valores Mobiliários (CVM). A entidade vinculada ao CNSP é a Superintendência de Seguros Privados (Susep) e a vinculada ao CNPC é a Superintendência Nacional de Previdência Complementar (Previc).

Bacen

O Bacen foi criado pela Lei nº 4.595, de 31/12/1964 e é o responsável pelo controle da inflação no país. Ele atua para regular a quantidade de moeda na economia que permita a estabilidade de preços. Suas atividades também incluem a preocupação com a estabilidade financeira. Para isso, o Bacen regula e supervisiona as instituições financeiras. Pode ainda ser definido como o banco dos bancos, gestor do sistema financeiro (normatiza, autoriza, fiscaliza, intervém); agente da autoridade monetária (controla fluxos e liquidez monetários), banco de emissão (emite e controla fluxos de moeda) e agente financeiro do Governo (financia o Tesouro Nacional, administra a dívida pública e é depositário das reservas internacionais).

Entre as suas principais atribuições estão:

- emitir papel-moeda e moeda metálica;
- executar os serviços do meio circulante;
- receber recolhimentos compulsórios e voluntários das instituições financeiras;
- realizar operações de redesconto e empréstimo às instituições financeiras;
- regular a execução dos serviços de compensação de cheques e outros papéis;
- efetuar operações de compra e venda de títulos públicos federais;
- exercer o controle de crédito;
- exercer a fiscalização das instituições financeiras;
- autorizar o funcionamento das instituições financeiras;
- estabelecer as condições para o exercício de quaisquer cargos de direção nas instituições financeiras;
- vigiar a interferência de outras empresas nos mercados financeiros e de capitais;
- controlar o fluxo de capitais estrangeiros no país.

Adicionalmente, o Banco Central do Brasil é a secretaria executiva do CMN. Compete ao Banco Central organizar e assessorar as sessões deliberativas (preparar, assessorar e dar suporte durante as reuniões, elaborar as atas e manter seu arquivo histórico).

FIQUE ATENTO

Ao se preparar para uma viagem internacional, você precisa adquirir a moeda do país que irá visitar. Para isso, você pode ir a um banco ou a uma corretora autorizada a operar em câmbio e realizar uma operação de compra de moeda estrangeira. Essa é uma operação do **mercado cambial** e é regulamentada e fiscalizada pelo Bacen. O Capítulo 4, Mercado Cambial, trata de operações de câmbio turismo como a descrita, além de outras operações usualmente transacionadas nesse mercado.

CVM

A Comissão de Valores Mobiliários (CVM) foi criada em 7/12/1976 pela Lei nº 6.385/1976, com o objetivo de fiscalizar, normatizar, disciplinar e desenvolver o mercado de valores mobiliários no Brasil. É uma autarquia vinculada ao Ministério da Fazenda com amplos poderes para disciplinar e estabelecer medidas de atuação no mercado de valores mobiliários. É responsável por:

- estimular a formação de poupança e investimentos em valores mobiliários;
- assegurar funcionamento eficiente e regular do mercado;
- proteger os investidores;
- assegurar o acesso do público às informações de qualidade;
- penalizar infratores;
- disciplinar e fiscalizar as atividades de:
  - emissão, distribuição, negociação, intermediação de valores mobiliários no mercado;
  - organização, funcionamento e operações das bolsas de valores;
  - administração de carteiras e custódia de valores mobiliários;
  - auditoria das companhias abertas;
  - serviços de consultor e analista de valores mobiliários.

SAIBA MAIS

Toda vez que um investidor realiza uma operação de compra e venda de ações, ele está sendo fiscalizado pela CVM. Em maio de 2017, a empresa JBS se viu protagonista em uma grande operação policial, quando seus principais acionistas estabeleceram acordos de delação premiada envolvendo importantes políticos nacionais. Alguns dias antes da ação policial se tornar pública, a mesa de operações da JBS fechou negócios, obtendo expressivo ganho no mercado cambial e na venda de ações. Diante dos indícios de atuação com informação privilegiada, a CVM abriu um processo de investigação.

O caso da JBS referente a venda de ações pelo acionista em 2017 é uma operação típica de *insider information*, que consiste no uso privilegiado de informações para obter ganhos no mercado de capitais, o que é ilegal pela regulamentação do mercado de capitais. Ao final da investigação desse caso, chegou-se à conclusão de que as operações não caracterizaram ilegalidade.

1.2.3 Órgãos operadores

Os órgãos operadores são as instituições que executam a intermediação de recursos financeiros.

Bancos de varejo (denominados bancos comerciais pelo Bacen)

Os bancos de varejo realizam as operações mais tradicionais do mercado: oferecem proteção e oportunidades de investimentos para os clientes que possuem superávit de caixa. Com massiva captação de recursos dos clientes depositários, oferecem empréstimos de curto e médio prazos para atendimento das demandas de capital de giro das empresas. Os principais produtos e serviços são padronizados, sem adaptação para atendimento de necessidades específicas, visando pessoas físicas e empresas. O atendimento é realizado nas agências bancárias e sistemas eletrônicos, entretanto, com o desenvolvimento da tecnologia, os bancos comerciais já oferecem serviços financeiros com o uso de aplicativos sem a necessidade de presença física nas agências bancárias.

São exemplos de produtos e serviços: conta-corrente, cheque especial, crédito pessoal, caderneta de poupança, aplicações em depósito a prazo (CDB), transferências de recursos, serviços de cobrança, administração de folha de pagamento etc.

EXEMPLO

O Sr. José vai toda semana à sua agência bancária sacar dinheiro para as compras semanais da feira, jornais e revistas e padaria. Uma vez por mês ele vai até a agência bancária para tirar o extrato da sua conta-corrente e confirmar o recebimento de sua aposentadoria, para conversar com seu gerente e decidir sobre a aplicação do saldo de sua conta-corrente. Ademais, ele realiza o pagamento dos boletos de cobrança do seu condomínio e do seguro-saúde no caixa da agência.

Todos os serviços descritos que são oferecidos pelo banco ao Sr. José são característicos do banco comercial e são utilizados por pessoas em diferentes etapas da vida: jovens estagiários que recebem seus salários, jovens estudantes que recebem bolsa de estudo, empreendedores que recebem seus dividendos, assalariados que possuem necessidades específicas de serviços usualmente prestados pelos bancos comerciais.

FIQUE ATENTO

Existe um grupo de pessoas, denominado *millennials*, composto pelos jovens nascidos a partir do ano 2000 e que escolhem, preferencialmente, utilizar soluções digitais. São jovens que se sentem mais confortáveis indo ao dentista do que a uma agência bancária. Para atender a esse nicho, que será cada vez maior no futuro, os bancos vêm desenvolvendo aplicativos e soluções digitais para que os clientes executem serviços sem sair de casa, utilizando seu celular.

Nesse contexto, também surgem as *fintechs*, empresas que criam soluções financeiras altamente baseadas em tecnologia como inteligência artificial, robôs, *big data*. Daremos maior aprofundamento ao tema das *fintechs* mais adiante, ainda neste capítulo.

Bancos de atacado ou bancos de investimento

Os bancos de atacado ou bancos de investimento oferecem serviços focados em grandes empresas, atendendo suas necessidades de captação de recursos em grandes volumes e a longo prazo. Os produtos contam com maior sofisticação, estrutura mais complexa e envolvem diferentes agentes do mercado de capitais, pois as operações envolvem a necessidade de captação de recursos em grande volume.

As operações realizadas pelos bancos de investimento são securitizações de recebíveis, *project finance*, emissão de ações; IPO, *trade finance*, fusões e aquisições etc. Os produtos e serviços envolvem o mercado de capitais: derivativos, notas promissórias (*commercial papers*), debêntures (*bonds*).

EXEMPLO

A Siderúrgica Líder S.A. conseguiu conquistar o mercado chinês e para atender essa demanda terá que expandir sua capacidade produtiva, adquirindo equipamentos, contratando e treinando mais funcionários, o que exigirá um grande volume de recursos. A empresa acredita que o retorno desse investimento começará a se realizar a partir de três anos do investimento. Ao consultar o banco de investimento sobre qual seria a melhor opção de captação de recursos, recebeu a sugestão de realizar uma emissão de dívida no exterior, emissão de bonds, porque lhe permite captar recursos em dólares e ainda realizar o pagamento em dez anos. Como a Siderúrgica exportará para a China e gerará receitas em dólares, não ficará exposta ao risco cambial.

A emissão de *bonds* é operação típica de um banco de investimento que tem entre suas especialidades a capacidade de compreender as finanças das empresas e descrever os principais aspectos de mercado, de rentabilidade, de risco aos investidores. Neste exemplo, a proposta do banco de investimento foi a realização de uma emissão de títulos no mercado internacional em dólares. Seu papel será assessorar a empresa na organização das informações para apresentação aos investidores e realizar o marketing da operação através de *road show* a fim de atrair os investidores para adquirir esses títulos.

Conforme discutido na seção 1.1, quanto melhor a percepção sobre a capacidade de pagamento do emissor dos títulos, maior será a demanda pelo papel, o que significa que o título será vendido a um preço alto. Em razão da relação inversa preço-taxa, o alto preço significa uma taxa de juros baixa, o que implica baixo custo para a empresa emissora dos títulos.

Bancos múltiplos

Os bancos múltiplos são aqueles que oferecem produtos e serviços para mais de um segmento de mercado: são bancos comerciais e de investimento, atuando tanto para clientes pessoas físicas como empresas realizando empréstimos de curto e médio prazo e realizando captações no mercado de capitais para atendimento de necessidades de recursos de grande volume de seus clientes. Além disso, podem oferecer operações de crédito imobiliário, de arrendamento mercantil, que serão apresentados a seguir.

Private banks

Os bancos múltiplos podem oferecer serviços financeiros para atender o segmento de mercado de pessoas físicas de alta renda, as grandes fortunas, com ênfase nos produtos de investimento, gestão de ativos financeiros, fundos de investimento e consultorias sobre diversificação e planejamento de sucessão. Os serviços oferecidos são focados em proteção patrimonial.

Corretoras e distribuidoras de valores

Essas instituições atuam como intermediadores na negociação de títulos e valores mobiliários no mercado de capitais. Elas agem em nome de seus clientes executando as ordens de compra e venda de ativos financeiros, assim como atuam com sua posição própria comprando e vendendo títulos e valores mobiliários. Podem, ainda, operar como custodiante de títulos mobiliários, como agente fiduciário nas emissões do mercado de capitais e como administrador de fundos de investimento. São supervisionadas tanto pelo Bacen quanto pela CVM.

Instituições financeiras não bancárias

As instituições financeiras não bancárias são supervisionadas pelo Bacen, porém não são bancos. Dentre as instituições financeiras não bancárias vamos destacar as sociedades financeiras e as sociedades de arrendamento mercantil.

As sociedades financeiras oferecem financiamento para aquisição de bens, portanto estão relacionadas a uma operação comercial. Dessa forma, muitas das financeiras são empresas que pertencem a conglomerados comerciais, como as financeiras ligadas a revendedoras de veículos que oferecem o financiamento do veículo no próprio momento da aquisição do bem.

As sociedades de arrendamento mercantil são as empresas que oferecem o aluguel de um bem móvel ou imóvel, também conhecido como operação de *leasing*. Essas empresas adquirem o bem de uma empresa fabricante e o alugam para a empresa que necessita utilizar esse produto nas suas atividades operacionais. A duração da operação de *leasing* equivale à vida útil do bem arrendado. No final do contrato, a empresa que detém a posse e o uso do bem, denominada arrendatária, pode decidir pela prorrogação do contrato, pela devolução ou pela aquisição definitiva do bem.

Fintechs

Fintechs são empresas que usam tecnologia de forma intensiva para oferecer produtos inovadores na área de serviços financeiros, sempre focando na experiência e na necessidade do usuário.[2] Essas entidades desenvolvem formas tecnológicas inovadoras para a prestação de serviços financeiros, algumas atuando de forma predominantemente digital no relacionamento com os clientes ou no oferecimento de produtos e serviços financeiros. As *fintechs* podem atuar em parceria com os bancos tradicionais ou como concorrentes e fazem parte do SFN. São supervisionadas pelo Bacen e pela CVM.

Chishti e Barberis (2017) identificam a crise financeira de 2008 como o marco para a crise de confiança pública e, desde então, os clientes não necessariamente veem o banco como o provedor padrão de serviços financeiros. Enquanto os grandes bancos operam com sistemas operacionais antigos, as *fintechs* desenvolvem serviços digitais para atender segmentos de mercado com necessidades específicas, que dificilmente seriam atendidos pelo grande banco. Dessa forma, as *fintechs* têm crescido aceleradamente nos últimos anos, inclusive no

---

[2] Definição conforme informação da Associação Brasileira de Fintechs (ABFintechs).

mercado brasileiro, impulsionadas por desenvolvimento das novas tecnologias móveis e processamento de dados. Algumas das vantagens das *fintechs* são:

- conveniência de soluções móveis e *on-line*;
- ampliação do acesso com menor custo para investidores;
- valor da aplicação inicial inferior ao exigido por outras instituições financeiras;
- aumento das iniciativas de educação financeira – possível aumento da inclusão financeira;
- disponibilização de ferramentas para controle e acompanhamento de investimentos.

As *fintechs* podem ainda ter um papel relevante de inclusão social no âmbito de economias em desenvolvimento, processo esse denominado, por Chishti e Barberis (2017), democratização das finanças. Com o uso da internet e a difusão de celulares no mundo, os "sem banco" podem acessar produtos de investimento e de empréstimos sem precisarem recorrer às agências bancárias. As soluções comportam desde comandos de voz para atingir pessoas que não sabem ler ou escrever até aplicações intuitivas que facilitam a solução dos problemas de forma mais ágil.

As *fintechs* prestam vários tipos de serviços da cadeia de valor dos bancos tradicionais:

- Transferência de recursos: usualmente, os bancos oferecem aos seus clientes aplicativos para transferência de recursos e pagamentos, entretanto as *fintechs* oferecem serviços de transferência internacional de recursos de forma ágil e menos custosa. Outro meio para realizar transferência de recursos são as criptomoedas, sendo que as *fintechs* atuam como corretoras para viabilizar a negociação dessas moedas e na transferência de titularidade.
- Educação financeira: as *fintechs* oferecem aplicativos para prestar soluções de controle orçamentário, ferramentas de decisões de investimento, conceitos de finanças pessoais e de gestão financeira.
- Empréstimos: as *fintechs* oferecem serviços de empréstimo através do uso exclusivo de plataformas digitais sem a necessidade da presença do tomador de recursos em uma agência bancária ou de manutenção de uma ampla rede de agências para captação de recursos de clientes. As soluções de empréstimo são oferecidas com uso de diversas fontes de informações e

de algoritmos para avaliação de crédito de forma ágil e captação de recursos através de plataforma digital. Os produtos de empréstimo são conhecidos como *peer-to-peer* e microfinanciamento, *crowdfunding*.

- Gestão de investimentos: as *fintechs* utilizam inteligência artificial para criar robôs que tomam decisões de compra e venda de ativos financeiros sem interferência ou presença humana. Simplesmente a partir da identificação de padrões de movimentos dos mercados financeiros, aumentam assim a velocidade e a quantidade de transações nos mercados de capitais.
- Soluções de segurança contra eventuais ataques cibernéticos, ou seja, proteção de computadores contra acesso não autorizado, alteração ou destruição de dados e programas.
- Seguros: as *fintechs* oferecem serviços de comparação de preços de seguros, análise de perfil de risco, aquisição de seguros. Com o uso de fontes de informações variadas, *big data*, as *fintechs* viabilizam produtos customizados de acordo com os mais variados perfis de clientes.
- Cobrança: soluções de negociação de dívidas, envolvendo desde a análise do perfil de risco atual até a renegociação direta da dívida com os credores credenciados.
- Câmbio: *fintechs* especializadas em oferecer soluções de troca de moedas, sejam elas moedas reais (ex.: real/dólar) sejam moedas reais e digitais (ex.: real/bitcoin), tanto para pessoas físicas como jurídicas.

> Dentre as *fintechs* que vêm sobressaindo, o Nubank é destaque em relatório da empresa de prestação de serviços profissionais KPMG sobre as *fintechs* mais inovadoras de todo mundo. O Nubank, fundado em 2013, oferece serviços bancários, incluindo conta-corrente e cartão de crédito exclusivamente por meio digital, sem ter uma única agência bancária.

As operações de empréstimo são alavancadas com ferramentas que utilizam informações de múltiplas fontes, como redes sociais ou dados históricos de transação de clientes do varejo. Tais dados podem ser convertidos em previsões de fluxo de caixa utilizando algoritmos de previsão. As *fintechs* de crédito podem operar como **correspondentes bancários** que atuam em parceria com uma instituição financeira. O cliente realiza a instalação do aplicativo em telefone celular ou entra no *site* da *fintech* e, em alguns minutos, com base em dados como o CPF, já sabe se o crédito foi ou não pré-aprovado. Após essa etapa, se pré-aprovado, é preciso preencher um cadastro mais longo, fornecer dados de conta bancária e uma foto.

SAIBA MAIS

Correspondente bancário: pessoa jurídica, associação ou instituição que atua como agente intermediário entre os bancos e os clientes. Os serviços oferecidos pelo correspondente bancário foram regulamentados pela Resolução do Bacen nº 3954, de 24/2/2011.

Para captação dos recursos, a *fintech* apresenta uma oportunidade de investimento para potenciais investidores. Uma vez interessados, os investidores fazem a aplicação dos recursos junto à plataforma da *fintech*, que então realiza a liberação de crédito para o tomador dos recursos. O custo do empréstimo consiste na remuneração do investidor e da *fintech*, que cobra pela avaliação da capacidade de repagamento do tomador de crédito, pelo custo operacional, pelo custo tributário, entre outros custos. A liberação do empréstimo costuma ser ágil e as taxas de juros são, usualmente, mais atrativas que a média do mercado por não dependerem de uma ampla rede de agências, mas de um sistema de operação *on-line*.

Em caso de não pagamento pelo tomador de crédito, podem-se contratar as *fintechs* que atuam com cobrança dos empréstimos em atraso, as quais atuam em parceria com as *fintechs* de crédito e com os bancos.

O Banco Central divulgou, em 30/8/2017, o Edital de Consulta Pública nº 55/2017, submetendo à consulta pública minuta de resolução do Conselho Monetário Nacional referente à regulamentação das *fintechs* de crédito, empresas voltadas à realização de operações de empréstimo que serão consideradas instituições financeiras devidamente autorizadas a funcionar pelo Banco Central.

Com relação às *fintechs* que atuam com gestão de recursos, elas operam com os robôs que utilizam algoritmos para identificar as melhores oportunidades de investimento dentre milhares de ativos financeiros à disposição dos investidores, considerando a melhor relação risco-retorno, ou seja, a fronteira eficiente. Tradicionalmente, apenas os investidores com grande volume de recursos tinham acesso a essa inteligência; agora, ferramentas como essas estão disponíveis a investidores independentemente do volume do investimento. Para acessar esse tipo de serviço, os clientes acessam a plataforma da *fintech*, realizam o cadastro, respondem a um questionário de identificação do perfil de risco e recebem o serviço de aconselhamento de investimento.

Essas *fintechs* devem obter registro na CVM para atuação nos segmentos de gestão de recursos e de consultoria de valores mobiliários. São os casos de *fintechs* registradas como prestadores de serviços de administração de carteira de valores mobiliários.

Para acompanhar o movimento de desenvolvimento das *fintechs* com atuação no mercado de capitais, a CVM criou o Núcleo de Inovação em Tecnologias Financeiras, através da Portaria nº 105/2016, que terá as seguintes atribuições:

- desenvolver ações educacionais e de orientação voltadas a empreendedores e desenvolvedores de novas tecnologias financeiras quanto a aspectos regulatórios de serviços e produtos financeiros com potenciais impactos no mercado de valores mobiliários;
- monitorar o desenvolvimento e novas aplicações de tecnologias financeiras no âmbito do mercado de valores mobiliários;
- estabelecer canal qualificado para interlocução com o setor de tecnologia;
- estimular debates, reflexões e pesquisas;
- articular-se com outras iniciativas similares internacionais, avaliando a proposição de parcerias que beneficiem sua atuação e o setor de inovação financeira;
- avaliar os riscos dos possíveis impactos das novas tecnologias nos mercados regulados pela CVM; e
- relatar ao colegiado, quando entender oportuno, a verificação de possíveis impactos das novas tecnologias nas atribuições desenvolvidas pela CVM.

SAIBA MAIS

Open banking

No Sistema Financeiro Nacional, as instituições bancárias mantêm um cadastro próprio com dados de todos os seus clientes pessoas físicas e jurídicas. Os dados bancários são protegidos por sigilo. Algumas instituições também acumulam dados cadastrais de pessoas e corporações não clientes, com o objetivo de prospectar negócios e identificar potenciais clientes.

O *open banking* é uma iniciativa recente e que começa a crescer em alguns países europeus, apoiada nas facilidades da tecnologia. A implantação do *open banking* no mercado brasileiro está em estudo na Federação Brasileira de Bancos (Febraban) e no Bacen.

É um sistema bancário aberto e colaborativo, onde os dados pertencem aos clientes – donos da conta bancária –, que têm a prerrogativa de poder compartilhá-los com instituições bancárias ou não bancárias. O sistema pressupõe que os dados bancários dos clientes serão compartilhados com terceiros.

No *open banking* o cliente poderá integrar várias contas bancárias, de diversos bancos, em um mesmo cartão. Nesse sistema, os bancos perdem a exclusividade de informações como saldo na conta-corrente e nas aplicações ou endividamento. Por outro lado, os bancos oferecem seus produtos, sejam de investimento ou financiamento, e abrem acesso às suas *application programming interfaces* (APIs) – interfaces de programação de aplicativos, para que clientes (pessoas físicas e jurídicas) possam acessar. A ideia é ampliar o acesso aos produtos e serviços do mercado financeiro e, com isso, obter melhores taxas.

RESUMO

Este capítulo introdutório apresentou uma visão geral do mercado financeiro, sua abrangência, segmentos de negócios, produtos, serviços e riscos. As atividades do mercado financeiro podem ser classificadas em quatro grandes segmentos, que serão estudados nos capítulos seguintes: mercado monetário, de crédito, cambial e de capitais. O capítulo também apresentou conceitos como a relação entre taxa de juros e preços de títulos, além de uma visão do Sistema Financeiro Nacional, seus órgãos componentes e atribuições.

2 Mercado Monetário

UM RELATO SOBRE O MERCADO MONETÁRIO

A ciência da economia pode ser entendida como o estudo das trocas humanas. Trocas entre pessoas, entre empresas, entre países, entre presente e futuro. Tudo nessa ciência se baseia nas trocas, e elas, por sua vez, só são possíveis na velocidade atual porque criamos um facilitador chamado papel-moeda ou dinheiro, como é coloquialmente chamado. Antigamente, utilizávamos o escambo, péssimo formato para trocar bens. Depois mudamos para as moedas físicas, como ouro, cobre, entre outras, ainda um formato não apropriado em virtude de sua dificuldade de locomoção. Porém, sua falha essencial é outra: dependência de estoque. O estoque de ouro e outros metais é finito, entretanto, nossa economia não precisa ser – ela pode ser baseada no crédito – a troca entre presente e futuro. A melhor forma de entender isso é imaginar uma pessoa que tem uma ideia para desenvolver capital, que lhe permitirá aumentar sua produtividade no futuro, mas não tem os meios (recursos) para desenvolvê-la agora. Outra pessoa, por outro lado, possui os recursos, mas não a ideia. Ela pode emprestá-los e cobrar uma parcela dos resultados enquanto a primeira pessoa desenvolve a ideia. Se ela tiver sucesso, todos ganham, pois um novo capital foi criado, e ela beneficiará a sociedade como um todo, não somente aquele que o criou. O que possibilita esse acelerado desenvolvimento de capital é justamente o crédito. No entanto, o crédito, por mais fantástico que seja, traz consigo um porém: a liquidez.

Um conceito crucial e frequentemente subestimado por investidores no mundo inteiro, a liquidez pode ser entendida como a velocidade com a qual é possível transformar um ativo em dinheiro. Quanto maior a velocidade, melhor para o investidor. A questão da liquidez oscila entre extremos: tende a ser um tema praticamente ignorado quando o mercado está em condições normais, porém, quando se torna um problema, é catastrófico e vira o centro das atenções. Em 2008, no epicentro de uma das maiores crises econômicas mundiais, um dos maiores agravantes – senão o principal – foi justamente liquidez. Em momentos de crise, como já diz o famoso provérbio, "cash is king". Todos priorizam "dinheiro na mão", pois antecipa-se que boa parte dos ativos sofrerão perdas maciças. Atualmente, os títulos soberanos de curto prazo são perfeitos substitutos para dinheiro e o mercado monetário é, exatamente, o mercado em que um ativo financeiro pode ser mais rapidamente transformado em caixa. Naturalmente, nosso atual sistema financeiro construído progressivamente em cima de crédito não possui liquidez suficiente para todos ao mesmo tempo. Logo, um cenário de crise passa a favorecer os mais rápidos. Quem chega primeiro leva, quem fica por último perde. É imprescindível, portanto, procurar perceber com antecedência suficiente a tempestade à frente.

Eu tive a oportunidade de ver o desespero com a falta de liquidez se materializar em primeira mão. Em novembro de 2007, eu trabalhava no UBS e, de certa forma, consegui notar indícios do rumo perigoso que o mercado financeiro estava tomando. Decidi que havia chegado o momento de ficar líquido – jarguão usado para o ato de transformar ativos em dinheiro, ou algo próximo a isso. Liguei para meu *broker* no Merril Lynch (ML) atrás de um *money market fund* (os famosos fundos referenciados, DI aqui do Brasil): fundos altamente líquidos, compostos majoritariamente por ativos soberanos com rentabilidade idêntica à taxa de juros do momento, sendo, portanto, uma das melhores opções para períodos incertos. O *broker* me informou que havia disponível uma escolha idêntica, porém melhor: os ARS, *auction rate funds*. O *rating* era AAA, portanto, o melhor possível, com liquidez mensal e juros de aproximadamente 4% ao ano, um pouco acima do rendimento que os títulos do tesouro americano (*T-Bills*) pagavam naquela época. Ele me assegurou que a maior rentabilidade em relação aos *money market funds* devia-se apenas a essa pequena perda de liquidez – diária para mensal. Não me recordo exatamente porque desconfiei especificamente desse fundo, no entanto, dois dias depois, decidi ler o prospecto do fundo. O prospecto é um documento de cem páginas que infelizmente é lido por investidores com menor frequência do que os termos de uso de um *website* qualquer. Lá, no *fine print*, percebi que a liquidez mensal era condicionada ao ML oferecer compra (leilão) para o fundo – operação que o mesmo **não** era obrigado a fazer! Ou seja, no momento de liquidar os ativos do fundo após cotistas pedirem resgates, o Merril Lynch tentaria primeiro encontrar compradores e, se estes não fossem encontrados, ele mesmo poderia recomprar através do mecanismo de leilão. Sentindo que não era um mecanismo seguro, pedi ao corretor que procedesse com resgate total imediatamente, porém já era tarde para o mês atual – eu precisaria esperar até o leilão do mês seguinte.

Neste meio-tempo, comecei a ver em primeira mão o mercado imobiliário americano mostrar os primeiros sinais de que estava prestes a ruir. Os níveis de *default* começaram a subir e as pessoas perceberam que, talvez, o mercado centenário, que nunca havia passado por problemas, poderia sofrer a primeira crise. Naturalmente, não havia uma preocupação imediata por grande parte dos investidores, pois o mercado imobiliário americano **sempre** subiu. O problema é que (quase) ninguém havia percebido a magnitude com a qual o mercado financeiro americano estava alavancado em títulos lastreados em imóveis – hipotecas – feitas por pessoas sem a menor condição de pagar esses empréstimos na eventualidade de uma crise. Quando finalmente as pessoas perceberam o problema, já era tarde demais. A liquidez travou e o mercado ruiu. Por sorte, peguei um dos últimos leilões que funcionaram para os tais fundos ARS – ditos sem risco. Alguns meses depois, o mercado travaria totalmente e a suposta liquidez do fundo evaporou. Ao todo, quase 60 bilhões de dólares ficaram travados nesse tipo de investimento e o Merril Lynch sofreu diversos processos por propaganda enganosa.

Alguns anos depois, eu e meu sócio, Christian, nos juntamos com mais duas pessoas que faziam gestão de patrimônio, Flávio e Rodrigo Terni, para montarmos uma gestora quantitativa. Nela, pude utilizar o duro aprendizado que obtive para que nossos clientes não precisassem enfrentar esse mesmo na próxima crise de liquidez, que seguramente ocorrerá mais cedo ou mais tarde. Como dizia Mark Twain: "A história nunca se repete, mas rima". Hoje, acredito que um dos fatores que contribuem para a robustez de nossa gestora é justamente o valor que damos para a gestão de liquidez de curto prazo de nossos fundos.[1]

---

[1] Texto elaborado por Rodrigo Terni, CFA – sócio- fundador da Visia Investimentos.

OBJETIVOS DE APRENDIZAGEM

- Obter uma visão prática sobre o mercado monetário.
- Desenvolver a capacidade de interpretar a seção de finanças dos jornais e mídias especializadas, compreendendo como os fatos diários do mercado monetário afetam o cotidiano dos cidadãos.
- Conhecer os agentes que participam desse mercado e seus respectivos papéis.
- Entender como a decisão do Copom relaciona-se com a Selic, entender a diferença entre Selic e CDI, taxas que remuneram os CDBs dos investidores.
- Distinguir a função do mercado monetário dos demais mercados, sua relação com política monetária e seu funcionamento através do entendimento de como as operações são realizadas.

Figura 2.1 Esquema representativo das áreas de interesse para compreensão do mercado monetário.

Exemplo do noticiário relacionado ao COPOM, um dos principais instrumentos do mercado monetário

"O Comitê de Política Monetária (Copom) se reunirá neste dia e a aposta da maior parte dos economistas do mercado financeiro é que o Banco Central deverá anunciar redução na taxa básica de juros da economia, a Selic, de 12,25% para 11,25% ano. A decisão do Copom será anunciada a partir das 18h."

Reuniões do Copom são realizadas a cada 45 dias e notícias como essa são aguardadas pelos agentes do mercado financeiro para definirem suas posições de investimento. Referem-se ao instrumento de política monetária para controlar a inflação: quando a inflação está em alta, o Copom tende a tomar a decisão de elevação da taxa Selic, o que aumenta o custo de contratação de empréstimos e financiamento e incentiva os agentes superavitários a poupar, freando assim o consumo e reduzindo a pressão inflacionária.

A taxa Selic refere-se à taxa básica de nossa economia que rege todas as transações econômicas que envolvem transferência de recursos financeiros em períodos diferentes. Ao se decidir por realizar uma aplicação financeira, a taxa de remuneração que o banco oferecerá ao investidor depende da taxa Selic vigente. Assim como, ao contratarem uma operação de capital de giro, as empresas irão pagar um custo que depende da taxa Selic vigente.

Com a decisão de redução da Selic em 0,5% a.a. em dezembro de 2017, os principais bancos comerciais que atuam no Brasil anunciaram a redução das taxas cobradas nos produtos de empréstimo: o Bradesco e o Itaú anunciaram a redução em 0,5% a.a. para as linhas de crédito pessoa física e jurídica; o Banco do Brasil anunciou redução de 0,04% a.m. nas linhas de financiamento de veículos, empréstimo pessoal e financiamento imobiliário.

O consumidor que está planejando adquirir um veículo financiando o valor de R$ 40.000,00 em 3 anos terá uma economia de R$ 9,14 do valor da prestação mensal com a redução de 0,04% a.m. (de 0,99% a.m. para 0,95% a.m.) nas taxas de financiamento de veículo.

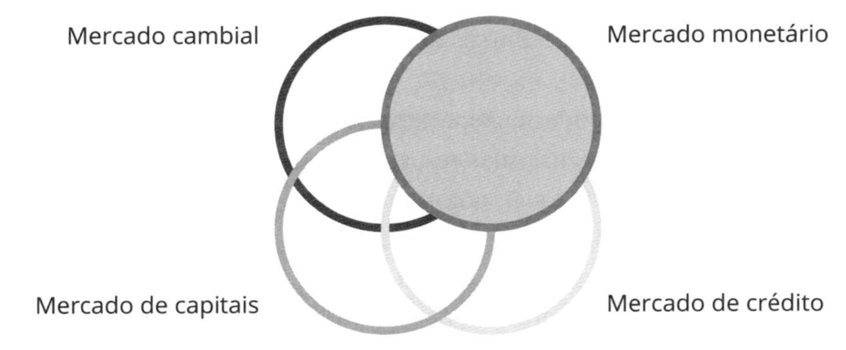

Figura 2.2 Representação do mercado financeiro e o entrelaçamento dos principais segmentos.

2.1 INTRODUÇÃO

Este capítulo está estruturado em quatro partes, sendo que na primeira parte o leitor encontrará a definição de mercado monetário (seção 2.2 – Conceito), quando entenderá o papel desse mercado na sustentação do sistema de transações bancárias. A segunda parte (seção 2.3 – Agentes participantes) consiste na apresentação dos agentes participantes, dando a compreender o papel dos bancos e do Bacen. Na terceira parte (seção 2.4 – Operações do mercado monetário), o leitor encontrará a descrição das principais operações do mercado monetário. E finalmente, na quarta e última parte (seção 2.5 – Infraestrutura do mercado monetário), compreenderá a infraestrutura presente no mercado monetário para garantir que todas as operações sejam realizadas, garantindo assim a continuidade do sistema para o perfeito funcionamento do mercado monetário.

2.2 CONCEITO

O mercado monetário é composto, principalmente, pelos bancos comerciais e pelo Banco Central (Bacen), que executa política monetária e regula e fiscaliza seu funcionamento. A principal função do Bacen é assegurar a liquidez dos agentes econômicos: intermediários financeiros, investidores e tomadores de recursos.

As operações do mercado monetário caracterizam-se pelo curtíssimo prazo: operações de um dia, o que justifica o nome em inglês *money market,* mercado no qual os ativos financeiros transformam-se em dinheiro no menor espaço de tempo possível.

As principais funções desse mercado no sistema financeiro podem ser resumidas em:

- executar a política monetária;
- garantir transferência de recursos dos agentes superavitários e deficitários.

O mercado monetário pode ser representado pela Figura 2.3. A figura representa as pessoas organizadas nas suas respectivas atividades produtivas, como os proprietários rurais, os profissionais autônomos como dentistas, médicos, advogados, entre outros, os funcionários de empresas e as próprias empresas. Cada uma dessas pessoas possui suas necessidades de recursos financeiros: aplicação de recursos a curto e/ou longo prazo e necessidades de crédito a curto e longo prazo. As pessoas recorrem aos intermediários financeiros para encontrarem soluções financeiras de modo a atender suas respectivas necessidades de aplicação ou crédito. Os bancos pertencem ao sistema financeiro, que é organizado em vários mercados, entre eles o mercado monetário. Partindo dessa representação, o leitor entenderá como o mercado monetário executa sua função no Sistema Financeiro Nacional.

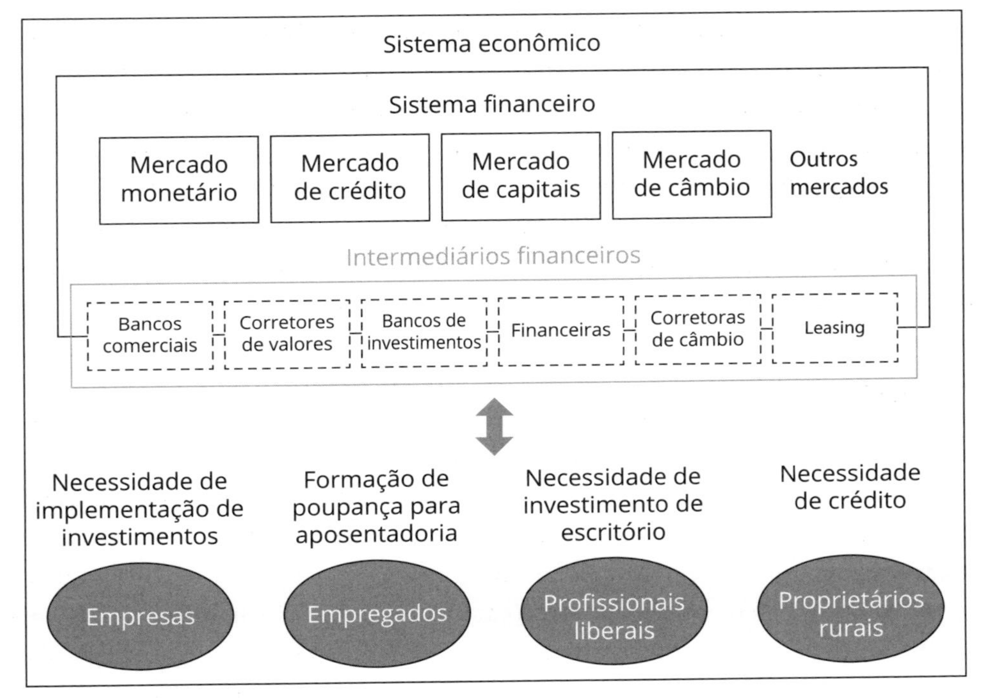

Figura 2.3 Representação do mercado monetário no sistema financeiro.

2.3 AGENTES PARTICIPANTES

Os agentes participantes do mercado monetário são os bancos comerciais e o Banco Central do Brasil.

2.3.1 Banco comercial

Os bancos comerciais atuam para maximizar a transferência de recursos entre agentes superavitários e deficitários, sejam pessoas físicas ou jurídicas: oferecem produtos de investimento para os investidores, os agentes superavitários que têm de ter confiança que seus recursos estarão seguros e acessíveis no momento da decisão do resgate, ou seja, terão liquidez.

Caderneta de poupança, CDB, títulos públicos, *export notes*, fundos de investimento são exemplos de produtos de investimento oferecidos pelos bancos. Ao vender esses produtos, os bancos conseguem recursos para as operações de empréstimo e financiamento.

Por outro lado, os bancos também possuem a função de atender às necessidades de crédito das pessoas e empresas com falta de caixa em momentos específicos, como aquisição de casa própria ou expansão de negócios.

Os principais produtos de financiamento às pessoas físicas e jurídicas que necessitam de recursos são cheque especial, conta garantida, desconto de duplicatas, desconto de notas promissórias, crédito direto ao consumidor (CDC), *hot money*, *leasing*, entre outros.

Os bancos precisam ser especialistas em identificar os clientes deficitários que possuem capacidade pagar suas obrigações com os bancos, ou seja, os bons pagadores. Essa função é denominada análise de crédito, essencial para a manutenção da saúde financeira do banco, assegurando assim a disponibilidade de recursos para atender as necessidades de resgate dos clientes investidores.

Dessa forma, é possível representar o banco comercial como o intermediário que capta recursos dos agentes superavitários e deficitários, conforme mostra a Figura 2.4.

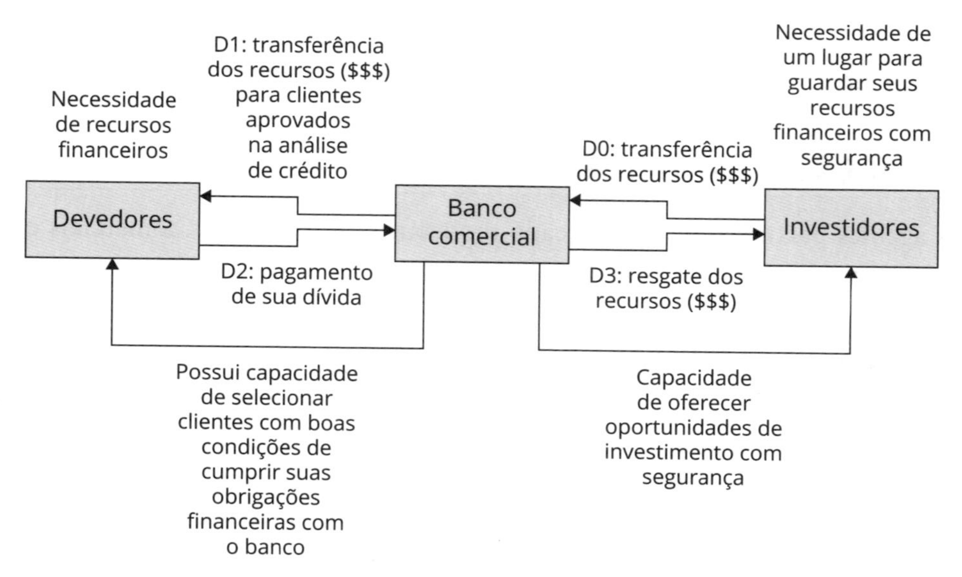

Figura 2.4 Representação da atuação do banco comercial.

Na Figura 2.4, representamos as operações realizadas pelo banco comercial com seus clientes investidores e devedores em diferentes períodos, indicados por D0, D1, D2, D3. Essa representação tem apenas fins didáticos, pois os bancos executam tais operações simultaneamente e de forma contínua ao longo do tempo.

Para que um banco tenha capacidade de emprestar dinheiro, precisa captar recursos junto aos clientes investidores, utilizando um de seus inúmeros produtos de aplicação financeira: depósito em conta-corrente, poupança, CDB e outros.

O Quadro 2.1 apresenta os principais ativos e passivos de um típico banco comercial. Os passivos representam as fontes dos recursos bancários, e os ativos, suas principais aplicações, classificadas por ordem de liquidez.

Quadro 2.1 Estrutura de ativos e passivos de um típico banco comercial

Aplicação de recursos (ativos)	Captação de recursos (passivos)
Depósito compulsório	Depósitos à vista (contas-correntes)
Empréstimos livres	Depósitos a prazo
Empréstimos direcionados	Repasses – devedor
Repasses – credor	Captações em moeda estrangeira
Depósitos interfinanceiros – credor	Depósitos interfinanceiros – devedor
	Recursos próprios

A medida que o banco conquista novos clientes com capacidade de realizar aplicações financeiras, mais aumenta sua capacidade de emprestar dinheiro. Dessa forma, produz efeito multiplicador de recursos para uma economia.

2.3.1.1 Multiplicador bancário

Quando um banco aceita um depósito do público (pessoas físicas e jurídicas), deve manter esse recurso em segurança e oferecer liquidez aos depositantes para o momento do saque. O recurso vai constituir as reservas monetárias do banco. Após assegurar uma determinada proporção de recursos para atender às retiradas rotineiras dos depositantes, o banco deverá emprestar esses recursos, inclusive a outros bancos, recebendo uma taxa de remuneração (juros).

Considerando que parte dos recursos dos depositantes não recebe qualquer remuneração e, por outro lado, os bancos emprestam e recebem juros, tal prática gera mais dinheiro no sistema bancário. Essa dinâmica de mercado "cria moeda".

Para evitar excessivo crescimento da oferta monetária, que levaria a um quadro inflacionário (perda do poder aquisitivo da moeda), a autoridade monetária costuma impor limites para o total de reservas bancárias, além de estipular **depósitos compulsórios** de recursos no Banco Central e limitações às operações de crédito.

Com os recursos financeiros dos investidores, o banco empresta aos clientes tomadores de recursos financeiros em D1. Em D2, os clientes pagam suas obrigações financeiras para que em D3 haja disponibilidade para atender os clientes investidores que desejam resgatar suas aplicações financeiras.

Para que mantenha a capacidade de disponibilizar os recursos aos clientes investidores, um banco comercial empresta a curto prazo para realizar a cobrança dos clientes tomadores de recursos e poder decidir sobre emprestar novamente ou manter o dinheiro em caixa para garantir liquidez aos clientes investidores.

O banco remunera seus clientes investidores pagando juros e, para isso, precisa gerar receita financeira, que é obtida nas operações de empréstimo, realizadas nos períodos D1 e D2. Para arcar com seus custos de atendimento aos clientes, processamento das operações, análise de crédito, entre outros custos e despesas, o banco retém parte da remuneração cobrada dos agentes deficitários, denominada **receita de intermediação financeira**. Isso explica por que os bancos cobram uma taxa de juros maior das operações de crédito do que a taxa de remuneração financeira dos investidores, atendendo assim aos custos administrativos e à remuneração dos acionistas. A Figura 2.5 representa a dinâmica de remuneração das operações dos bancos comerciais.

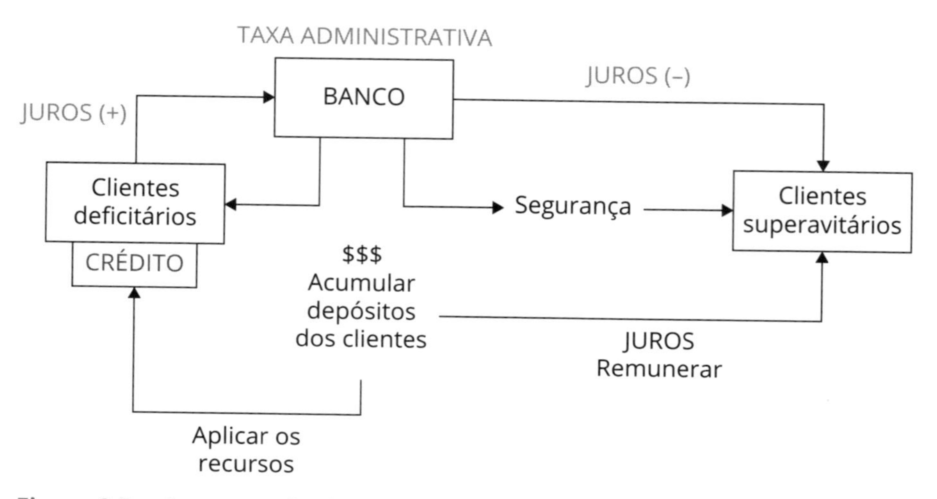

Figura 2.5 Remuneração das operações dos bancos.

SAIBA MAIS

A formação do *spread* bancário leva em consideração os seguintes fatores:

- taxa básica e taxa de captação das instituições financeiras;
- custo dos depósitos compulsórios sobre os depósitos à vista, a prazo e poupança;
- taxa de inadimplência;
- despesas administrativas;
- lucro do banco.

Na Figura 2.5, as indicações de Juros (+) e Juros (–) representam a entrada e a saída de caixa para o banco, respectivamente.

A tesouraria estará constantemente em contato com as áreas de captação de recursos dos clientes investidores e aplicação de recursos junto aos clientes tomadores. Essas áreas devem informar constantemente os valores aplicados e captados, para que a tesouraria possa manter sua posição de caixa zerada a cada dia.

Por que manter o caixa do banco zerado?

O caixa do banco não pode apresentar saldo devedor, o que significa situação de insolvência bancária. Na situação de posição negativa, a tesouraria deve recorrer ao crédito bancário no mercado interbancário ou ao Bacen, através de uma operação de **redesconto**. Isso porque o banco precisa manter a capacidade de cumprir pagamento aos seus clientes poupadores, caso contrário, seus clientes poupadores correriam para resgatar seus depósitos e investimentos, o que colocaria a capacidade de pagamento do banco em risco, já que parte dos recursos captados não está disponível, mas sim emprestada para seus clientes deficitários.

Manter o caixa com dinheiro consiste em assumir uma perda em função do custo de oportunidade de aplicação dos recursos financeiros. Por exemplo, considere que o Banco Zeta possui um caixa no valor de R$ 10.000.000 e que o juro de mercado é de 10% TOA. Ao aplicar seus recursos por um dia, ele receberia o valor de um dia de juros de R$ 378,29.

Note que a taxa de juros é expressa em taxa ano *over* (TOA), que se refere à taxa capitalizada por dia útil expressa no ano de 252 dias úteis.

$$\text{Juros} = 10.000.000 \times \left[(1+0{,}10)^{\frac{1}{252}} - 1\right] = 378{,}29$$

Não aplicar os recursos significa deixar de ganhar os juros, ou seja, uma perda de R$ 378,29.

2.3.2 Banco Central do Brasil (Bacen)

2.3.2.1 Conceito

O **Bacen** é o agente que regula, fiscaliza e controla o funcionamento dos bancos, garantindo assim o bom funcionamento do ciclo de transações apresentado acima. Em outras palavras, é o fiscal do mercado monetário.

O Bacen foi criado pela Lei nº 4.595, de 31/12/1964. É o principal executor das orientações do Conselho Monetário Nacional (CMN) e responsável por garantir o poder de compra da moeda nacional. O Bacen é o banco dos bancos; gestor do sistema financeiro (normatiza, autoriza, fiscaliza, intervém); agente da autoridade monetária (controla fluxos e liquidez monetários), banco de emissão (emite e controla fluxos de moeda) e agente financeiro do governo (financia o Tesouro Nacional, administra a dívida pública e é depositário das reservas internacionais).

2.3.2.2 Executor de política monetária

O Bacen é o principal executor da política monetária, cuja função é proteger o valor e o poder aquisitivo da moeda, e fará isso controlando a oferta de moeda e a taxa de juros.

A política monetária é desenvolvida pela autoridade monetária com o objetivo de:

- manter expansão econômica, níveis de emprego e renda da população;
- controlar o poder aquisitivo da moeda; e
- equilibrar o balanço de pagamentos.

O controle da oferta de moeda deve garantir a liquidez ideal aos agentes econômicos. Com esse foco, a política monetária trará impactos sobre a demanda por bens e consumo e, consequentemente, sobre o ritmo de toda a atividade econômica.

2.3.2.2.1 Instrumentos de política monetária

O Bacen dispõe de alguns instrumentos para executar a política monetária:

- emissão de papel-moeda;
- controle das reservas bancárias;
- operações com títulos públicos;
- controle das operações de crédito;
- empréstimos às instituições financeiras (operações de redesconto).

A **emissão de papel-moeda** deve estar atrelada ao ritmo da atividade econômica para que não desencadeie um processo inflacionário – de perda de poder aquisitivo.

As **reservas bancárias** são também chamadas de encaixes monetários e podem ter efeito multiplicador de moeda. O Bacen pode estipular limites para as reservas e instituir depósitos compulsórios, de forma a evitar descontroles nesse efeito multiplicador. Quanto maiores as reservas, menor será o multiplicador, ou seja, a capacidade de geração de moeda no sistema bancário.

As operações de compra e venda de **títulos públicos** também permitem controle da liquidez e poder aquisitivo da moeda. Quanto maior a oferta de títulos públicos (basicamente, títulos emitidos pelo Tesouro Nacional), maior tende a ser a remuneração prometida – a taxa de juros básica da economia. Quanto maior a taxa de juros, menor será a atividade econômica e menor será a demanda por crédito. A resultante é a redução da liquidez monetária. No movimento inverso, quando os títulos públicos forem resgatados pela autoridade monetária, maior será a liquidez do mercado.

O excesso de linhas ou facilidades na obtenção de **crédito** pode resultar em excesso de liquidez no mercado financeiro e aquecimento da atividade econômica. O Bacen pode restringir as operações de crédito, impor limites às instituições financeiras, regular o prazo das operações, limitar operações internacionais ou aumentar exigências para as operações. A autoridade monetária também pode direcionar o fluxo de recursos para determinados segmentos de negócios considerados prioritários. Evidentemente, todas essas ações podem ter sentido inverso: em momentos de necessidade de aquecimento econômico, as operações de crédito deverão ser estimuladas.

As instituições que eventualmente encontrarem dificuldades de liquidez em suas operações poderão recorrer a uma determinada linha e empréstimo no Bacen. A taxa de juros cobrada pelo Bacen, denominada taxa de **redesconto** das reservas bancárias, irá influenciar a liquidez do sistema. Quanto maior for a taxa de redesconto, menor será a liquidez do mercado.

O Quadro 2.2 apresenta um resumo dos principais instrumentos de política monetária.

Em decorrência do recolhimento compulsório sobre os depósitos à vista e a prazo, as instituições financeiras são obrigadas a manter um nível mínimo de recursos em reservas.

Quadro 2.2 Resumo de efeitos dos instrumentos de política monetária

	Efeito sobre o nível de liquidez da economia	Efeito sobre a taxa de juros básica – Selic
Maior controle sobre a emissão de papel-moeda	Reduz	Aumenta
Maior controle sobre aumento das taxas de reservas bancárias – depósito compulsório	Reduz	Aumenta
Redução das taxas de reservas bancárias – depósito compulsório	Aumenta	Reduz
Venda de títulos públicos	Reduz	Aumenta
Compra de títulos públicos	Aumenta	Reduz
Maior controle e restrições sobre as operações de crédito	Reduz	Aumenta
Menores restrições às operações de credito	Aumenta	Reduz
Aumento da taxa de redesconto, redução de limites operacionais	Reduz	Aumenta

As instituições financeiras trocam reservas bancárias por meio de operações compromissadas com títulos públicos federais ou por meio de negociações de depósitos interfinanceiros (DI). O saldo da conta de reservas não pode ser deficitário e, por outro lado, não é interessante manter saldo excessivo, além do requerido pelo Banco Central, uma vez que o saldo em excesso não será remunerado.

2.3.2.3 *Agente financeiro do governo*

Como agente financeiro do governo, o Bacen emite títulos de dívida pública para captação de recursos a fim de atender as necessidades do governo federal, principal devedor do país. A emissão de títulos é realizada com a intermediação dos bancos, que atuam como *dealers* adquirindo os títulos para aplicar recursos das próprias tesourarias, para outros bancos e investidores. Esse é o chamado **mercado primário de títulos públicos**. Uma vez no mercado, os bancos, outras instituições financeiras, corretoras, fundos de investimento e pessoas físicas podem comprar e vender entre si, no denominado **mercado secundário**.

SAIBA MAIS

Dealers

São instituições credenciadas pelo Banco Central para operar no mercado aberto em seu nome.

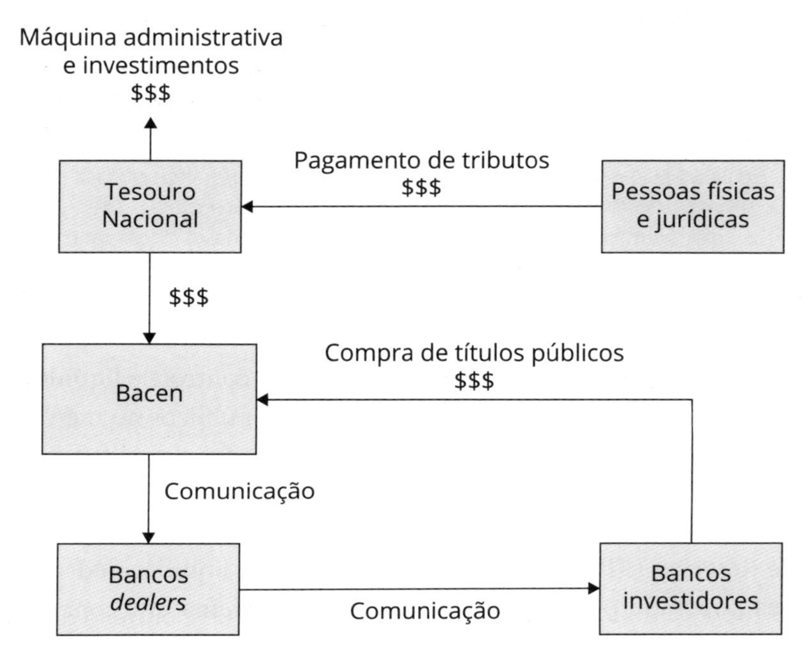

Figura 2.6 Representação da função do Bacen.

A Figura 2.6 representa o Tesouro Nacional, responsável, pela gestão dos recursos financeiros do país, com grande demanda de recursos para financiar seus investimentos e manter a estrutura administrativa pública em operação. Quando há falta de recursos, o Tesouro pode realizar captação de recursos emitindo títulos de dívida. O Bacen atua como executor dos títulos em razão de sua relação com o mercado bancário.

2.3.2.4 Gestor do sistema financeiro

Como gestor, o Bacen deve garantir o funcionamento do sistema financeiro, que depende da confiança dos agentes superavitários em resgatar seus recursos na data planejada, e dos agentes deficitários em ter acesso a crédito para tomada de decisão de aquisição de casa própria, expansão de empresas, aquisição de equipamentos etc.

Para isso, mantém-se um sistema de informação em tempo real da conta-corrente que os bancos detêm junto ao Bacen e que não pode estar deficitária, o que caracterizaria a situação de insolvência técnica bancária. A manutenção desse sistema garante a confiança de todos os agentes participantes, minimizando assim o **risco sistêmico**.

O Bacen é também denominado banco dos bancos, por deter a conta-corrente dos bancos, e, portanto, tem o poder de acompanhar a posição de caixa dos bancos.

Atua na fiscalização sobre os bancos, investigando se os padrões de segurança impostos pelo regulador estão sendo atendidos, minimizando assim o risco sistêmico.

Risco sistêmico consiste no risco de retirada massiva de dinheiro dos bancos pelos clientes pessoas físicas e jurídicas e função da falta de confiança no banco. O banco tem sua previsão de retiradas diárias de dinheiro, mas, caso muitos clientes resolvam sacar seus saldos em conta-corrente, o banco não terá o caixa necessário para suprir essa demanda, pois os recursos estão emprestados. Se o fato se repetir para outras instituições financeiras simultaneamente, poderá haver uma crise sistêmica de liquidez.

Como agente de autoridade monetária, o Bacen controla a liquidez do sistema financeiro através da compra e venda de títulos públicos no mercado aberto e instituindo o **depósito compulsório**, uma parcela dos depósitos captados pelos bancos que deve ser mantida junto ao Bacen.

Para realizar todas essas funções, o Bacen conta com o Sistema de Transferência de Reservas (STR). Trata-se de um sistema de liquidação de reservas em tempo real, operado pelo Bacen. É através desse sistema que concede créditos aos bancos e realiza recolhimento de depósitos compulsórios.

FIQUE ATENTO

Para compreender o STR, leia a seção 2.5, Infraestrutura do Mercado Monetário, mais adiante neste capítulo.

2.4 OPERAÇÕES DO MERCADO MONETÁRIO

As operações do mercado monetário caracterizam-se pelo curto prazo e são realizadas entre o Bacen e os bancos, no denominado mercado aberto (tradução do termo em inglês *open market*) ou entre os bancos, sem a participação do Bacen, no denominado **mercado interbancário**.

As transações do mercado monetário são realizadas com títulos públicos e títulos privados emitidos de instituições financeiras, os certificados de depósito bancário, (CDBs).

2.4.1 Títulos públicos

Títulos públicos são aqueles emitidos pelo governo, principalmente na esfera federal. A emissão de títulos pelo Tesouro Nacional tem por objetivo captar recursos junto a investidores para atender suas necessidades de caixa. Esses títulos são considerados de baixíssimo risco.

Os títulos públicos podem ter rentabilidade prefixada ou pós-fixada e podem ser de curto ou de longo prazo. Os títulos com rentabilidade **prefixada** são aqueles que têm a remuneração final definida a data da contratação. Títulos **pós-fixados**, por outro lado, terão sua remuneração indexada a um fator previamente definido, como, por exemplo, pela Selic, pelo IPCA ou pela variação cambal.

Um exemplo de **título prefixado** é a LTN, cujo valor de resgate unitário é R$ 1.000,00 e caracteriza-se por prazos menores que um ano.

LINKS

http://www.tesouro.gov.br/tesouro-direto-entenda-cada-titulo-no-detalhe#this

O investidor desse título é remunerado pela diferença entre o valor investido e o valor de resgate, predefinido em R$ 1.000. Caso o investidor necessite resgatar seu recurso antes do vencimento, ele pode vender o título para o Tesouro Nacional ao preço de mercado, o que implica que o valor de resgate será menor que o valor nominal (R$ 1.000). O investidor decide pela quantidade de títulos que deseja adquirir e o valor do investimento será determinado pelo preço unitário (PU) do título multiplicado pela quantidade de títulos que deseja adquirir. No vencimento, o valor total do resgate é determinado pelo valor de resgate, R$ 1.000,00, multiplicado pela quantidade de títulos adquiridos. O fluxo de caixa desse título pode ser representado pela Figura 2.7.

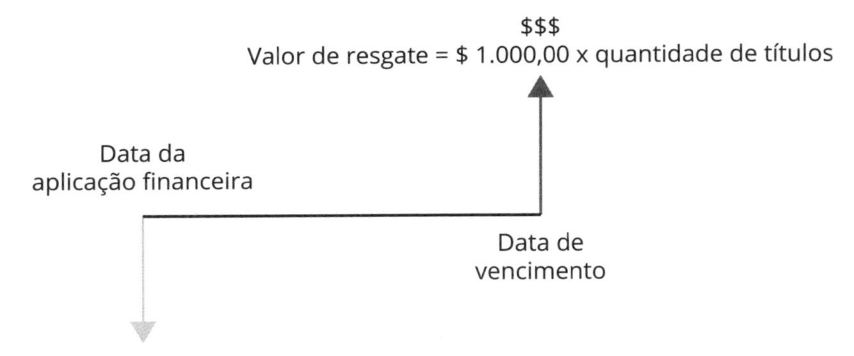

Figura 2.7 Representação do fluxo de caixa da aplicação em LTN.

Os títulos de rentabilidade pós-fixados consistem nas operações que vinculam a taxa de juros sobre um principal (valor do capital investido) corrigido monetariamente por determinado índice. Podem consistir em taxas cem por cento variáveis ou taxas com um componente da rentabilidade fixo (a chamada *taxa real*) e outro componente variável, de acordo com o indexador de preços previamente definido.

Os títulos Tesouro Selic (LFT) são indexados à taxa Selic, sendo que a remuneração do investidor é cem por cento variável de acordo com as taxas Selic de mercado do período de vida útil do título. Já os títulos NTN-B são papéis com um componente de taxa fixa mais a variação do IPCA.

Os títulos públicos são vendidos em ofertas públicas, com ou sem a realização de leilão, no denominado mercado primário.

O **mercado primário** é caracterizado pela emissão do título pelo tomador dos recursos financeiros, ou seja, quando o título é emitido pela primeira vez no mercado.

Uma vez emitidos, são livremente negociados no mercado secundário. São títulos de elevada liquidez, que não têm a obrigatoriedade de serem mantidos até seu vencimento.

O **mercado secundário** é caracterizado pela compra e venda de títulos que já foram emitidos, ou seja, não representa uma captação de recursos pelo tomador.

2.4.1.1 Tesouro Direto

O Tesouro Direto refere-se ao portal de acesso à negociação de títulos públicos, que permite aos investidores, pessoas físicas, compra e venda de títulos na internet. O sistema também permite ao investidor montar uma carteira de aplicações de acordo com seus projetos pessoais, combinando prazos e indexadores.

Esse programa oferece acesso a investimentos com apenas R$ 30,00 sem pagamento de taxas de administração, usualmente cobradas pelos fundos de investimentos que costumam investir nos mesmos títulos públicos. Com isso, o investidor consegue obter as mesmas rentabilidades que os fundos de investimentos, sem o pagamento de taxa de administração.

O processo de liquidação dos títulos públicos é realizado pela Central de Liquidação e Custódia (CBLC) da B3 S.A. – Brasil, Bolsa, Balcão e pode ser descrito em quatro etapas: (1) o processo começa com a aquisição do título público pelo investidor no *site* do Tesouro Direto; (2) em seguida, processa a transferência de recursos para a corretora de sua escolha; (3) ocorre a transferência dos recursos para a CBLC; e (4) o processo de liquidação se efetiva, ou seja, a titularidade do título é transferida para o investidor e os recursos financeiros são transferidos para o Tesouro Nacional. Para melhor compreensão do processo, veja a Figura 2.8.

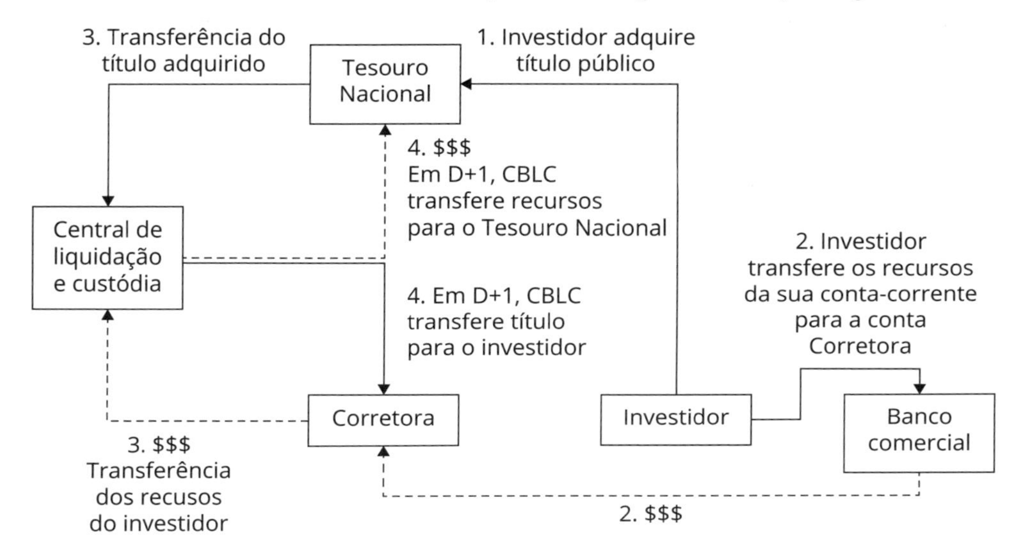

Figura 2.8 Esquema de operação no Tesouro Direto.

LINKS

Ao leitor interessado em aprofundar seus conhecimentos no Tesouro Direto, sugere-se acessar o *link*:
http://www.tesouro.fazenda.gov.br/tesouro-direto#menu

2.4.2 Mercado aberto

É no mercado aberto que o Bacen utiliza um de seus instrumentos de controle de liquidez comprando e vendendo títulos públicos. Ao comprar um título público, ele está injetando recursos financeiros no sistema bancário, aumentando assim a liquidez do mercado financeiro. Ao controlar a liquidez do sistema, o Bacen executa política monetária: com o aumento de liquidez, há uma pressão para redução das taxas de juros. Por outro lado, ao vender um título público, o Bacen reduz dinheiro do sistema, reduzindo a liquidez e pressionando para o aumento da taxa de juros.

Esse instrumento de política monetária é utilizado diariamente e de maneira contínua pelo Bacen junto aos bancos, sendo, portanto, uma ferramenta dinâmica de controle de liquidez utilizada conjuntamente com a meta de taxa de juros estabelecida pelo Comitê de Política Monetária (Copom).

O Copom estabelece a taxa de juros meta, denominada Selic Meta. A Selic Meta é a taxa de juros que será perseguida pelo Bacen por todo o período entre reuniões ordinárias do Comitê. O Bacen ainda pode definir um viés para alterar a meta a qualquer momento entre as reuniões ordinárias, e utilizará os instrumentos de política monetária para manter a taxa de juros o mais próximo possível da meta.

SAIBA MAIS

As variáveis consideradas pelo Copom para a tomada de decisão na definição da taxa básica de juros da economia são:

- meta de inflação definida na política monetária;
- componentes internos: nível da atividade econômica, taxa cambial, perspectiva inflacionária;
- componentes externos: comportamento da economia americana, comportamento da economia da zona do euro, possibilidade de crises financeiras.

LINKS

A definição do COPOM pode ser encontrada no *site* do Bacen:
http://www.bcb.gov.br/htms/copom_normas/a-hist.asp?idpai=copom

O Comitê de Política Monetária (Copom) foi instituído em 20 de junho de 1996, com o objetivo de estabelecer as diretrizes da política monetária e de definir a taxa de juros. A criação do Comitê buscou proporcionar maior transparência e ritual adequado ao processo decisório, a exemplo do que já era adotado pelo Federal Open Market Committee (FOMC) do banco central dos Estados Unidos e pelo Central Bank Council, do banco central da Alemanha. Em junho de 1998, o Banco da Inglaterra também instituiu o seu Monetary Policy Committee (MPC), assim como o Banco Central Europeu, desde a criação da moeda única em janeiro de 1999. Atualmente, uma vasta gama de autoridades monetárias em todo o mundo adota prática semelhante, facilitando o processo decisório, a transparência e a comunicação com o público em geral.

Desde 1996, o Regulamento do Copom tem sido atualizado no que se refere ao seu objetivo, à periodicidade das reuniões, à composição e às atribuições e competências de seus integrantes. Essas alterações não apenas visaram aperfeiçoar o processo decisório no âmbito do Comitê, como também refletiram as mudanças de regime monetário.

Destaca-se a adoção, pelo Decreto nº 3.088, em 21 de junho de 1999, da sistemática de metas para a inflação como diretriz de política monetária. Desde então, as decisões do Copom passaram a ter como objetivo cumprir as metas para a inflação definidas pelo Conselho Monetário Nacional. Segundo o mesmo decreto, se as metas não forem atingidas, cabe ao presidente do Banco Central divulgar, em carta aberta ao Ministro da Fazenda, os motivos do descumprimento, bem como as providências e prazo para o retorno da taxa de inflação aos limites estabelecidos.

Formalmente, os objetivos do Copom são: "implementar a política monetária, definir a meta da taxa Selic e seu eventual viés, e analisar o Relatório de Inflação". A taxa de juros fixada na reunião do Copom é a meta para a taxa Selic (taxa média dos financiamentos diários, com lastro em títulos federais, apurados no Sistema Especial de Liquidação e Custódia), a qual vigora por todo o período entre reuniões ordinárias do Comitê. Se for o caso, o Copom também pode definir o viés, que é a prerrogativa dada ao presidente do Banco Central para alterar, na direção do viés, a meta para a taxa Selic a qualquer momento entre as reuniões ordinárias.

As reuniões ordinárias do Copom dividem-se em dois dias: a primeira sessão às terças-feiras e a segunda às quartas-feiras. Mensais desde 2000, o número de reuniões ordinárias foi reduzido para oito ao ano a partir de 2006, sendo o calendário anual divulgado até o fim de junho do ano anterior. O Copom é composto pelos membros da Diretoria Colegiada do Banco Central do Brasil: o presidente, que tem o voto de qualidade; e os diretores de Administração, Assuntos Internacionais e de Gestão de Riscos Corporativos, Fiscalização, Organização do Sistema Financeiro e Controle de Operações do Crédito Rural, Política Econômica, Política Monetária, Regulação do Sistema Financeiro e Relacionamento Institucional e Cidadania. Também participam do primeiro dia da reunião os chefes dos seguintes departamentos do Banco Central: Departamento de Operações Bancárias e de Sistema de Pagamentos (Deban), Departamento de Operações do Mercado Aberto (Demab), Departamento Econômico (Depec), Departamento de Estudos e Pesquisas (Depep), Departamento das Reservas Internacionais (Depin), Departamento de Assuntos Internacionais (Derin) e Departamento de Relacionamento com Investidores e Estudos Especiais (Gerin). A primeira sessão dos trabalhos conta ainda com a presença do chefe de gabinete do presidente, do assessor de imprensa e de outros servidores do Banco Central, quando autorizados pelo presidente.

No primeiro dia das reuniões, os chefes de departamento apresentam uma análise da conjuntura doméstica abrangendo inflação, nível de atividade, evolução dos agregados monetários, finanças públicas, balanço de pagamentos, economia internacional, mercado de câmbio, reservas internacionais, mercado monetário, operações de mercado aberto, avaliação prospectiva das tendências da inflação e expectativas gerais para variáveis macroeconômicas.

No segundo dia da reunião, do qual participam apenas os membros do Comitê e o chefe do Depep, sem direito a voto, os diretores de Política Monetária e de Política Econômica, após análise das projeções atualizadas para a inflação, apresentam alternativas para a taxa de juros de curto prazo e fazem recomendações acerca da política monetária. Em seguida, os demais membros do Copom fazem suas ponderações e apresentam eventuais propostas alternativas. Ao final, procede-se à votação das propostas, buscando-se, sempre que possível, o consenso. A decisão final – a meta para a taxa Selic e o viés, se houver – é imediatamente divulgada à imprensa ao mesmo tempo em que é expedido comunicado através do Sistema de Informações do Banco Central (Sisbacen).

As atas em português das reuniões do Copom são divulgadas às 8h30 da terça-feira da semana posterior a cada reunião, dentro do prazo regulamentar de seis dias úteis, sendo publicadas na página do Banco Central na internet ("**Atas do Copom**") e para a imprensa.

Ao final de cada trimestre civil (março, junho, setembro e dezembro), o Copom publica o documento "**Relatório de Inflação**", que analisa detalhadamente a conjuntura econômica e financeira do país, bem como apresenta suas projeções para a taxa de inflação.

EXEMPLO

Operação do mercado aberto

São 10h45 da manhã e o Bacen está identificando uma pressão de alta de liquidez em função da entrada em recursos financeiros de investidores internacionais, o que levaria a uma pressão de queda de taxa de juros. Dessa forma, decide realizar venda de LTNs no mercado. Utiliza os títulos de vencimento em 130 dias úteis e a taxa de mercado está em 10,72% TOA, enquanto a Selic Meta é de 10,75%. Com a venda de títulos a 10,75%, consegue atrair compradores interessados em uma rentabilidade maior do que a taxa praticada no mercado. O valor de aquisição da LTN será de 948,689871:

$$VP = \left(\frac{1.000}{1{,}1075^{\frac{130}{252}}} \right) = 948{,}689871$$

A representação da operação de aquisição do título público pelo Banco é dada pela Figura 2.9.

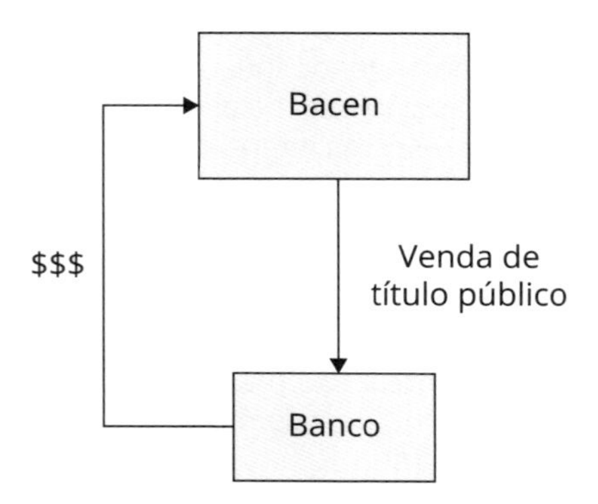

Figura 2.9 Representação da operação de compra de título público.

Com a operação descrita no exemplo anterior, aqueles que estão conseguindo captar recursos a 10,72% TOA não conseguirão mais encontrar essa taxa em função da concorrência do Bacen com uma captação que remunera uma taxa mais alta. Os bancos deficitários que necessitarem captar recursos terão que pagar uma rentabilidade mais alta para conseguirem atrair interessados. Dessa forma, o Bacen consegue fazer com que a taxa de mercado se aproxime da taxa Selic Meta.

2.4.3 Mercado interbancário

O mercado interbancário é caracterizado pelas operações entre bancos com prazo de um dia útil. Ao final de cada dia, os bancos zeram suas posições de caixa. Para suprir os déficits ou aplicar superávits, as instituições recorrem ao mercado interbancário, ou seja, recorrem às operações realizadas entre os próprios bancos para equilíbrio de suas posições.

Há dois tipos de operações realizadas pelos bancos no mercado interbancário: operações compromissadas realizadas com venda (compra) de títulos públicos com recompra (revenda) no dia útil seguinte e as operações realizadas com emissão de títulos privados.

A operação compromissada consiste na venda de um título público pelo banco deficitário com compromisso de recompra no dia seguinte. Dessa forma, o banco deficitário receberá os recursos financeiros na data da operação em contrapartida com a venda dos títulos e devolverá os recursos financeiros no dia útil seguinte à data da operação. Em outras palavras, trata-se de um empréstimo de um dia útil do banco superavitário para o banco deficitário.

Para melhor entender a operação compromissada, veja o seguinte exemplo:

EXEMPLO

Operação compromissada

O Banco Zeta tem déficit de caixa e precisa de caixa, mas possui uma carteira de títulos públicos. Ele pode vender um de seus títulos para receber dinheiro e zerar seu caixa com compromisso de recompra do dia útil seguinte, quando devolverá o dinheiro para o Banco Contraparte que devolverá o título para o Banco Zeta.

A representação da operação compromissada é dada pela Figura 2.10.

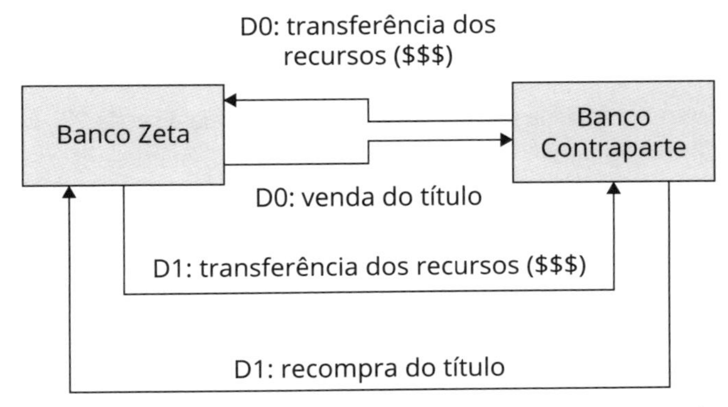

Figura 2.10 Representação da operação compromissada.

O cálculo financeiro para determinação do valor de venda em D0 e de recompra em D1 depende do título utilizado como lastro na operação. Considerando que a operação utilize como lastro a quantidade de 1.000 LTNs de prazo de 220 dias úteis para o vencimento na data de venda do título D0, equivalendo a taxa da operação à taxa da Selic média do dia de 10,50% TOA, então o valor de venda do título em D0 é dado por:

$$VP_{D0} = 1.000 \times \left(\frac{1.000}{1{,}105^{\frac{220}{252}}} \right) = 916.524{,}42$$

No dia seguinte, o valor de recompra do título será o valor de venda corrigido por um dia de juros e é determinado aplicando-se a equação de valor presente da LTN considerando o prazo para o vencimento de 219 dias úteis, já que decorreu um dia útil da data de venda do título. O valor de recompra pelo Banco Contraparte é dado por:

$$VP_{D1} = 1.000 \times \left(\frac{1.000}{1{,}105^{\frac{219}{252}}} \right) = 916.887{,}63$$

Dessa forma, pode se ver que o Banco Zeta pagou R$ 363,21 pela captação de recursos por um dia útil, o que equivale a 10,5% TOA sobre o valor captado de R$ 916.524,42. Por outro lado, o Banco Contraparte é remunerado pelo mesmo valor por emprestar os recursos para o Banco Zeta.

As operações realizadas com títulos públicos são liquidadas pelo Sistema Especial de Liquidação e Custódia (Selic).

FIQUE ATENTO

Para compreender o sistema de liquidação e custódia, leia a seção 2.5, Infraestrutura do Mercado Monetário, mais adiante neste capítulo.

As taxas negociadas no mercado interbancário e no mercado aberto consistem na formação da taxa básica de juros, que tende a ser próxima da Selic Meta, mas não é necessariamente igual. Isso porque a liquidez do sistema bancário varia a cada dia em função das operações de investimento e resgate de recursos dos agentes superavitários e deficitários. Ao final de cada dia, o Bacen publica a taxa média das operações dos mercados aberto e interbancário, denominada taxa Selic, expressa em taxa TOA. A taxa Selic de mercado não se distancia da Selic Meta porque o Bacen atua no ajuste de liquidez no mercado aberto comprando e vendendo títulos públicos, conforme explicado anteriormente.

Na situação em que o banco não tenha disponibilidade de títulos públicos para tomar recursos via uma operação compromissada, pode tomar recursos com a venda de certificado de depósito interbancário (**CDI**) com prazo de um dia útil. Essas operações são, usualmente, negociadas a taxas acima da Selic, porque o CDI apresenta o risco do banco emissor e não do governo.

As operações em CDI são liquidadas pelo sistema da B3 Central de Custódia e de Liquidação Financeira de Títulos Privados (Cetip). As operações realizadas em CDI formam a estatística das taxas diárias de CDI também publicadas pelo Bacen.

FIQUE ATENTO

Para compreender o sistema CETIP, leia a seção 2.5, Infraestrutura do Mercado Monetário.

EXEMPLO

Operação de CDI

O Banco Zeta possui um déficit de caixa e precisa de caixa, mas não possui uma carteira de títulos públicos. Para captar os recursos ele pode realizar emissão de CDI com prazo de um dia útil para o Banco Contraparte. No dia útil seguinte, vencimento do CDI, devolverá o dinheiro para o Banco Contraparte.

A representação da operação compromissada é dada pela Figura 2.11.

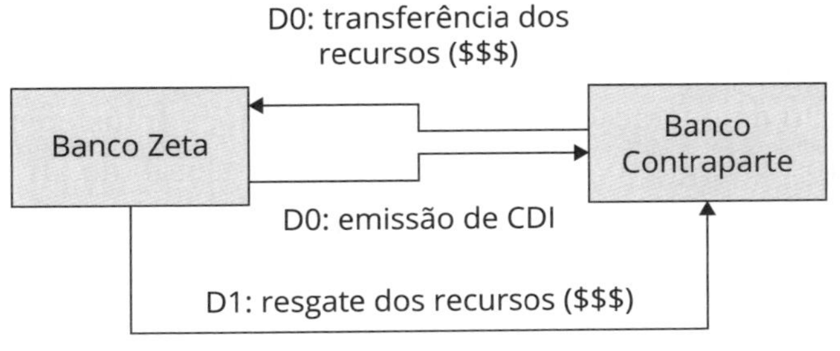

Figura 2.11 Representação da operação de emissão de CDI.

Quando um banco não consegue suprir seu déficit de caixa no mercado interbancário, deve recorrer ao Banco Central. Essa é uma situação que os bancos tentam evitar, pois representa fragilidade e deficiência de crédito no mercado.

A Figura 2.12 representa o mercado interbancário.

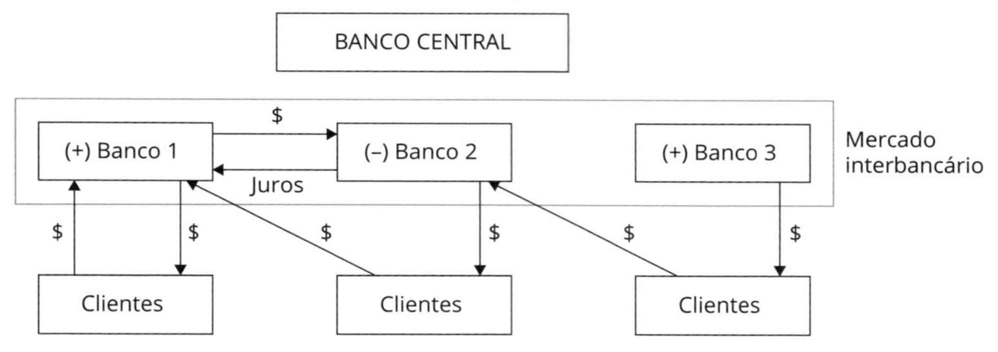

Figura 2.12 Representação do mercado interbancário.

2.5 INFRAESTRUTURA DO MERCADO MONETÁRIO

As operações do mercado monetário são negociadas por profissionais, denominados operadores ou, no termo em inglês, *traders*, do mercado financeiro e são realizadas *on-line* ou por telefone. A partir do momento em que dois operadores fecham uma operação, esta deve ser processada e liquidada. A informação deve partir do operador que fechou a transação na mesa de operações para a área de *back-office*, responsável pelo processamento e liquidação da operação, através de um sistema interno do banco. O *back-office* deve comunicar-se com os sistemas que constituem a infraestrutura do mercado financeiro.

A infraestrutura do mercado monetário consiste nas instituições que realizam as seguintes funções: registro do ativo financeiro; plataforma de negócios; liquidação da operação; custódia da operação; e transferência de recursos financeiros. O registro do ativo consiste na inclusão do ativo, com todas as suas características incluindo sua remuneração, no sistema possibilitando a sua negociação.

A plataforma de negócios consiste em um ambiente físico ou virtual, o qual compradores e vendedores de ativos financeiros acessam para realizar as transações de compra e venda de ativos financeiros de acordo com as estratégias de investimento. O Tesouro Direto, por exemplo, é uma plataforma de negócios para pessoas físicas comprarem e venderem títulos públicos federais. A B3 oferece uma plataforma de negócios para negociação de debêntures e de outros ativos de renda fixa. Os participantes de uma plataforma de negociação são especialistas e possuem autorização específica para representar investidores. São os operadores de corretoras, bancos, fundos de investimentos, que atuam na execução de ordens de compra e venda de títulos mobiliários.

A liquidação de uma operação consiste na transferência da titularidade do ativo do vendedor para o comprador ao mesmo tempo da transferência dos recursos financeiros do comprador para o vendedor. A custódia refere-se à guarda do ativo financeiro em nome de seu proprietário. O registro e a custódia dos ativos são feitos de forma escritural, por meio de registro eletrônico em conta aberta em nome do titular.

A transferência dos recursos financeiros consiste nas ordens de envio de recursos financeiros da conta bancária de uma instituição (compradora de um ativo) para outra instituição (vendedora do ativo). Essa transferência é realizada através do Sistema de Pagamentos Brasileiro (SPB), conforme detalhado a seguir.

2.5.1 Sistema de liquidação

O principal objetivo de um sistema de liquidação é garantir que o título negociado seja de propriedade do vendedor e seja transferido para o comprador, e que os recursos sejam transferidos da conta-corrente do comprador para a conta do vendedor. Em outras palavras, o sistema de liquidação é responsável pela entrega da titularidade do ativo financeiro do vendedor para o comprador ao mesmo tempo em que entrega os recursos financeiros do comprador para o vendedor. Para isso, ambas as partes precisam ter contas junto ao sistema de liquidação, onde são custodiados os ativos financeiros.

Representamos, a seguir, a liquidação de uma operação de venda de título público pelo Banco Zeta para captação de recursos na Figura 2.13.

Nessa transação, o sistema de liquidação e custódia recebe as instruções de compra e venda de cada uma das partes e realiza a troca do ativo financeiro e a transferência de recursos ao mesmo tempo. Após a liquidação, o Banco Zeta passa a ter em sua conta junto ao Bacen os recursos financeiros captados, enquanto o Banco Contraparte passa a deter os ativos financeiros adquiridos na transação.

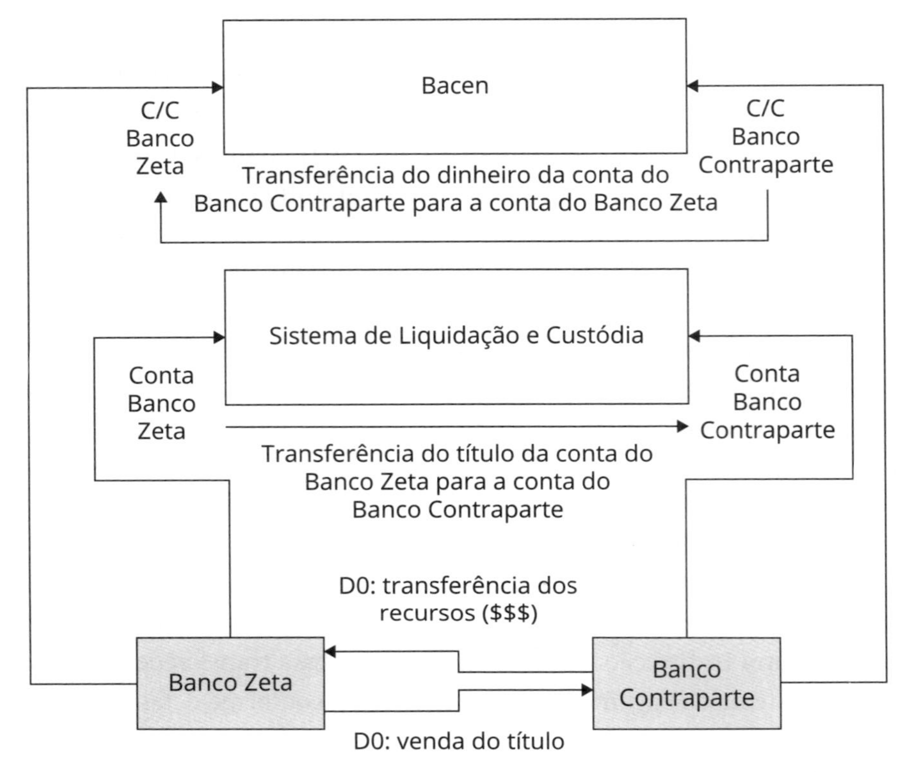

Figura 2.13 Representação da liquidação de uma operação de venda de títulos públicos.

A liquidação funciona como a união de duas peças de um quebra-cabeça: para que elas se encaixem, as informações do Comprador e as do Vendedor do ativo financeiro devem ser iguais ao serem recebidas pelo sistema de liquidação. Para que a transação seja liquidada, o Banco Vendedor deve ter custodiado o título lastro da operação e o Comprador deve ter disponibilidade de caixa. Após a liquidação, o caixa e o título são transferidos de tal forma que a posição de caixa deficitária do Banco Vendedor passa a ser zerada e a do Banco Comprador terá um caixa menor no valor da transação. Veja a Figura 2.14, que representa as posições de caixa e títulos junto ao Bacen e ao sistema de liquidação e custódia.

Os sistemas de liquidação e custódia fazem parte do Sistema de Pagamentos Brasileiro (SPB), o qual consiste nos sistemas de processamento, liquidação, transferência de ativos e de fundos de todos os mercados do Sistema Financeiro Nacional.

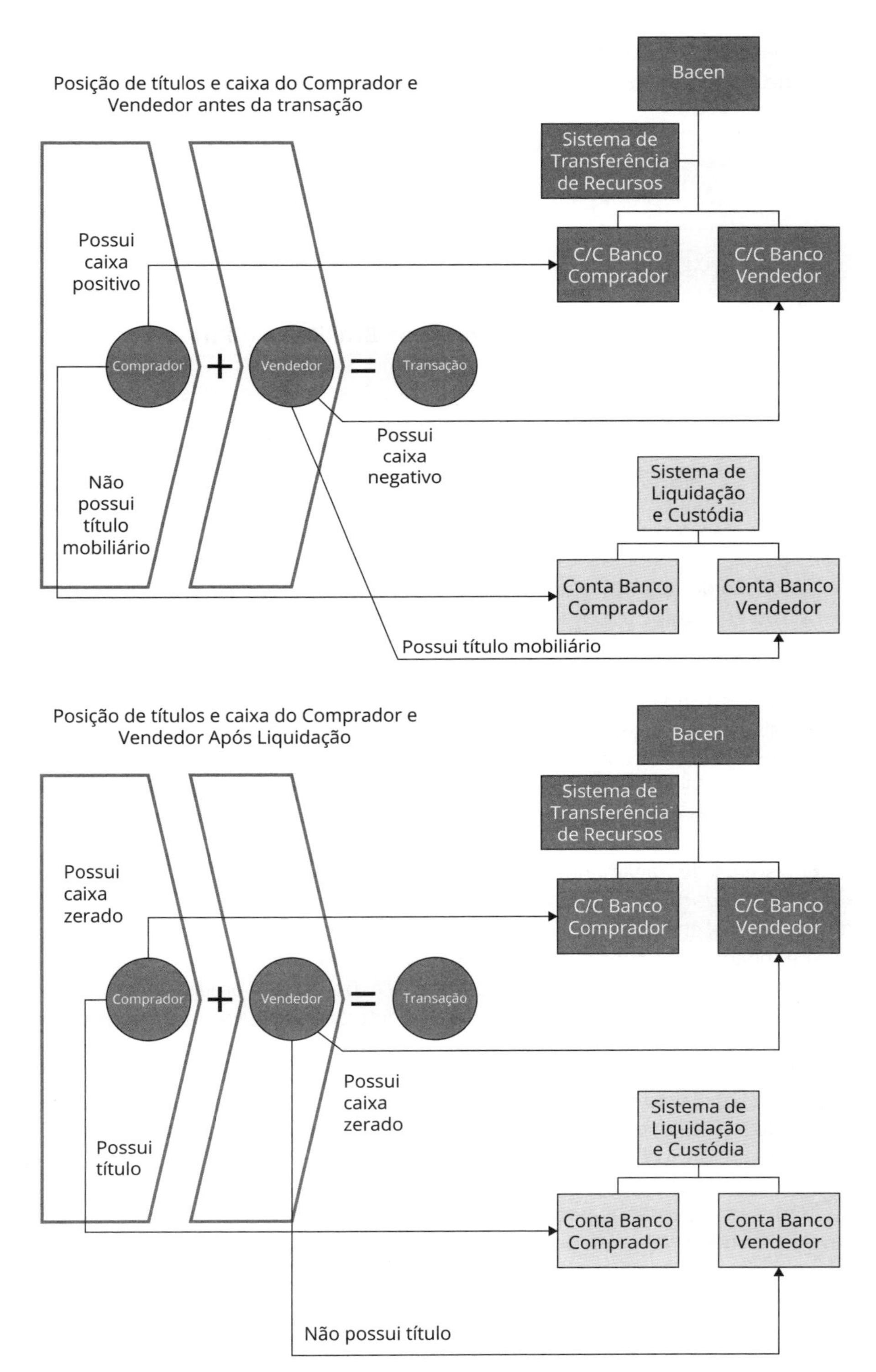

Figura 2.14 Representação da liquidação de uma transação interbancária.

Sugere-se ao leitor com interesse em compreender com maior profundidade o SPB que entre no *site* do Bacen: https://www.bcb.gov.br.

LINKS

http://www.bcb.gov.br/htms/novaPaginaSPB/VisaoGeralDoSPB.asp

Sistema de Pagamentos Brasileiro (SPB)

O Sistema de Pagamentos Brasileiro (SPB) compreende as entidades, os sistemas e os procedimentos relacionados com o processamento e a liquidação de operações de transferência de fundos, de operações com moeda estrangeira ou com ativos financeiros e valores mobiliários. São integrantes do SPB os serviços de compensação de cheques, de compensação e liquidação de ordens eletrônicas de débito e de crédito, de transferência de fundos e de outros ativos financeiros, de compensação e de liquidação de operações com títulos e valores mobiliários, de compensação e de liquidação de operações realizadas em bolsas de mercadorias e de futuros, além de outros, chamados coletivamente de entidades operadoras de Infraestruturas do Mercado Financeiro (IMF). A partir de outubro de 2013, com a edição da Lei nº 12.865, os arranjos e as instituições de pagamento passaram, também, a integrar o SPB.

As infraestruturas do mercado financeiro desempenham um papel fundamental para o sistema financeiro e a economia de uma forma geral. É importante que os mercados financeiros confiem na qualidade e na continuidade dos serviços prestados pelas IMF. Seu funcionamento adequado é essencial para a estabilidade financeira e condição necessária para salvaguardar os canais de transmissão da política monetária.

O Sistema de Pagamentos Brasileiro apresenta alto grau de automação, com crescente utilização de meios eletrônicos para transferência de fundos e liquidação de obrigações, em substituição aos instrumentos baseados em papel.

Até meados dos anos 1990, as mudanças no SPB foram motivadas pela necessidade de se lidar com altas taxas de inflação e, por isso, o progresso tecnológico então alcançado visava principalmente o aumento da velocidade de processamento das transações financeiras.

O STR, operado pelo Bacen, é um sistema de liquidação bruta em tempo real onde há a liquidação final de todas as obrigações financeiras no Brasil. São participantes do STR as instituições financeiras, as câmaras de compensação e liquidação e a Secretaria do Tesouro Nacional.

Com esse sistema, o país ingressou no grupo daqueles em que transferências de fundos interbancárias podem ser liquidadas em tempo real, em caráter irrevogável e incondicional. Além disso, qualquer transferência de fundos entre as contas dos participantes do STR passou a ser condicionada à existência de saldo suficiente de recursos na conta do participante emitente da transferência.

As operações realizadas com títulos públicos são liquidadas no mesmo dia da negociação dos *traders* e são realizadas pelo Sistema Especial de Liquidação e Custódia (Selic), responsável pela totalidade das liquidações e custódia dos títulos públicos, provendo segurança e confiança.

As operações realizadas com títulos privados, CDI, são liquidadas no dia útil seguinte ao da negociação dos operadores e são realizadas pela Central de Custódia e de Liquidação Financeira de Títulos Privados (Cetip), incorporada em 2017 pela B3 como departamento. Além dos CDIs, a B3 realiza liquidação e custódia de outros ativos financeiros, como cotas de fundos de investimentos e contratos de derivativos.

RESUMO

Neste capítulo, o leitor pôde compreender o conceito da Selic Meta, da taxa Selic de mercado e o sistema de liquidação Selic, e como esses conceitos estão associados. Adicionalmente, compreendeu a definição de CDI e como a taxa é formada. Explicou-se o funcionamento do mercado monetário e suas operações, além de relacioná-lo com os objetivos do Bacen de exercício de política monetária. Além dessa função, o capítulo explica as demais funções do órgão regulador como banco dos bancos, agente financeiro do governo nacional. Finalmente, o capítulo descreve como as operações são liquidadas através dos sistemas que compõem a infraestrutura do mercado monetário.

3 Mercado de Crédito

ESTRATÉGIA BANCÁRIA EM CRÉDITO

Atuo no Banco ABC Brasil há oito anos. Controlado pelo Arab Banking Corporation, o ABC é um banco múltiplo estabelecido no Brasil, especializado na concessão de crédito e serviços financeiros para empresas de grande porte, desde 1989. A principal linha de negócios do Banco é a intermediação financeira voltada para operações que envolvam análise e assunção de riscos de crédito corporativo no segmento de grandes empresas. Adicionalmente oferece outros produtos e serviços, tais como derivativos, avais e fianças, gestão de caixa, assessoria em fusões e aquisições e estruturação e distribuição de dívida corporativa, entre outros. Em virtude das características de crédito do nicho em que atua, o Banco ABC Brasil utiliza o processo de análise de crédito com base no modelo fundamentalista. Esse processo exige um conhecimento altamente especializado com equipe de profissionais fortemente capacitada.

Desde sua criação, em 1989, o Banco ABC Brasil sempre atuou no segmento de grandes empresas. Em 2005, o Banco tomou a decisão de ingresso no segmento de médias empresas que inicialmente era composto por empresas com faturamento anual entre 30 e 250 milhões de reais por ano. Acreditava-se que nesse segmento, o Banco poderia se diferenciar dos concorrentes, já que era um segmento pouco atendido pelos concorrentes diretos do Banco. Ao longo do tempo, na busca por melhor eficiência operacional, o banco foi alterando o nível de faturamento dos clientes classificados como empresas médias, primeiramente para empresas com receita anual entre 30 e 400 milhões de reais em 2012; depois, entre 50 e 500 milhões de reais em 2013. Esse segmento demonstrou a forte presença de assimetria informacional em função do alto grau de informalidade. Seria necessária a adoção de modelos estatísticos de análise de crédito como o *credit scoring*, especialização essa completamente distante da especialização de análise fundamentalista de crédito dominada pelo Banco.

Em 2016, o Banco tomou a decisão de implementação de novo redirecionamento estratégico. Acabou deixando de forma definitiva o segmento de empresas médias e voltou a atuar somente com empresas de grande porte, através de dois segmentos específicos de clientes: (i) segmento corporate, composto por empresas que faturam entre 100 e 800 milhões de reais por ano, e que em setembro de 2018 correspondia a 20% do portfólio do banco; e (ii) segmento large corporate, composto por empresas que faturam acima de 800 milhões de reais por ano, e em setembro de 2018 correspondia a 80% do portfólio do banco.[1]

OBJETIVOS DE APRENDIZAGEM

- Entender a finalidade e a abrangência do mercado de crédito, seus produtos e serviços.
- Aplicar os conceitos de crédito às situações práticas do cotidiano das pessoas físicas e jurídicas.
- Analisar os riscos envolvidos nas operações do mercado de crédito e as possibilidades de gestão e mitigação desses riscos.
- Sintetizar os conceitos e riscos dos principais produtos do mercado de crédito.
- Desenvolver o raciocínio analítico para o risco de crédito no mercado financeiro.

[1] Texto de autoria de Emerson Faria, graduado em Economia pela FEA/USP, mestre em Finanças pela Umeå University e mestre em Empreendorismo pela FEA/USP. Possui mais de treze anos de experiência no mercado financeiro e de capitais, dos quais mais de oito anos atuando no Banco ABC Brasil, instituição financeira especializada em crédito corporativo.

Mercado de crédito

As variações da taxa básica de juro – a Selic – influenciam diretamente o fluxo de empréstimos e financiamentos bancários e, consequentemente, trazem reflexos para o volume de investimentos das empresas e os gastos das famílias.

Além de definir a taxa básica de juro, o Banco Central do Brasil atua nas questões estruturais do Sistema Financeiro Nacional e busca reduzir o custo de financiamento para os tomadores finais e elevar a competitividade e a flexibilidade na concessão de crédito, como forma de acelerar a atividade econômica.

As taxas de juros e as condições para as operações de empréstimos e financiamentos refletem no **mercado de crédito**, o que será determinante para a disposição de investimentos e gastos dos agentes econômicos. Assim, o crédito constitui um dos principais instrumentos de política monetária à disposição das autoridades do mercado financeiro.

Um panorama dos grandes números em um período recente da economia brasileira nos dá uma ideia dessa atuação da autoridade monetária.

Em julho de 2015,[2] a Selic foi elevada a 14,25% e permaneceu assim por cerca de quinze meses até setembro de 2016, quando o Comitê de Política Monetária (Copom) iniciou uma paulatina redução, chegando a 6,5% em março de 2018.

Essa redução da taxa Selic acompanhou os melhores indicadores econômicos e maior controle da inflação: em setembro de 2016, o Índice Nacional de Preços ao Consumidor Amplo (IPCA) era de 8,5% e caiu para 2,9% no início de 2018; por outro lado, o desempenho do Produto Interno Bruto (PIB) que era de queda de 4,6% em setembro de 2016, passou a apresentar uma recuperação, registrado crescimento de 1% no início de 2018. Embora sem uma redução na taxa de desemprego, as indicações de queda da inflação e início da recuperação da atividade econômica propiciaram as condições necessárias para a autoridade monetária iniciar a redução da taxa de juros.

Embora a redução das taxas cobradas pelos bancos não acompanhe com a mesma velocidade a redução de taxas de juros básicos, começam a ser criadas as condições para a ampliação da disponibilidade de crédito. O sistema financeiro contabiliza elevados índices de inadimplência, o que retarda o efeito de redução das taxas de juros cobradas dos tomadores de crédito. Segundo o Banco Central, a inadimplência responde por 45% do *spread* bancário, os impostos por 20%, o compulsório por 10% e o lucro por 25%.

O custo de financiamento tem recuado acompanhando a queda da taxa básica de juros e o volume de concessões tem aumentado, influenciado também pela retomada gradual da atividade.

Em comparação com o Produto Interno Bruto (PIB), o saldo total dos empréstimos vem caindo. Chegou a representar 55,6% e 53,1% em 2013 e 2014, respectivamente, e caiu para 49,6% em 2016 e 47,1% em 2017, época em que

[2] Todos os dados deste texto têm como fonte a página eletrônica do Banco Central do Brasil.

as taxas de juros estavam em seu ponto máximo, ainda sem os efeitos do movimento de redução.

Naturalmente, a relação em queda do total de empréstimos com o PIB é reflexo da atividade econômica em geral; a queda reflete o período recessivo, a diminuição de renda e o aumento da inadimplência. O estoque total de crédito encolheu 3,5% e 0,6% em termos nominais, em 2016 e 2017, respectivamente.

Em setembro de 2016, com o início da redução da taxa Selic, as concessões de crédito com recursos livres apresentaram interrupção da tendência de queda. Após oito meses, passaram a crescer. No fim de 2017, o estoque de crédito era de R$ 3,086 trilhões.

Esse movimento de recuperação, entretanto, não é uniforme para empresas e famílias. As concessões de crédito a pessoas físicas têm apresentado melhor desempenho, registrando crescimento de 8,4% em 2017. As empresas, por outro lado, mostram-se mais reticentes a retomar o processo de investimentos e vêm adiando a contratação de empréstimos e financiamentos. As concessões de crédito a pessoas jurídicas ainda apresentaram redução de 2,6% em 2017.

No segmento de pessoas físicas, o aumento das liberações de crédito foi beneficiado pela redução das taxas de juros e pela melhora dos fundamentos econômicos: recuperação do consumo das famílias, redução da inflação e aumento da renda real.

O **crédito às pessoas físicas** direciona-se a duas principais modalidades: o crédito pessoal e o financiamento de veículos. O aumento das liberações de crédito às pessoas físicas vem ocorrendo basicamente na modalidade de crédito pessoal, em especial para o crédito consignado, e em menor magnitude para a aquisição de veículos. Com melhores indicadores de emprego e renda, o crédito às pessoas físicas tende a reagir, voltando a apresentar indicadores positivos. As carteiras de crédito para aquisição de veículos e crédito consignado têm sido as primeiras a reagir.

O segmento de pessoas jurídicas tem se mostrado mais lento em apresentar taxas de crescimento; as empresas vêm adiando as iniciativas de investimento e captação de recursos em empréstimos e financiamentos. As operações de crédito nas modalidades de desconto de duplicatas e capital de giro representam 40% dos novos empréstimos às empresas.

O **crédito às pessoas jurídicas** pode demorar um pouco para reagir. Outras variáveis determinam o comportamento da demanda por crédito das empresas. Ainda se verificam elevados graus de ociosidade em diversos segmentos de negócios, adiando a disposição para novos investimentos em expansão. A ocupação da capacidade ociosa e alguma incerteza quanto ao cenário de negócios têm adiado os financiamentos.

Um acompanhamento mais longo dos ciclos de elevações e reduções das taxas de juros no Brasil e dos volumes de concessões do crédito evidenciam comportamento consistente da ligação da política de crédito com a política monetária.

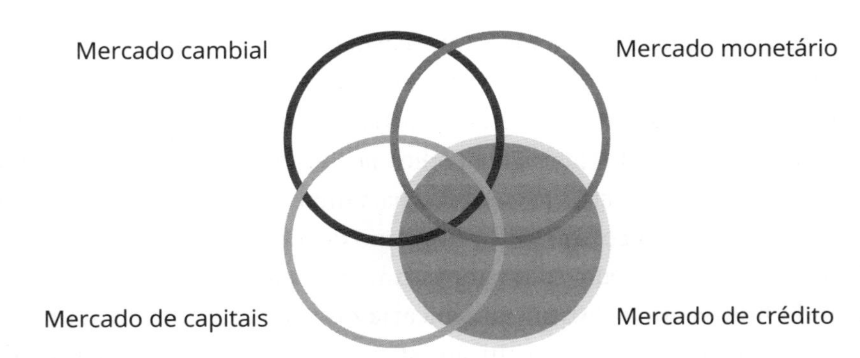

Figura 3.1 Representação do mercado financeiro e o entrelaçamento dos principais segmentos.

3.1 CONCEITOS E FINALIDADES DO MERCADO DE CRÉDITO

O mercado de crédito é o segmento do mercado financeiro que abrange as operações de empréstimos e financiamentos, entre empresas e bancos, e a concessão de prazo para recebimento das vendas, negociada entre empresas.

O crédito está presente em praticamente todas as operações de compra e venda de produtos e serviços, facilitando as transações. E, quando empresas comerciais e industriais buscam empréstimos e financiamentos junto à rede bancária, também estão operando no mercado de crédito.

Para as empresas, a política de crédito influencia o fluxo de caixa e os investimentos necessários em capital de giro. Uma das funções mais importantes da área financeira das empresas, portanto, é a avaliação de crédito.

Porém, toda operação de crédito envolve **risco**. Conceder crédito implica uma relação de confiança entre as partes. Por menor que seja, a probabilidade de perda está presente nas transações comerciais. Pode-se afirmar que a certeza de recebimento só existirá nas operações realizadas em dinheiro. Mesmo nas transações liquidadas por cheque, o período de compensação representa risco para o credor.

3.1.1 Crédito comercial e bancário

O mercado de crédito tem como objetivo suprir recursos aos agentes econômicos, pessoas físicas ou jurídicas, nas suas necessidades de consumo, operacionais e de investimentos. O crédito desenvolve-se em dois grandes segmentos:

- operações comerciais ou mercantis;
- operações bancárias.

As operações comerciais ou mercantis envolvem decisão de crédito quando é concedido um prazo para pagamento. Grande parte das operações de compra de mercadorias e serviços entre empresas industriais ou comerciais, ou mesmo entre o comércio e as pessoas físicas, não é realizada à vista. Portanto, essas operações envolvem a concessão de crédito, sem que haja uma instituição financeira envolvida. A empresa que concede crédito atua como doador de recursos e essa concessão de prazo pode representar um fator estimulante para as vendas.

Quando houver uma instituição bancária ou financeira envolvida na intermediação dos recursos, essa instituição estará atuando no mercado de crédito.

EXEMPLO

Embora a decisão de crédito esteja presente em toda atividade empresarial, cada organização estabelece uma política a ser seguida, adequada à sua cultura, apetite pelo risco e ramo de atividade. Observe algumas diferenças nas políticas de **crédito comercial** conforme a característica do setor:

Supermercados: atividade caracterizada por elevado volume de vendas à vista (dinheiro ou cartão de débito). O risco de crédito existirá se houver uma pequena parcela de faturamento por cheque ou cartão de crédito. Portanto, em geral, os supermercados não dispõem de um departamento ou de analistas voltados para análise e decisão de crédito. No máximo, em caso de cheques, são adotados alguns cuidados de consulta às fontes cadastrais.

Empresas do setor de varejo com vendas a crédito, em parcelas, tomam alguns cuidados adicionais ao aceitar cartão de crédito ou cheques. Em geral, têm sistemas interligados às fontes de informações e restrições cadastrais.

Empresas industriais vendem para outras empresas (industriais ou comerciais) e raramente essa transação ocorre à vista. O prazo para pagamento está presente em grande parte das transações e, portanto, o risco de crédito estará presente também. Dependendo dos prazos e valores envolvidos, as empresas industriais podem ter departamentos de crédito bastante sofisticados, com processos de buscas de dados, analistas especializados, alçadas e comitês de decisão.

Duas situações podem ocorrer e interferir no processo de crédito a ser adotado: vendas regulares ou vendas isoladas.

Vendas regulares entre empresas: imagine uma empresa A que vende regularmente às empresas B, C e D. A empresa A é fornecedora de matéria-prima para B, C e D. Entre essas empresas existe um vínculo comercial e interesse na manutenção de bons negócios. A empresa A, ao vender a prazo para seus clientes, assume um risco de crédito, mas esse risco é mitigado pelo interesse comercial entre as partes. A empresa A deverá ter um departamento de crédito, procederá a análises regulares da situação de seus clientes e estabelecerá um limite para as vendas a prazo. Esse limite estará vinculado ao fluxo de negócios entre as empresas.

Vendas isoladas ou eventuais entre empresas: imagine que a empresa X produz máquinas sob encomenda. A empresa Y a procura e encomenda um equipamento específico. Paga um sinal, mas a maior parte do pagamento se dará contra a entrega da máquina ou mesmo algum prazo após a entrega. Fica evidente que a empresa X assumiu um risco de crédito e, antes de fechar o negócio, deverá fazer uma cuidadosa análise das condições de crédito da empresa Y. Diferentemente da situação anterior, da empresa A, não há entre as empresas um histórico de negócios ou um vínculo comercial que indique a qualidade do risco de crédito. Assim, as empresas dos ramos de negócios por encomenda, como máquinas, equipamentos, móveis, etc., operaram com considerável risco de crédito e devem buscar especialistas e melhores procedimentos para minimizar esse risco.

O **crédito bancário** envolve as operações realizadas dentro do âmbito do Sistema Financeiro Nacional, ou seja, o doador de recursos é um banco ou sociedade financeira e a doação destina-se ao suprimento de recursos para as pessoas físicas e empresas dos vários segmentos, nas suas necessidades de equilíbrio de caixa, capital de giro e investimentos.

Como já foi apresentado, as instituições financeiras exercem importante papel na intermediação de recurso na economia ao captarem recursos de pessoas físicas e jurídicas superavitárias para emprestar a outras pessoas físicas ou jurídicas que demandam esses recursos. Ao emprestar, a instituição financeira assume o risco de crédito, ou seja, o risco de eventualmente não receber de volta o valor emprestado, no prazo combinado.

O risco de crédito é um dos principais fatores de risco do mercado financeiro. Ele está presente nos vários segmentos do mercado financeiro, como nas operações interbancárias realizadas no mercado monetário, ou no investimento em títulos mobiliários de emissores privados no mercado de capitais.

Nos tópicos seguintes, vamos concentrar nossos comentários ao crédito bancário.

3.1.2 Risco de crédito

A Resolução nº 3.721, de 30 de abril de 2009, do Banco Central do Brasil dispõe sobre a implementação de estrutura de gerenciamento do risco de crédito. Em seu artigo 2º, define o risco de crédito "como a possibilidade de ocorrência de perdas associadas ao não cumprimento pelo tomador ou contraparte de suas respectivas obrigações financeiras nos termos pactuados, à desvalorização de contrato de crédito decorrente da deterioração na classificação de risco do tomador, à redução de ganhos ou remunerações, às vantagens concedidas na renegociação e aos custos de recuperação".

LINKS

Para acessar a Resolução do Banco Central nº 3.721, de 30 de abril de 2009, utilize o *link*: http://www.bcb.gov.br/pre/normativos/busca/downloadNormativo.asp?arquivo=/Lists/Normativos/Attachments/47611/Res_3721_v2_P.pdf.

Risco de crédito é a possibilidade de perda decorrente da alteração dos fatores que determinam a qualidade do ativo carteira de crédito. Esses fatores incluem não só a inadimplência, mas também a ocorrência de efeitos adversos decorrentes de migração do grau de crédito e nas taxas de recuperação.

O risco existe quando há probabilidade de não cumprimento de cláusulas contratuais, seja o não cumprimento de alguma obrigação na data combinada ou nas condições estabelecidas contratualmente. O risco de crédito mais comum é o de inadimplência, caracterizada pela probabilidade de que os juros ou o principal não sejam honrados nas datas devidas ou nos valores prometidos.

O mercado de crédito bancário apresenta algumas soluções para lidar com esses riscos, entre elas a exigência de uma provisão adequada para devedores duvidosos, a limitação das operações com ativos e/ou clientes determinados, o estabelecimento de limites de concessão de crédito. Os riscos de crédito também podem ser eliminados pela constituição de uma carteira diversificada, que permita a redução de efeitos das perdas individuais.

Riscos podem ser eliminados, evitados ou reduzidos quando se adotam medidas de padronização de procedimentos, contratos e processos. Essa padronização facilita a tomada de decisões e garante a melhor qualidade do risco. Os riscos de crédito também podem ser transferidos com operações de instrumentos financeiros (*swaps* ou derivativos).

Quando a instituição financeira empresta dinheiro ou financia bens, não tem como único propósito receber do cliente nos vencimentos e encerrar o relacionamento comercial: o objetivo é efetuar novas operações de crédito e manter um relacionamento de negócios. Dessa forma, interessa à instituição financeira operar com seus clientes, efetuando novas operações. Por outro lado, é necessário que o credor tenha segurança de que o cliente apresenta um grau de solidez financeira que não lhe venha trazer problemas de inadimplência.

3.1.3 Política e processo de crédito bancário

A carteira de crédito constitui parte importante dos ativos dos bancos. Essa carteira é formada por operações de crédito de diferentes modalidades, prazos e riscos.

Toda instituição deve definir uma política de crédito adequada à sua cultura e nicho de mercado. A definição da política de crédito de uma instituição financeira deve envolver as seguintes delimitações:

- do mercado alvo ou segmentos de negócios onde pretende atuar;
- da área geográfica e dos produtos com os quais pretende atuar;
- dos limites operacionais, por cliente e por produto, considerando a política de diversificação (quanto aos tomadores, setores econômicos, região geográfica);
- dos procedimentos de análise e decisão de crédito e da política de alçadas de aprovação (*trade off* entre agilidade e segurança);
- da gestão do risco de crédito, da política de provisionamento, atribuição de *ratings* e política de *hedge* e de garantias;
- da política de cobrança, de controle de perdas nas operações e de recuperação de crédito.

SAIBA MAIS

Limite de crédito × Operação de crédito

Os bancos operam o crédito estabelecendo limites ou aprovando operação por operação. Em todos os casos, deve ser considerada a finalidade da aprovação e as linhas de produtos mais adequados em cada situação. Os bancos estabelecem limites de crédito para determinadas operações com seus clientes: limite para capital de giro, limite de cheque especial, limite para conta garantida etc. Por outro lado, existem as operações específicas, com financiamento de determinados bens, compra de máquinas etc., quando não há um limite de crédito estabelecido e as operações de crédito são analisadas caso a caso.

O **processo de crédito** é estabelecido pela política de crédito da instituição financeira, levando em conta o valor da operação e o risco envolvido. O processo de crédito para pessoa jurídica difere do processo para pessoa física. Uma mesma instituição financeira pode adotar diferentes processos de crédito para pessoas jurídicas: o procedimento para emprestar a pequenas e médias empresas é mais simples do que para as operações realizadas para as grandes empresas.

Ao definir o processo de crédito, o gestor da carteira de crédito deve ter em mente que a qualidade do processo vai determinar a qualidade da carteira. Da mesma forma, os profissionais do mercado financeiro envolvidos em análise e concessão de crédito devem ter em mente que a obediência e a atenção aos procedimentos estabelecidos vão garantir a liquidez da operação e minimização do risco de crédito. Um processo de crédito bem conduzido representará "garantia" adicional à boa concessão de créditos.

Apesar das diferenças e particularidades que o processo de crédito assume em cada instituição e cada segmento de negócios, em linhas gerais, o processo estabelece como pré-requisitos para a concessão e estabelecimento de limite de crédito:

- A existência de:
  - cadastros atualizados da empresa, dos sócios e diretores;
  - demonstrações financeiras atualizadas.

- A inexistência de:
  - títulos protestados pendentes de pagamento;
  - cheque da emissão do proponente devolvido por insuficiência de fundos;
  - falência ou recuperação de dívidas;
  - informações bancárias ou comerciais desabonadoras;
  - restrições cadastrais como, por exemplo, da Serasa.

O Quadro 3.1 apresenta as etapas do processo de crédito em uma instituição financeira. Os detalhes serão definidos de acordo com a cultura da organização, a política adotada e o porte da empresa tomadora.

Uma vez aprovado, o contrato de crédito deve especificar:

- o montante e o prazo do empréstimo;
- a taxa de juros cobrada;
- a data dos pagamentos;
- as importâncias a serem pagas;
- as cláusulas padronizadas e restritivas (*covenants*);
- o colateral (garantia);
- a finalidade do empréstimo.

Quadro 3.1 Etapas do processo de crédito genérico

Etapas do processo de crédito	Descrição
Definição do mercado alvo	Qual o mercado, a região geográfica e segmentos de negócios a atingir? Emprestará para pequenas e médias empresas? Emprestará para o agronegócio? Emprestará para empresas iniciantes?
Origem	Como a instituição financeira inicia uma operação de crédito? Preferencialmente, a melhor forma de originação é a interna, ou seja, o banco pesquisando seu mercado alvo e desenvolvendo oportunidades de negócios alinhadas com sua política e mercado alvo. Contudo, muitas operações de crédito são também realizadas por solicitação do cliente.
Negociação (primeiro contato)	Se for o caso de um primeiro contato com o cliente, realizar um planejamento comercial bem orientado, procurando conhecer as características e necessidades do cliente.
Documentação cadastral	Esse primeiro contato deve gerar a documentação cadastral. Mesmo para contatos posteriores, com operações em andamento, e para clientes já tradicionais, deve-se sistematicamente solicitar atualização da documentação cadastral. Costumam ser solicitados também: relação mensal de faturamento; relação de empresas ligadas e suas atividades; cadastros e balanços das empresas ligadas; relação de importações e exportações realizadas; relação atualizada de contas a receber, prazos, atrasos e incobráveis; relação de dívida bancária; relação de contratos de *leasing*; carteira de obras ou de encomendas nos casos de empresas dos setores de construção civil ou bens de encomenda, com prazos e valores.
Avaliação	Equipe especializada deve avaliar os documentos e as informações qualitativas obtidas nos contatos pessoais com o cliente. Essa avaliação deve incluir: balanços, informação cadastral, projeções, informações morais, tradição, qualidade da administração, tendências de mercado, destino dos recursos, alternativas de negócios da empresa.
Aprovação	Concluída a etapa de avaliação, a partir de um relatório técnico de crédito inicia-se o processo de aprovação, que pode evolver: o gerente proponente, os analistas, especialistas setoriais e comitês de decisão.
Negociação (fechamento do negócio)	A aprovação deve definir o valor em risco, seja como limite ou operação específica, a taxa, o grau de risco (medido pelo *rating*), a garantia, prazo e forma de amortização.
Documentação da transação	Essa etapa envolve a avaliação e formalização das garantias, contratos, aditivos, a avaliação dos poderes de representação das pessoas jurídicas, a escolha de sacados (se for o caso) e opinião do departamento jurídico.
Desembolso	Mediante aprovação da documentação do negócio.

3.1.3.1 Administração do crédito

Até a efetiva liquidação da operação, deve haver um acompanhamento sistemático das condições do tomador do crédito, com analise de demonstrativos financeiros, documentos cadastrais, visitas periódicas e observação da pontualidade dos pagamentos.

Se ocorrerem acontecimentos imprevistos como atrasos ou perdas, algumas ações devem ser adotadas, como reavaliar as condições do crédito, renegociar, ouvir o departamento jurídico. Os esforços de cobrança e procedimentos legais podem criar condições para a reorganização. Em alguns casos, as perdas podem levar à reavaliação do processo de crédito.

A política de cobrança compreende os procedimentos adotados para cobrar as parcelas em seus vencimentos. Em caso de atrasos, as principais etapas do processo de cobrança são:

- contato com o cliente realizado por visita e/ou telefonema;
- notificação de atraso;
- protesto.

Devem-se estender esforços de cobrança até o ponto em que o custo marginal passar a superar o benefício marginal da cobrança. Em alguns casos, pode ocorrer a terceirização do processo de cobrança: após esgotadas as negociações e reconhecimento contábil da perda, com provisionamento de 100% do crédito, algumas instituições financeiras negociam as suas carteiras de créditos problemáticos.

3.1.4 Avaliação de crédito

A avaliação de crédito consiste em (1) avaliar as condições do tomador de crédito; (2) avaliar a sua capacidade de geração de caixa no futuro; e (3) prever a probabilidade de o tomador enfrentar dificuldades financeiras. A avaliação também deve considerar o grau de risco que se está disposto a incorrer e deve permitir que se faça uma classificação das operações de acordo com seu grau de risco, atribuindo um *rating* (grau de risco) para cada operação.

Essa avaliação deve ter visão futura. Apesar de basear-se em informações e dados do passado, toda decisão deve levar em conta as perspectivas do cenário e do tomador do crédito. É no futuro que a operação será liquidada. Assim como não dirigimos um carro olhando exclusivamente no espelho retrovisor, a decisão de crédito deve ter olhos no futuro.

A avaliação do crédito e o grau de detalhamento das informações utilizadas para aprovação variam em função do risco e do porte do cliente.

Empresas de menor porte e operações com pessoas físicas, geralmente, são decididas a partir da aplicação de modelos estatísticos, como os escores de aprovação – *credit scoring* –; ou os escores comportamentais, como hábitos de lazer e consumo – *behaviour scoring*. Esses modelos para classificação de risco de crédito estão em permanente evolução, principalmente no campo da estatística.

Os modelos de *credit scoring* são modelos de avaliação de risco de crédito baseados na probabilidade de inadimplência. E essa probabilidade de inadimplência é calculada a partir de casos de insucesso do passado. São modelos aplicáveis tanto a pessoas físicas como jurídicas de menor porte. São considerados dados históricos de sucesso e insucesso nas operações cruzados com inúmeras variáveis, para explicar o comportamento dos tomadores e para previsão de inadimplência.

O uso de *scoring* para avaliação de crédito é indicado para situações de risco muito parecidas, repetitivas e que ocorrem em grandes quantidades, como, por exemplo, crédito direto ao consumidor, financiamento de veículos, cheque especial.

Como ferramenta de avaliação, os modelos de *credit scoring* apresentam as seguintes vantagens:

- agilidade no processamento das operações;
- redução de custos operacionais;
- uniformização dos critérios de concessão;
- eliminação da subjetividade do avaliador;
- auxílio ao gerenciamento da carteira de crédito.

Os **clientes de médio e grande portes** requerem processo de análise mais complexo, envolvendo variáveis quantitativas e qualitativas. Esse processo é chamado de **análise fundamentalista**.

Nas micro e pequenas empresas, as informações financeiras, quando disponíveis, geralmente não refletem a situação patrimonial; ou são empresas tributadas no sistema de lucro presumido e, portanto, não produzem demonstrações financeiras.

Essas empresas também têm como característica a mistura entre renda e patrimônio dos sócios e da própria empresa. Compete ao analista desenvolver uma visão mais ampla do patrimônio combinado das entidades. A avaliação do crédito irá se basear mais fortemente no patrimônio dos sócios e nas informações operacionais que puderem ser obtidas e comprovadas.

Ao obter informações operacionais e de patrimônio, o analista pode elaborar o chamado **balanço percebido**: uma tentativa de avaliar a situação patrimonial da empresa através de perguntas relacionadas ao valor dos principais ativos (valores de aplicações financeiras, carteira de recebíveis, estoques, imobilizados e outros investimentos relevantes) e passivos (dívidas com fornecedores, endividamento bancário de curto e longo prazos, se houver, outros credores e contingências). Mesmo entre as menores organizações, as seguintes informações são desejáveis para a análise de crédito:

- faturamento mês a mês nos últimos anos e estimativa do faturamento para os próximos meses, considerando períodos mais fortes e mais fracos de vendas e levando em conta eventuais contratos extraordinários;
- prazos médios de recebimento e de pagamento, para a tentativa de avaliar a necessidade de capital de giro;
- o prazo médio de estoque, nas empresas comerciais, ou o ciclo médio de produção, nas empresas industriais, o que inclui prazo médio de estoques de matéria-prima, produto em elaboração e produto acabado;
- valores dos estoques e oscilação durante o ano, de acordo com a sazonalidade da atividade;
- valor das compras e abertura dos principais custos de produção (mão de obra direta, matéria-prima, custos indiretos de fabricação) e das despesas operacionais (vendas, gerais e administrativas);
- abertura do endividamento bancário, principais operações, prazos e formas de amortização.

Essas informações devem permitir a avaliação da capacidade operacional, da liquidez e da qualidade do controle acionário e capacidade administrativa.

3.1.4.1 Visitas de crédito

A concessão de crédito requer um sólido conhecimento do cliente, seja pessoa física ou jurídica. As áreas comerciais das instituições financeiras desenvolvem procedimentos para conhecimento e análise dos clientes de forma a poder oferecer maior gama de produtos e serviços e melhor compreender os fatores de risco de cada situação.

Para operações de crédito acima de determinado valor, a política de crédito, em geral, estabelece a obrigatoriedade de visitas aos clientes, como forma de aprofundar o conhecimento e o relacionamento comercial. Esse processo de visitas periódicas deve ser frequente, sistemático, inteligente e bem dirigido.

A visita permite completar as informações fornecidas pelos clientes nas fases de prospecção do crédito. Nessas oportunidades, podem se formar conceitos sobre a qualidade do corpo administrativo, controladores, recursos humanos e técnicos, qualidade de controles internos etc. As visitas de crédito devem buscar também o conhecimento das instalações industriais ou comerciais do tomador de crédito, para avaliação do estado de conservação, situação dos estoques, operação de equipamentos, atividade de funcionários etc. São informações que não são encontradas em fichas cadastrais ou demonstrações financeiras, mas que são fundamentais para avaliação do risco de crédito.

As visitas de crédito têm, portanto, duplo objetivo: (1) permitir um conhecimento mais próximo do cliente e de suas instalações, e (2) fortalecer as relações de negócios e acompanhamento do crédito. Para melhor organização do processo de crédito e registro das ocorrências, as visitas realizadas devem gerar um relatório com as principais informações obtidas, indicando providências e encaminhamentos.

3.1.4.2 A análise de crédito

A análise de crédito é uma ferramenta indispensável para que a decisão seja mais acertada. Quanto melhor for a análise de crédito, melhor será a qualidade do risco.

O objetivo da análise é identificar os fatores que interferem nos resultados esperados, ou seja, fatores que modificam o grau de liquidez da empresa e a sua capacidade de saldar compromissos, operando e crescendo. A análise deve levar às repostas para as questões: Emprestar ou não? Em que condições pode emprestar?

Qualquer que seja o porte do tomador de crédito, as seguintes perguntas devem ser feitas (e respondidas!) por quem concede crédito:

1. Qual é o montante necessário?
2. Qual é o propósito do empréstimo?
3. Quando o dinheiro será necessário?
4. Qual é a fonte de repagamento proposta?
5. Quando o empréstimo será pago?
6. Existe outra fonte de pagamento alternativa?

A análise não se baseia exclusivamente em números e demonstrativos financeiros, mas requer um sólido conhecimento do cliente e uma boa dose de julgamento, o que somente é possível com experiência e conhecimento técnico. Não por acaso, as principais decisões de crédito não são tomadas individualmente, mas por colegiados – os comitês de crédito. O objetivo é reunir visões e experiências diferentes para o melhor julgamento do crédito.

Embora a maior parte das informações utilizadas na análise de crédito seja originada no PASSADO da empresa, ou seja, seu desempenho passado, pontos favoráveis e desfavoráveis de suas características de atuação, o processo de avaliação deve sempre fazer considerações sobre o FUTURO, ou as tendências do negócio. Essa avaliação prospectiva deve considerar a tendência de variáveis-chave como faturamento, condições de mercado, endividamento, fontes para

SAIBA MAIS

A literatura relacionada a crédito simplifica os inúmeros fatores a serem considerados na avaliação, agrupando-os em cinco categorias que, coincidentemente, começam com a letra C ou letra P. De maneira simplificada, portanto, é o processo chamado de avaliação dos Cs do crédito ou os 5Ps.

Os Cs do crédito:

Condições	Características da administração, experiência, valores, existência de linha sucessória, análise do grupo controlador etc.
Capital ou *cash flow*	Capacidade financeira e de geração de caixa para a liquidação da operação. Pode envolver projeções financeiras.
Capacidade	Capacidade administrativa e operacional.
Caráter	Histórico de boas operações e valores dos controladores e administradores.
Colateral	Garantias oferecidas.

Os 5Ps:

People	As condições externas, ambiente econômico e do setor de atuação.
Purpose	Finalidade do crédito, adequação à estratégia de negócios.
Payment	Análise financeira e da capacidade de geração de caixa para a liquidação da operação.
Protection	Garantias oferecidas.
Prospective	Projeções financeiras.

a liquidação da operação etc. As informações devem possibilitar a avaliação do devedor ou tomador de crédito, das condições da liquidação da operação e das possibilidades de ocorrência de dificuldades financeiras.

3.1.4.2.1 Tipos de análise

Evidentemente, o **tipo de análise** a ser adotado vai depender do valor da operação, do risco envolvido e da disponibilidade de informações.

- Pequenas empresas ou baixo valor em risco: em geral, os demonstrativos contábeis não representam a realidade dos negócios e a documentação de crédito é constituída basicamente pela ficha cadastral da empresa e dos sócios.
- Empresas médias: os demonstrativos contábeis trazem informações mais confiáveis e, além de cadastro completo, a análise deve trazer aspectos do mercado de atuação. Nesse segmento de negócios, passa a ser desejável uma visita para aprofundar o conhecimento.
- Grandes empresas ou grandes valores em risco: há necessidade de aprofundamento de informações sobre a empresa. Os cadastros são mais completos, há informações de visitas e demonstrativos financeiros auditados. Os maiores valores em risco obrigam à elaboração de projeção de caixa e resultados.
- Análises posteriores à concessão de crédito: são feitas revisões com a finalidade de assegurar que as operações foram processadas dentro das normas estabelecidas. Essas análises permitem medidas corretivas no caso de ocorrência de mudanças nas condições de empresa ou do mercado de atuação.

3.1.4.2.2 Componentes da análise

São inúmeros os fatores a serem observados na análise fundamentalista de crédito. Os principais serão destacados a seguir, mas essa relação não é conclusiva: outros fatores específicos podem ser considerados. A importância relativa desses fatores vai variar em cada caso. Compete ao analista identificar os fatores mais relevantes na avaliação de risco de crédito.

- Exposição da empresa aos riscos sistemáticos e de conjuntura

Consiste na avaliação da sensibilidade do fluxo de caixa e do grau de exposição à ocorrência de fatores externos como inflação, variação brusca de taxa de juros, variação cambial, atividade econômica mais ou menos aquecida e vulnerabilidade às ações da concorrência ou medidas governamentais.

- Riscos intrínsecos de sua atividade operacional

Consiste na avaliação da atuação operacional do devedor, como, por exemplo, grau de atualização tecnológica, adequação das instalações, valor agregado ao produto final, vulnerabilidades da logística, necessidade de investimentos, aspectos sanitários e ambientais etc. Aspectos relacionados ao produto, como sazonalidade, moda e essencialidade, também devem ser considerados.

- Avaliação da participação de mercado ou setor de atuação

Consiste na identificação das variáveis críticas para cada segmento de negócios e a tendência esperada para essas variáveis críticas. Também deve ser avaliado o grau de competitividade da empresa dentro de seu setor de atuação e da sua cadeia produtiva.

- Avaliação da administração e controle acionário

Esse é um dos fatores mais importantes na avaliação. Consiste no conhecimento da composição do controle acionário e do quadro administrativo, com identificação dos principais executivos à frente da decisão da empresa ou grupo econômico. A análise deve envolver a experiência dos sócios na gestão e no ramo de atividades, a experiência dos administradores profissionais e corpo técnico. Também deve ser conhecida a qualidade dos controles internos e dos sistemas gerenciais. No processo de avaliação da administração, devem ser identificados a política de sucessão e o grau de concentração nas decisões.

- Análise da carteira de recebíveis

A avaliação deve considerar o grau de diversificação da carteira de clientes, o grau de inadimplência, o percentual de concentração entre os principais clientes; o percentual de vendas ao setor público e as vendas destinadas ao mercado interno e externo; as formas e o prazo médio de recebimento. Se a empresa opera com bens por encomenda, a avaliação deve abranger informações sobre a carteira de pedidos, montantes e prazos de recebimento.

- Análise dos fornecedores e fontes de matérias-primas

A avaliação deve considerar o grau de diversificação da carteira de fornecedores; o percentual de concentração entre as principais compras; a proveniência do mercado interno e mercado externo; a forma de pagamento e seu prazo médio; o risco de falta de insumos, a análise das fontes alternativas de suprimentos ou possibilidade de substituição do produto ou fornecedor.

▪ Identificação de contingências – fiscais, trabalhistas, ambientais
Normalmente um fator de difícil avaliação, mas que pode representar importante risco para o fluxo de caixa do tomador de crédito e, portanto, para a sua capacidade de repagamento. A empresa pode estar exposta a perdas por indenizações trabalhistas, fiscais ou ambientais. Também devem ser consideradas nessa avaliação as garantias prestadas a terceiros, como avais e fianças.

▪ Necessidades de investimento
Os projetos de investimento sempre devem ser considerados na avaliação de crédito, mesmo que o objetivo da avaliação não esteja, especificamente, ligado ao investimento. Isso porque o tomador de crédito que tem investimentos atuais ou projetados incorrerá em necessidades de recursos para bancá-lo. É um fator com forte impacto na geração de caixa do devedor. Portanto, todo processo de avaliação deve considerar a descrição do estágio atual e projetado dos investimentos, suas fontes de recursos, cronograma de desembolsos, prazos de maturação e retorno esperado.

▪ Análise do grupo econômico
O grupo econômico é constituído pelas ligações societárias entre pessoas físicas e jurídicas. Em geral, as empresas de um mesmo grupo econômico guardam ligações comerciais, financeiras e operacionais. Essas ligações devem ser analisadas por quem avalia o crédito. O processo de avaliação de riscos deve ser abrangente e englobar todas as empresas ligadas, inclusive as empresas de participação – *holding companies*.

▪ Análise econômico-financeira
Os demonstrativos financeiros são a melhor representação da situação patrimonial da empresa. A análise econômico-financeira é componente obrigatório da avaliação do risco de crédito e deve, não só abranger a situação histórica, como também incluir estimativas da *performance* futura: principalmente perspectivas de faturamento e do endividamento.

Os principais demonstrativos financeiros são: o Balanço Patrimonial, a Demonstração de Resultados e a Demonstração de Fluxo de Caixa. A avaliação deve considerar também a qualidade da informação contábil, ou seja, observar se os demonstrativos são claros, recentes, fiéis à situação patrimonial da empresa, elaborados de acordo com as práticas contábeis mais aceitas. A melhor situação é quando a análise pode ser elaborada a partir de demonstrações auditadas.

A análise econômico-financeira deve fornecer elementos para avaliar a capacidade de geração de caixa operacional para o repagamento da dívida, e deve abordar os seguintes tópicos:

- geração de caixa operacional;
- liquidez;
- endividamento e capacidade de liquidação da dívida;
- rentabilidade e relação de margem e giro;
- política de proteção contra riscos de mercado e operacionais.

3.1.4.3 Relatórios para decisão

O grau de profundidade do relatório de crédito vai depender dos valores e riscos envolvidos e da disponibilidade de dados e informações confiáveis. O relatório de crédito deve abordar quatro principais aspectos, não necessariamente nessa ordem:

- **Análise retrospectiva:** envolve o conhecimento do desempenho histórico do tomador, identificando sua capacidade de geração de caixa e os fatores de risco próprios de sua atividade, tais como os decorrentes: da competição; das estratégias de marketing; da saturação do mercado; dos mercados de moda; das mudanças tecnológicas; das ações governamentais; do crescimento rápido (evolução gerencial, perda de controle interno); da alta alavancagem operacional; da alta alavancagem financeira. Ou seja, basicamente apresenta os tópicos descritos anteriormente como "componentes da análise".
- **Análise de tendência:** implica elaborar projeção de geração de caixa ou estimativa de resultado para o período da concessão do crédito. Essa análise também deve incluir a projeção da capacidade do tomador em suportar maior grau de endividamento.
- **Análise da finalidade da operação:** envolve a identificação da necessidade do cliente, conhecimento do objetivo do crédito e das fontes de repagamento. Com isso será possível determinar o montante, o prazo da operação, a forma de amortização e necessidade de garantias. Quem concede crédito deve conhecer o destino dos recursos.

Existem basicamente duas situações: capital de giro e investimento. Os empréstimos para capital de giro, como visam financiar realizações de curto prazo, devem ter seu prazo de pagamento estabelecido dentro do período de um ano (curto prazo). Os empréstimos que visam financiar ativos permanentes devem ser de longo prazo. Isso porque o retorno proveniente desses ativos ocorrerá em maior prazo, em vista do período de instalação, operacionalidade e atingimento da utilização ótima. Os repagamentos devem ser estabelecidos de acordo com as entradas de recursos na empresa e aspectos específicos como, por exemplo, sazonalidade.

A curto prazo, é relativamente fácil prever acontecimentos, ou seja: conjuntura econômica, mercado, situação financeira da empresa. Portanto, um empréstimo de curto prazo apresenta menor RISCO que um empréstimo de longo prazo, quando as chances de mudança nos diversos cenários aumentam, tornando-se mais difícil prever acontecimentos.

- **Análise da capacidade creditícia:** conhecendo a capacidade de geração de caixa, os riscos envolvidos, o porte do tomador, pode-se avaliar sua capacidade de assumir novas operações de crédito. Esse tópico envolve a descrição do histórico de relacionamento, se houver, e das eventuais operações em curso, com comentários sobre reciprocidade e pontualidade.

No relatório de crédito, os comentários devem ser objetivos. Os pontos-chave da análise devem ser enfatizados. O risco de crédito deve ser claramente identificado e fundamentado, destacando a causa do empréstimo e as fontes de repagamento.

O parecer de crédito deve abordar os fatores positivos e os fatores de risco identificados na situação, com argumentação que explique os mitigantes dos fatores de risco. Os comentários sempre devem oferecer uma visão prospectiva do crédito, ambientando cada situação particular no cenário econômico e setorial. Também devem ser apresentadas as variáveis críticas a serem acompanhadas ao longo do tempo.

FIQUE ATENTO

A boa prática de crédito ensina que devem existir ao menos duas alternativas distintas para assegurar o pagamento de um empréstimo. A regra geral é que o propósito do empréstimo deve ser a base para seu pagamento, o que poderia ser chamado de liquidação normal da dívida. Não se deve conceder empréstimo com base somente na garantia. Se o credor aceita que a fonte primária de pagamento de um empréstimo é a garantia envolvida, não está concedendo o empréstimo. Na verdade, está comprando o bem.

SAIBA MAIS

Para a concessão de crédito, várias informações devem ser levadas em conta. Entre elas, o analista de crédito deve procurar avaliar a tendência das atividades do devedor e a capacidade de repagamento do empréstimo ou financiamento no futuro. As possíveis fontes de repagamento dizem muito sobre a qualidade do risco de crédito. São as seguintes as possíveis fontes de repagamento de empréstimos e financiamento:

- **Geração de caixa das operações**: é a melhor qualidade de risco. A operação consegue evidenciar capacidade de manter geração de caixa operacional regular e suficiente para a amortização dos encargos e do principal na dívida, nos prazos acordados.
- **Realização de ativos circulantes**, ou seja, venda de estoques e recebimento de clientes: essa é a característica normal dos empréstimos para atividades sazonais. O tomador de crédito tem necessidades momentâneas de recursos, para financiamento de capital de giro (estoques ou contas a receber) em determinada época do ano, mas esses ativos serão realizados em poucos meses e proporcionarão o caixa necessário para o pagamento do empréstimo.
- **Crescimento de vendas e de lucro**: essa situação já pode caracterizar uma situação de maior risco. O tomador de crédito é dependente de crescimento de vendas ou margens de lucro para manter a capacidade de caixa para a amortização da dívida. Há risco de que, não ocorrendo esse cenário mais favorável, a dívida não possa ser integralmente amortizada e uma parte deva ser renovada.
- **Venda de imobilizado**: também característica de situações de maior risco na concessão de crédito, essa situação ocorre quando a geração de caixa operacional prevista não é suficiente para a liquidação da dívida e a empresa depende da venda de ativos fixos. Enquanto essa venda não ocorrer, as operações de crédito precisarão ser renovadas.
- **Refinanciamento ou financiamento adicional**: por vezes, a concessão de crédito ocorre como uma tentativa de recuperação da operação anterior. O refinanciamento implica alteração das condições de prazos, taxas e garantias da operação anterior.
- **Aumento de capital com aporte de recursos pelos sócios**: essa situação ocorre quando a geração de caixa operacional prevista não é suficiente para a liquidação da dívida e a empresa não dispõe de ativos para venda. A liquidação das operações passa a depender da capacidade de crédito dos sócios.
- **Execução das garantias**: quando todas as possibilidades de recebimento estiverem esgotadas, o credor iniciará o processo de execução de garantias na tentativa de recuperar o valor emprestado.

3.1.5 Processo de decisão – alçadas de decisão

A decisão de conceder ou não o crédito ou de quais condições conceder envolve um grande número de variáveis, informações e dados. Os casos mais complexos requerem julgamento e certo grau de subjetividade.

Para melhor julgamento na assunção de maior grau de risco de crédito, as instituições decidem em comitês especializados. Dessa forma, reúnem um número de profissionais experientes para apreciar e tomar a decisão. O comitê de crédito é um órgão colegiado, normalmente composto por diretores da área comercial ou de negócios e por representantes das áreas técnicas (diretores, gerentes e analistas). Algumas instituições possuem vários níveis de comitês, com vários níveis decisórios. Os critérios de decisão podem ser por unanimidade ou por maioria simples.

O estabelecimento de alçadas de decisão deve ser suportado pelo adequado grau de segurança que a instituição necessita. Por outro lado, quanto maiores e mais flexíveis forem as alçadas, maior poderá ser a competitividade comercial da organização.

O processo de decisão varia em cada instituição, e deve estar alinhado com sua cultura, histórico de atuação em crédito e formação de seu corpo técnico.

- Organizações que possuem quadro de pessoal com maior formação técnica podem delegar maior poder de decisão e, em alguns casos, nem têm comitês de crédito. Nessas situações, a decisão está associada ao cargo ou nível hierárquico do gestor de crédito. Embora possibilite maior agilidade nas decisões, essa situação requer maior atuação das atribuições de auditoria e revisão de crédito.
- Organizações que têm administração e decisões centralizadas, ou que busquem maior uniformidade, têm menor distribuição de alçadas.

3.1.6 Acompanhamento do crédito

A operação de crédito não se encerra com a liberação dos recursos para a empresa tomadora. Encerra-se apenas após a liquidação final da última parcela.

E vamos lembrar que o interesse das instituições financeiras é de que, uma vez liquidadas, outras operações possam ser realizadas com esse cliente. O importante para a instituição financeira é manter um bom relacionamento de crédito, afinal, esse é o seu negócio.

Durante toda a vida da operação ela deve ser acompanhada. Esse monitoramento das operações de crédito vai permitir:

- a continuidade e aproximação do bom cliente; e
- a avaliação constante do risco, possibilitando que sejam tomadas medidas sanadoras quando recomendável, com a antecipação necessária.

Como é feito esse acompanhamento das operações de crédito?
O acompanhamento do crédito requer muitas ações. Obviamente, a ênfase vai variar caso a caso, dependendo do risco e de valores envolvidos. As principais práticas adotadas são:

- visita periódica ao cliente;
- atualização de informações sobre o conceito do cliente no mercado;
- acompanhamento das informações de títulos protestados e restrições financeiras;
- verificação do movimento de conta-corrente e de atrasos de parcelas;
- acompanhamento do pagamento de juros e amortização do principal na renovação ou liquidação.

Alguns sinais podem indicar enfraquecimento da qualidade do crédito e aumento do risco envolvido na operação.

EXEMPLO

A seguir, são listados alguns **exemplos de sinais** que podem ser observados no **padrão de relacionamento bancário** e que podem indicar problemas:

- relacionamento bancário do devedor passa a ser concentrado ou há dependência de instituições financeiras de menor porte;
- cliente passa a solicitar urgência ou rápida decisão nas operações bancárias ou repentina necessidade de aumento ocorre nas linhas de crédito;
- cliente passa a solicitar *waivers* para os *covenants* contratados ou renegociam-se as garantias contratadas;
- cliente passa a mostrar indisponibilidade para visitas às unidades operacionais ou passa a fornecer respostas evasivas às questões necessárias;

- grau de endividamento vem crescendo mais rapidamente do que as vendas ou há maior dependência do endividamento do que em outras empresas do mesmo segmento;
- perfil do endividamento evidencia mudanças no ciclo das operações de crédito (mudança na época de pico de endividamento).

Alguns **exemplos de sinais** que podem ser observados no **comportamento da administração** do tomador de crédito, e podem indicar problemas:

- mudanças bruscas na alta administração ou frequentes alterações no *staff* financeiro;
- enfraquecimento na equipe de administradores ou ausência de providências para ampliar equipe diante do crescimento da companhia;
- pagamentos excessivos de salários, dividendos ou empréstimos à administração ou acionistas, em relação ao porte da empresa;
- problemas de sucessão ou problemas de saúde ou familiares envolvendo o principal acionista ou o principal administrador;
- aumento de questões judiciais;
- referências excessivas a problemas com sistemas, excesso de tributação ou readaptação da planta industrial;
- direcionamento de investimentos fora das atividades primárias da empresa.

Alguns **exemplos de sinais** que podem ser observados nas **demonstrações financeiras** e podem indicar problemas:

- mudança de auditoria externa ou de procedimento contábil ou ressalvas de auditoria;
- atrasos na divulgação ou imprecisão nas estimativas (quase sempre otimistas);
- redução da frequência da apresentação de informações financeiras ou, eventualmente, falta de informação financeira;
- redução de vendas, ou aumento nas devoluções e abatimentos sobre as vendas;
- redução da margem bruta ou operacional;
- existência de despesas não previstas ou não explicadas, perdas por sinistros;
- aumento dos resultados extraordinários na formação do lucro;
- aumento de transações *inter-companies*;
- aumento das vendas a prazo ou do prazo médio de clientes (redução do giro) e aumento da inadimplência com clientes;
- crescimento dos estoques superior ao crescimento das vendas ou giro mais lento que a média do seu setor de atuação;
- aumento do saldo de contas a pagar em relação ao custo das mercadorias vendidas;
- aumento das exigências por parte de fornecedores ou substituição do financiamento de fornecedores por linhas bancárias; ou
- perda de um importante cliente ou importante fornecedor.

3.2 FUNÇÃO DO MERCADO DE CRÉDITO

3.2.1 Política governamental relacionada ao crédito

O mercado de crédito constitui um importante instrumento de política monetária para o Banco Central. Em momentos de necessidade de aquecimento econômico, além dos instrumentos de política monetária, o Bacen pode incentivar a concessão de crédito reduzindo alíquotas de impostos sobre as operações ou incentivando as linhas de crédito destinadas ao consumo das famílias. Por outro lado, em momentos de escalada inflacionária, as restrições ao crédito podem auxiliar a política monetária na preservação do valor da moeda. Várias medidas podem ser adotadas pelo Banco Central no sentido de utilizar o crédito como instrumento de política monetária, como, por exemplo, a limitação de prazos para parcelamento e a imposição de maiores alíquotas sobre as operações de crédito.

Os recursos que as instituições destinam ao crédito podem ser **livres** ou **direcionados**.

As operações com recursos livres constituem a maior parte da carteira de crédito dos bancos e são aquelas contratadas com taxas de juros livremente estabelecidas entre os bancos e os tomadores de recursos. Para as pessoas físicas, as modalidades de crédito livre são o crédito pessoal, o consignado, aquisição de veículos, cartão de crédito e cheque especial. Para as pessoas jurídicas, as principais modalidades de crédito livre são capital de giro, conta garantida, adiantamento sobre contrato de câmbio (ACC) e outros financiamentos a exportadores.

As operações com recursos direcionados são realizadas com a parcela dos recursos captados que deve ser especificamente direcionada a determinadas finalidades, como crédito rural ou imobiliário, atendendo às condições de taxas e prazos estabelecidas pelo Bacen.

SAIBA MAIS

Os bancos comerciais e múltiplos com carteira comercial devem destinar uma parcela dos depósitos à vista ao **financiamento rural**. As taxas efetivas de juros praticadas no crédito rural para esses recursos obrigatórios são inferiores às taxas praticadas no mercado. O crédito rural com recursos controlados pode financiar: (a) o custeio agrícola e pecuário, disponibilizando recursos para o ciclo operacional; (b) o investimento agrícola e pecuário, disponibilizando recursos para investimento; e (c) recursos para a comercialização agrícola e pecuária. A Resolução CMN nº 3.556, de 27/3/2008, consolida as regras dos recursos destinados ao crédito rural no Brasil.

EXEMPLO

O Quadro 3.2 apresenta um extrato dos dados estatísticos que são fornecidos mensalmente pelo Banco Central. No caso, são apresentados os saldos de dezembro de 2015 e de 2016 e as proporções de recursos livres e direcionados, por pessoas físicas e jurídicas. Observamos que, entre as duas datas focalizadas nesse quadro, as operações de crédito tiveram uma redução de 53,7% para 49,6% do PIB.

Quadro 3.2 Crédito no Sistema Financeiro – percentual do PIB

Período		PIB	Pessoas jurídicas			Pessoas físicas			Total
			Recursos livres	Recursos direcionados	Total	Recursos livres	Recursos direcionados	Total	
###		(R$ milhões)	%	%	%	%	%	%	%
2015	Dez	6 000 570	13,9	14,6	28,5	13,4	11,8	25,2	53,7
2016	Dez	6 266 895	11,9	12,7	24,7	12,9	12,0	24,9	49,6

Fonte: Banco Central (2017).

LINKS

Para acessar outras estatísticas sobre a concessão de crédito no Brasil, acesse: https://www.bcb.gov.br/htms/notecon2-p.asp.

Os recursos direcionados utilizam taxa de juros diferenciadas:

- Taxa Referencial (TR); e
- Taxa de Juros de Longo Prazo (TJLP) e Taxa de Longo Prazo (TLP).

A **Taxa Referencial (TR)** é utilizada para a remuneração dos depósitos em caderneta de poupança e seu cálculo é normatizado pela Resolução CMN nº 3.354, de 2006, e alterações posteriores. A TR é calculada a partir da remuneração mensal média dos certificados e recibos de depósito bancário (CDB/RDB) emitidos e remunerados a taxas de mercado prefixadas, com prazo de 30 a 35 dias corridos, inclusive, com base em informações prestadas pelas instituições integrantes da amostra das 20 maiores instituições financeiras do país, entre bancos múltiplos, bancos comerciais, bancos de investimento e caixas econômicas.

SAIBA MAIS

As regras para a remuneração dos depósitos de poupança são estabelecidas no artigo 12 da Lei nº 8.177, de 1º/3/1991, alterada pela **Medida Provisória nº 567**, de 2012.

A **Taxa de Juros de Longo Prazo (TJLP)** é definida como o custo básico dos financiamentos concedidos pelo BNDES. Foi instituída pela Medida Provisória nº 684, de 31/10/1994. A TJLP é fixada pelo Conselho Monetário Nacional obedecendo aos parâmetros estabelecidos pela Lei nº 10.183, de 2001, tem período de vigência de um trimestre-calendário e é divulgada até o último dia útil do trimestre imediatamente anterior ao de sua vigência. A TJLP é calculada a partir dos seguintes parâmetros:

- meta de inflação calculada *pro rata* para os 12 meses seguintes ao primeiro mês de vigência da taxa, inclusive baseada nas metas anuais fixadas pelo Conselho Monetário Nacional;
- prêmio de risco.

Para os contratos firmados a partir de 1º de janeiro de 2018, a **Taxa de Longo Prazo (TLP)** passou a substituir a TJLP nos contratos. A TLP é definida pelo Índice de Preços ao Consumidor Amplo (IPCA), mais a taxa de juro real da NTN-B de cinco anos. A convergência da TLP para a taxa de juro real da NTN-B será gradativa, acontecendo em cinco anos.

Em 1º de janeiro de 2018, a primeira TLP foi igual à TJLP vigente na mesma data. A taxa real de juro da TLP a ser utilizada pelo BNDES para os novos contratos será anunciada a cada mês pelo Banco Central. Para tal, será estabelecido um percentual da taxa de juro real da NTN-B de cinco anos. Esse percentual será válido por um ano e subirá progressivamente até 2023.

A TJLP será mantida até o fim da vigência dos contratos referentes às operações do BNDES, inclusive operações intermediadas por agentes financeiros, bem como dos contratos firmados antes de 1º de janeiro de 2018. Para isso, a TJLP continuará sendo calculada e divulgada trimestralmente.

A partir da data de início de vigência dos contratos em TLP, a parcela de juro real será fixa ao longo da vida dos contratos, variando apenas o componente da inflação, que é o IPCA.

EXEMPLO

Este exemplo de cálculo da TLP foi indicado pelo BNDES ao divulgar a mudança, portanto, com taxas hipotéticas, antes de serem conhecidas as taxas reais.

$$\textbf{TLP = IPCA + } \alpha \times \textbf{JURO REAL NTN-B}$$

Se em janeiro/2018 a TJLP ainda for 7% a.a. e o IPCA projetado for 4% a.a. por hipótese, e o juro real médio da NTN-B no mês de dezembro de 2017 for 5% ao ano, então:

$$\text{TJLP} = \text{TLP} = \text{IPCA} + \alpha \times \text{juro real NTN-B}$$

$$\text{TLP} = \text{TJLP} = 7\,\% = \text{IPCA}\ (4\,\%) + \alpha \times \text{JURO REAL NTN-B}\ (5\%)$$

$$7\% = 4\% + \alpha \times 5\%$$

$$7\% = 4\% + 0{,}6 \times 5\%$$

Consequentemente, o alfa (α) que será determinado para o primeiro ano de vigência da TLP será de 0,6.

Para os demais 4 anos:
2019 α = 0,68
2020 α = 0,76
2021 α = 0,84
2022 α = 0,92

A partir de 2023, α será igual a 1 e, consequentemente,

TLP = IPCA + JURO REAL NTN-B

3.2.2 Fundo Garantidor de Crédito (FGC)

O Fundo Garantidor de Crédito (FGC) é uma entidade privada, sem fins lucrativos, constituída pelo próprio mercado financeiro, com o objetivo de proteger os depositantes e investidores (pessoas físicas e jurídicas) para os riscos de inadimplência da instituição financeira.

Lembrando que as instituições são interdependentes no mercado financeiro, ao proteger os investidores o FGC proporciona estabilidade ao Sistema Financeiro

Nacional. Portanto, embora com atuação independente, o FGC integra a rede de proteção do SFN.

O FGC tem abrangência nacional e todas as instituições financeiras autorizadas a funcionar e emitirem depósitos precisam ser associadas ao FGC. São associados ao FGC: bancos múltiplos, comerciais, de investimento ou desenvolvimento, sociedades de crédito, financiamento e investimento, sociedades de crédito imobiliário, companhias hipotecárias e associações de poupança e empréstimo e a Caixa Econômica Federal.

O fundo é constituído principalmente pelas contribuições das instituições, calculadas sobre o saldo dos depósitos que são garantidos. Não há recursos públicos na composição do FGC. As próprias instituições asseguram os recursos para o pagamento das garantias aos investidores.

LINKS

Visite o *site* do Fundo Garantidor de Crédito:
http://www.fgc.org.br

Conheça a Resolução nº 2.211/1995, que criou o Fundo Garantidor de Crédito:
http://www.bcb.gov.br/pre/normativos/res/1995/pdf/res_2211_v2_L.pdf.

O FGC foi criado pela Resolução nº 2.211/1995 do Conselho Monetário Nacional e sua atuação se dá em duas vertentes: uma voltada aos depositantes e investidores e outra voltada às instituições financeiras associadas.

- Depositantes e investidores:

Nos casos de intervenção ou liquidação de uma instituição financeira pelo Bacen, o FGC realiza o pagamento às pessoas físicas e jurídicas com depósitos elegíveis de até R$ 250 mil por CPF ou CNPJ.

- Instituições financeiras associadas:

Na prevenção de crises sistêmicas, o FGC presta suporte financeiro às instituições financeiras associadas, incluindo operações de liquidez.

A atuação do FGC tem, portanto, as seguintes características:

- A cobertura fica limitada para risco de crédito.

- Adesão compulsória: todas as instituições financeiras devem estar associadas ao FGC para emitir depósitos.
- Quem assegura os recursos para o eventual pagamento das garantias é o próprio sistema bancário, por meio de contribuições fixas das associadas sobre os valores depositados.

Depósitos elegíveis à cobertura do FGC

Estão cobertos os depósitos em conta e a parte dos produtos de investimento cujo risco de crédito é a própria instituição financeira emissora, entre eles: depósitos à vista (valores em conta-corrente), depósitos em contas não movimentadas por cheques (pagamento de salários), depósitos em caderneta de poupança, depósitos a prazo (como Recibo de Depósito Bancário – RDB – e Certificado de Depósito Bancário – CDB), letras de câmbio, letras hipotecárias, letras de crédito imobiliário, letras de crédito de agronegócio.

O FGC não cobre investimentos em ações, fundos de investimento e debêntures, pois esses investimentos não correm o risco da inadimplência do banco. As cooperativas de crédito não participam do FGC.

EXEMPLO

O limite de cobertura do FGC é de R$ 250.000 por CPF em cada conglomerado financeiro, para a soma dos investimentos / aplicações, incluindo a rentabilidade.

No caso de conta conjunta, o limite é de R$ 250 mil, dividido igualmente entre o número de titulares. No entanto, havendo produtos individuais dentro da mesma instituição, fica valendo o limite total por CPF, respeitando a limitação de cobertura da conta conjunta.

Por exemplo: se um casal tem aplicação conjunta de R$ 350 mil e houver inadimplência da instituição financeira, o FGC protegerá em no máximo R$ 250 mil, sendo R$ 125 mil para cada um.

Se, além dessa aplicação conjunta, esse casal tiver contas individuais no mesmo banco, de R$ 200 mil da esposa e R$ 50 mil do marido, como o limite do FGC é de R$ 250 mil para cada CPF, a esposa terá direito a receber R$ 250 mil e o marido receberá R$ 175 mil do FGC, sendo R$ 125 mil de sua parte na conta conjunta e R$ 50 mil de sua aplicação individual.

3.2.3 Cadastro positivo

O **Cadastro positivo** foi criado pelo Bacen com o objetivo de formar um histórico de operações de crédito de pessoas físicas e jurídicas, criando bancos de dados com informações de pagamento de dívidas e de cumprimento de outras obrigações pecuniárias dessas pessoas.

Ao criar esse banco de dados relacionado à adimplência e histórico de operações de crédito dos indivíduos, o Bacen tem por objetivo subsidiar novas concessões de crédito, a realização de venda a prazo ou de outras transações comerciais e empresariais que impliquem risco financeiro ao potencial credor, permitindo melhor avaliação do risco envolvido na operação. Essa melhora na avaliação do risco, por sua vez, poderá resultar na redução de taxas de juros.

O cadastro positivo é disciplinado pela **Lei nº 12.414, de 2011**, pelo **Decreto nº 7.829, de 2012**, e pela **Resolução nº 4.172, de 2012**.

O Banco Central não é o gestor do cadastro positivo. Poderão ser constituídas entidades para gerir esse banco de dados, desde que atendam aos requisitos legais, conforme o Decreto nº 7.829/2012.

Compõem essa base de dados as informações do histórico de crédito do cadastrado, necessárias para avaliar sua situação econômico-financeira. Compõe o histórico de crédito o conjunto de dados financeiros e de pagamentos relativos às operações de crédito e obrigações de pagamento, adimplidas ou em andamento, a saber: a data da concessão do crédito ou da assunção da obrigação de pagamento; o valor do crédito concedido ou da obrigação de pagamento assumida; os valores devidos das prestações ou obrigações, indicadas as datas de vencimento e de pagamento; e os valores pagos, mesmo que parciais, das prestações ou obrigações, indicadas as datas de pagamento.

Não há obrigatoriedade na participação desse cadastro. **A** participação será sempre voluntária e o cadastrado terá acesso gratuito às próprias informações registradas no banco de dados. Pode, sempre que necessário, solicitar a correção de qualquer informação erroneamente anotada.

O cadastrado também pode obter o cancelamento do cadastro quando solicitar. O pedido poderá ser realizado perante a fonte que recebeu a autorização para abertura do cadastro ou perante qualquer gestor de banco de dados que mantenha cadastro.

As instituições financeiras e demais instituições autorizadas a funcionar pelo Bacen representam uma parcela importante das fontes do cadastro positivo e mantêm informações protegidas por sigilo bancário. Em razão desse sigilo, o encaminhamento das informações pelas instituições financeiras só pode ocorrer mediante autorização específica do potencial cadastrado a essas instituições ou ao gestor do banco de dados.

3.2.4 Central de Risco de Crédito (CRC)

A CRC é um banco de dados gerenciado pelo Bacen que inclui informações financeiras de pessoas físicas e jurídicas que demandam crédito no Sistema Financeiro Nacional. Todas as instituições financeiras que compõem o SFN enviam mensalmente as posições de seus clientes, o Bacen reorganiza esses dados e disponibiliza parcialmente para todos os agentes financeiros.

Entre os dados disponibilizados figuram a posição devedora no conjunto das instituições (ex.: deve R$ XXX para Y instituições), a evolução nos últimos 12 meses e as eventuais parcelas em atraso.

A CRC é uma iniciativa pela transparência e auxílio na avaliação do risco de crédito. As instituições financeiras utilizam os dados da CRC nas avaliações de crédito.

3.2.5 Restrições cadastrais

Em todas as operações de crédito devem ser consideradas as restrições cadastrais.

Essas restrições podem ser internas ou externas.

- As restrições **internas** não são divulgadas ao mercado. São apontamentos extraídos de relatórios gerenciais, que informam o histórico e a situação atual de idoneidade no cumprimento das obrigações financeiras, como, por exemplo, atrasos e renegociação de dívida.
- As restrições **externas** são obtidas nos serviços de informações cadastrais, como Serviço de Proteção ao Crédito e Serasa. São apontamentos que informam o histórico e a situação atual de idoneidade no mercado de crédito, como protestos e cheques devolvidos.

Nos pequenos negócios, em geral, há muita ligação entre o patrimônio da empresa e o patrimônio dos sócios. Portanto, devem-se avaliar as restrições cadastrais tanto das pessoas físicas como das jurídicas envolvidas na operação.

3.2.6 *Ratings* de crédito

Os riscos de crédito podem ser hierarquizados e classificados em determinadas categorias. Esse processo de classificação de risco de crédito costuma ser chamado de atribuição de *ratings* de crédito.

A classificação por *ratings* é obrigatória no SFN desde a edição da Resolução nº 2.682 do Banco Central, de 21/12/1999. Essa resolução foi editada com a dupla função de estabelecer os critérios e padrão para a classificação das operações de crédito, e também de introduzir novas regras para a constituição de provisão para créditos de liquidação duvidosa.

A partir dessa resolução, as operações passaram a ser classificadas em nove níveis, por ordem crescente de risco (AA, A, B, C, D, E, F, G e H), de acordo com os critérios mínimos a serem observados em relação ao devedor, seus garantidores e características da operação. A norma deixa a critério de cada instituição os métodos e critérios para a atribuição dos graus de risco a cada tomador de crédito.

A classificação deve se apoiar "em critérios consistentes e verificáveis" e contemplar diversos aspectos, entre eles: situação econômico-financeira; grau de endividamento; capacidade de geração de resultados; fluxo de caixa; administração e qualidade de controles; pontualidade e atrasos nos pagamentos; contingências; setor de atividade econômica; limite de crédito; tipo da operação; natureza e finalidade da transação; características das garantias, particularmente quanto a suficiência e liquidez; valor.

A Resolução nº 2.682/1999 também estabelece os percentuais para cálculo da provisão para devedores duvidosos, de acordo com o nível de risco; e essa contabilização da provisão ocorre no momento em que o crédito é concedido. Além disso, a norma obriga a provisão para perdas em função do número de dias de atraso das operações.

3.2.6.1 *Rating* do tomador × *Rating* da operação

Os *ratings* são atribuídos a tomador de crédito ou ao grupo econômico tomador, mas poderá ser ajustado para um grau de risco melhor em função de características específicas da operação. Assim, por exemplo, um cliente classificado em C, com provisão para devedores duvidosos de 3%, poderá em determinada operação de crédito ter seu grau de risco melhorado para B ou A, contabilizando menor provisão caso ofereça, para essa operação, uma garantia líquida e de boa qualidade. Portanto, em determinadas situações, previstas na política de crédito da instituição financeira, as garantias oferecidas poderão melhorar a classificação de risco – ***rating* da operação.**

Além do *rating* atribuído internamente pelas instituições financeiras, as empresas que emitem títulos no exterior recebem uma classificação de risco atribuída por uma agência internacional. As três maiores empresas de *rating* são a Standard & Poor's, a Moody's e a Fitch IBCA.

3.3 PRODUTOS DO MERCADO DE CRÉDITO

O crédito bancário oferecido por bancos e sociedades financeiras pode ser realizado através de vários tipos de instrumentos, como empréstimos pessoais, empréstimo para as empresas, financiamentos de longo prazo etc.

As operações de crédito podem ser classificadas de acordo com a finalidade do empréstimo:

- crédito imobiliário: quando os recursos têm como objetivo a aquisição de imóveis ou a construção civil;
- crédito para o comércio exterior, para as importações e exportações;
- crédito agrícola ou crédito rural: quando os recursos têm como objetivo estimular o custeio e os investimentos rurais pelos produtores e cooperativas;
- crédito ao consumidor: quando os recursos são destinados à aquisição de bens duráveis;
- crédito educativo: quando os recursos têm como objetivo o financiamento da formação educacional.

Os bancos oferecem linhas e operações de crédito para vários setores de atividades e vários portes de empresas. Também a carteira de crédito para pessoas físicas pode ser segmentada de acordo com o nível de renda. A política de crédito das instituições financeiras deve estabelecer os parâmetros de avaliação de risco de crédito para cada segmento de mercado. Há várias alçadas, critérios e comitês para aprovação.

SAIBA MAIS

Nas instituições financeiras que realizam operações com pessoas físicas (PF) e jurídicas (PJ), geralmente existem separações operacionais nas carteiras de crédito. Dessa forma, a instituição busca maior especialização, com profissionais exclusivamente dedicados à gestão da carteira de crédito para PF e outros especializados em PJ.

Para avaliar o risco de crédito nas operações, entretanto, essa separação não deve ser tão rígida, ou seja, a avaliação do risco deve envolver eventuais ligações entre PF e PJ. Quando o crédito é concedido à PF, devem ser consideradas na avaliação suas eventuais ligações societárias com PJ e, portanto, a avaliação do risco deve abranger PF + PJ. Podem existir situações em que os recursos tomados por PF venham a ser transferidos para a empresa na qual essa pessoa participa.

Da mesma forma, quando a concessão de crédito se destina a PJ, devem ser consideradas as informações cadastrais e creditícias das PF ligadas, como os principais acionistas e principais administradores. Em alguns casos, o crédito à empresa é garantido por aval ou fiança de sócio, e este também deve ser avaliado.

A avaliação conjunta das PF e PJ ligadas ganha relevância para as operações com empresas de pequeno e médio porte e com característica de administração familiar. Nessas situações, a administração financeira é menos formal e pode não fazer distinção entre as entidades. Muitas vezes, os ativos e renda da sociedade se confundem com o patrimônio familiar. Para avaliação de risco, portanto, torna-se imperativa a observação conjunta dos dados e informações (PF + PJ).

3.3.1 Crédito às pessoas físicas

As pessoas físicas demandam operações de crédito para ampliar sua capacidade de consumir bens e serviços ou para investir. O crédito também se destina a suprir déficits momentâneos no orçamento pessoal ou pagamento de despesas de emergência.

O crédito às pessoas físicas pode assumir muitas modalidades, tais como: crédito pessoal, em que os recursos são liberados sem destinação específica; o crédito à compra de bens duráveis ou veículos; o crédito estudantil; e o crédito imobiliário, entre outros.

Para análise e decisão de crédito as instituições financeiras trabalham com sistemas estatísticos, os quais geram a probabilidade de *default*, ou seja, a probabilidade de ocorrer inadimplência na operação. Esses modelos estatísticos utilizam como base uma ampla série de dados sobre o tomador de crédito, que têm três origens, conforme a Figura 3.2.

Os documentos apresentados para a avaliação de crédito devem possibilitar o entendimento da situação patrimonial do devedor, destacando os seguintes aspectos:

- o grau de liquidez da renda e patrimônio, tendo em mente que os créditos não devem ser concedidos exclusivamente com base na situação patrimonial dos indivíduos, mas, principalmente, com base em sua liquidez financeira;
- a identificação de obrigações regulares como despesas familiares, aluguel ou parcelas de financiamentos já existentes;
- as características de sua atuação profissional, atividades desempenhadas, nível cultural, experiência, estabilidade e grau de empregabilidade. Isto é, o avaliador de crédito deve procurar conhecer a capacidade do cliente em se adaptar a diferentes situações conjunturais.

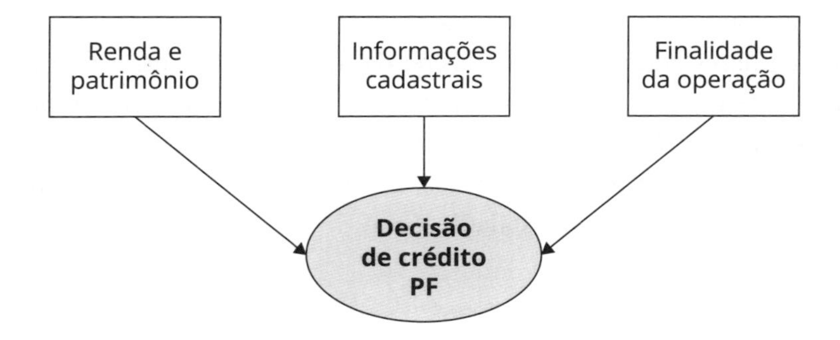

Dados sobre renda e patrimônio	Informações cadastrais	Finalidade da operação proposta
Análise das fontes de renda e patrimônio comprovada por documentos como declaração de imposto de renda, declaração de bens, comprovante de salário, carteira de trabalho, contratos, certidões etc.	Análise da idoneidade, realizada a partir das fontes de informações cadastrais como Serviço de Proteção ao Crédito, Serasa, informações bancárias, pontualidade em operações anteriores etc.	Análise da adequação da operação e da capacidade de oferecer garantias – caução, alienação, hipoteca, fiança etc.

Figura 3.2 Fontes de dados para a avaliação de crédito para a pessoa física.

Quanto emprestar?

A capacidade de crédito da pessoa física será definida a partir da capacidade de pagamento, ou seja, o fator básico para o dimensionamento do limite de crédito é o cálculo da chamada **renda disponível**.

Essa renda disponível considera todas as fontes mensais regulares de renda subtraídas das obrigações mensais. É a base de cálculo da capacidade mensal de pagamento das parcelas, o que indica o limite a ser estabelecido (Figura 3.3).

Além da avaliação das entradas mensais regulares, deve-se considerar a capacidade do cliente em se adaptar a diferentes situações conjunturais, ou seja, avaliar como os fatores macroeconômicos como variação cambial, queda na

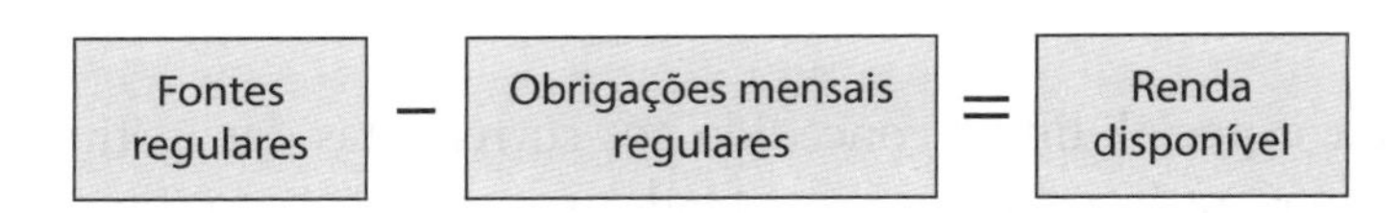

Figura 3.3 Representação do cálculo da capacidade de pagamento.

atividade econômica etc. afetam a renda e o patrimônio do proponente de crédito. Às fontes regulares podem ser somadas rendas de cônjuge e outros familiares.

Há casos de pessoas físicas com forte oscilação de renda, como, por exemplo, aqueles que recebem honorários ou dependem de atividade agropecuária ou rendas extraordinárias. Nesses casos, a avaliação de crédito deve considerar os valores médios e a faixa de oscilação.

SAIBA MAIS

Fintechs de crédito

Empresas que utilizam tecnologia de informática para conceder operações de crédito utilizando dispositivos eletrônicos. As estruturas também poderiam ofertar serviços de análise de crédito, acompanhamento de contrato e venda de seguro de crédito.

Duas modalidades estão em estudo do Brasil, com objetivo de ligar poupadores e tomadores de recursos, sendo, entretanto, vedada a captação de recursos junto ao público:

- Sociedades de Crédito Direto (SCD);
- Sociedades de Empréstimo entre Pessoas (SEP).

SCD: a empresa iria operar com capital próprio de um investidor, que pode ser individual, empresarial ou fundo de investimento nacional ou estrangeiro.

SEP: a empresa proporcionaria a ligação entre determinado aplicador e tomador (*peer-to-peer*) e as operações estariam limitadas a R$ 50 mil.

3.3.1.1 Modalidades de operações ou limites de crédito às pessoas físicas

As principais modalidades de crédito destinadas às pessoas físicas podem ser classificadas em dois grandes grupos: aquelas sem destinação específica e aquelas destinadas à aquisição de determinado bem ou serviço.

Limites sem destinação específica

- **Cheque especial**: limite concedido aos correntistas das instituições financeiras para utilização em necessidades temporárias, geralmente inferiores a um mês, para que possam ser liquidadas por ocasião da entrada da renda mensal do tomador. O correntista poderá utilizar automaticamente até o limite concedido. As taxas de juros são prefixadas, definidas mensalmente e cobradas sobre o saldo efetivamente utilizado do limite de crédito.

- **Cartão de crédito**: modalidade de crédito destinada à aquisição de bens e serviços e para saques em caixas eletrônicos até o valor do limite aprovado. As taxas são prefixadas e definidas mensalmente. Se o total dos gastos faturados for liquidado na data do vencimento do cartão, o usuário não pagará juros. Porém, ele poderá optar pelo pagamento de uma parcela mínima e financiar o saldo devedor em pagamentos mensais. Nesse caso, haverá a cobrança de juros em cada parcela. Independentemente da forma de pagamento do saldo devedor, o usuário do cartão de crédito pagará uma taxa anual de administração.
- **Crédito consignado**: tem como característica específica o fato de as parcelas de pagamento serem deduzidas diretamente da fonte de renda do tomador da linha de crédito. Portanto, o limite de crédito é definido pela instituição financeira de acordo com a renda do tomador.
- **Crédito pessoal**: nesse tipo de operação, os recursos poderão ser utilizados livremente. O saldo devedor é amortizado em parcelas que incluem o valor do principal e dos encargos cobrados. A instituição financeira poderá exigir garantias para um contrato de crédito pessoal, que podem incluir bens patrimoniais.

Limites destinados à aquisição de determinado bem ou serviço

- **Crédito Direto ao Consumidor (CDC)**: é vinculado ao financiamento de bens ou serviços. O CDC pode ser utilizado principalmente para aquisição de veículos, novos ou usados, eletrodomésticos, máquinas e equipamentos e pode ser liquidado no longo prazo. O saldo devedor deve ser amortizado em parcelas mensais que incluem o principal e os encargos (juros e taxas da operação). Em geral, nas operações de CDC, o próprio bem financiado fica vinculado ao saldo devedor, como garantia à instituição que concedeu o crédito. Existem duas modalidades de CDC: na modalidade CDC direto, a instituição financeira assume o risco de crédito do cliente final; na modalidade de CDC com interveniência (CDC-I), o crédito é concedido aos lojistas para repasse aos clientes finais. Neste caso, o risco concentra-se na empresa comercial, que passa a ser interveniente na operação.

- **Crédito para financiamento de veículos:** é uma operação concedida especificamente para a aquisição de veículos novos ou usados e, neste caso, o empréstimo é garantido pelo bem financiado, isto é, o veículo fica alienado para a instituição financeira.
- **Crédito imobiliário:** destina recursos de longo prazo para aquisição, construção ou reforma de bens imóveis. O imóvel financiado é a própria garantia da operação, seja por instrumento de alienação fiduciária, seja por hipoteca.
- **Outras linhas com finalidades mais específicas, como *leasing*, crédito rural ou crédito educativo**: modalidades de crédito que também podem ser utilizadas para o financiamento de bens, principalmente veículos. Trata-se de arrendamento ou aluguel. O devedor (arrendatário) assume prestações mensais por prazos longos. Ao final do contrato, o arrendatário pode optar por comprar o bem por um valor residual preestabelecido no contrato ou devolver o bem à arrendadora. Diferentemente do financiamento para a aquisição de veículo, no *leasing* o veículo pertence à instituição arrendadora até a liquidação total da dívida.

SAIBA MAIS

Microcrédito

O **microcrédito** representa um segmento do mercado de crédito voltado para a concessão de empréstimos a pessoas de baixa renda e que vivem de atividades informais, portanto, sem acesso à rede bancária. As operações de microcrédito são de baixo valor, com teto de até R$ 40 mil (Resolução Bacen nº 4.153, de 30/10/2012).

3.3.2 Crédito às pessoas jurídicas

A avaliação para a concessão de crédito a pessoas jurídicas envolve muitos aspectos. Dependendo do porte da empresa ou grupo econômico e do risco envolvido, a avaliação pode atingir alto grau de complexidade.

Em alguns casos, para operações padronizadas e de baixo valor, podem ser adotados modelos estatísticos semelhantes aos aplicados para pessoas físicas. Porém, para operações de maior valor ou maior prazo, a análise deve ser mais aprofundada, podendo envolver uma grande variedade de dados e informações e a realização de visitas de crédito.

Em geral, as instituições financeiras segmentam a concessão de crédito às empresas de acordo com o porte: **pequenas empresas, médias empresas e grande porte**. Para cada um desses segmentos é adotado um padrão de análise. Para as **pequenas empresas** predominam os modelos estatísticos e os gerentes de negócios atendem um grande número de operações. As empresas de micro e pequeno porte, em geral, não dispõem de uma contabilidade estruturada e a decisão de crédito fica muito focalizada na figura do sócio e nas garantias oferecidas. Para o **segmento intermediário** (às vezes, chamado de *middle market*), as análises já são mais elaboradas, as empresas já podem apresentar demonstrações financeiras e outros relatórios gerenciais e a visita de crédito pode oferecer informações qualitativas para fundamentar a decisão. No segmento de **grande porte**, as análises são bem mais completas, com grande número de dados e informações qualitativas. São necessárias visitas de crédito e constante acompanhamento mesmo após a aprovação da operação ou limite de crédito.

3.3.2.1 Modalidades de operações ou limites de crédito às pessoas jurídicas

As operações de crédito destinadas às pessoas jurídicas podem ser classificadas, de acordo com seu propósito, em dois principais tipos: capital de giro e investimentos.

3.3.2.1.1 Operações de capital de giro

Operações de capital de giro são operações de curto prazo e que devem considerar o ciclo operacional do tomador. Essas operações têm a finalidade específica de equilíbrio do capital de giro: financiamento às compras de matérias-primas, financiamento de estoques e antecipação de recebíveis. Ou seja, as linhas de crédito de curto prazo têm por objetivo principal prover suporte de caixa para as necessidades de capital de giro e devem ser liquidadas dentro do mesmo exercício social. Nesses casos, o prazo do empréstimo deve se adaptar ao próprio ciclo do negócio do tomador.

A fonte de repagamento para as linhas de curto prazo deve ser a geração de caixa das operações do tomador durante parte do ano. Ou seja, a linha de crédito provê caixa para as operações do tomador durante uma parte do ciclo e deve ser paga com o caixa gerado pelas operações da outra parte do ciclo.

Nessas operações, o analista da instituição financeira deverá avaliar a probabilidade de que a geração de caixa oriunda das operações durante o ciclo operacional seja suficiente para gerar recursos a fim de se liquidar a operação de crédito.

EXEMPLO

Determinada instituição financeira concede uma linha de crédito no valor de $ 30 para que uma empresa comercial possa adquirir estoque. Este exemplo não considera o lucro que essa empresa terá na operação, portanto, o valor emprestado é o valor do estoque adquirido e, posteriormente, vendido. O caixa formado com a venda do estoque será utilizado para repagamento da operação com o banco.

O Quadro 3.3 apresenta os reflexos dessa transação sobre as contas patrimoniais envolvidas e sem considerar o resultado da operação.

1. Empresa obteve empréstimo (passivo circulante) e adquiriu estoque.
2. Vendeu o estoque a prazo.
3. Recebeu o saldo de contas a receber – vendas a prazo, portanto, refazendo o caixa para a liquidação da operação de crédito junto à instituição financeira.

A liquidação da operação de crédito se dá pela realização dos ativos circulantes.

O exemplo poderia ser completado com o lucro da operação aumentando o patrimônio líquido da empresa. Na realidade, uma parte do resultado da operação deveria ser utilizada para o pagamento dos juros do empréstimo bancário.

Quadro 3.3 Ciclo de vida do empréstimo dentro do ciclo operacional

EMPRÉSTIMO >>>> CAIXA >>>> ESTOQUE >>>> CONTAS A RECEBER >>>> CAIXA >>>> REPAGAMENTO					
Transação	**Caixa**	**Contas a receber**	**Estoque**	**Banco Passivo Circulante**	**Patrimônio Líquido**
Balanço inicial	**0**	**0**	**0**	**0**	**0**
1 – Empréstimo de $ 30 para compra de estoque			30	30	
2 – Venda do estoque		30	(30)		
3 – Recebimento	30	(30)			
Repagamento do empréstimo	(30)			(30)	
Balanço final	**0**	**0**	**0**	**0**	**0**

3.3.2.1.2 Operações para investimentos

São operações de crédito de longo prazo para financiamento de bens (ativos fixos) e investimentos. A decisão de crédito, nesses casos, deve considerar o prazo de maturação do investimento. Sua liquidação se viabilizará com o retorno do investimento, ou seja, o fluxo de caixa gerado no futuro pelo investimento.

A empresa irá utilizar os recursos da operação (p. ex., a venda do estoque com lucro) para repagar sua linha de crédito operacional e também para a formação de caixa com vista no pagamento de parte do empréstimo de longo prazo. Diferentemente dos empréstimos de curto prazo, os ativos financiados não serão utilizados como fonte de seu repagamento.

A análise da probabilidade de repagamento para empréstimos de longo prazo deve considerar o fluxo de caixa potencial e os riscos inerentes a um número maior de ciclos operacionais. Não se pode olhar diretamente para os ativos financiados como fontes de repagamento.

Por exemplo, um empréstimo de cinco anos será usado na compra de equipamentos. Esse empréstimo não será pago, obviamente, com a venda do tal equipamento para fazer caixa, mas em consequência da lucratividade adicional obtida com a operação desse equipamento. Como a fonte de repagamento será o maior fluxo de caixa gerado pelo maquinário em um número maior de ciclos operacionais, para se avaliar a probabilidade de repagamento o analista deve elaborar uma estimativa de fluxo de caixa do tomador para todo o período de amortização e liquidação do empréstimo.

EXEMPLO

Determinada empresa obteve uma linha de crédito de longo prazo de $ 30 para a aquisição de máquinas. Simultaneamente, contratou linha de capital de giro de $ 24 para a aquisição de estoques.

O Quadro 3.4 apresenta os reflexos dessa transação sobre as contas patrimoniais envolvidas:

1. Contratação de linhas de crédito para capital de giro e investimentos.
2. Venda do estoque, a prazo, com lucro de $ 6.
3. Recebimento do saldo de contas a receber – vendas a prazo, portanto, refazendo o caixa para a liquidação da operação de curto prazo junto à instituição financeira e de parte da operação de longo prazo.

O ativo fixo adquirido deverá proporcionar geração de caixa no futuro para liquidação das demais parcelas do financiamento de longo prazo.

Quadro 3.4 Ciclo de vida de empréstimo a longo prazo

EMPRÉSTIMO>>>>CAIXA>>>>ATIVO>>>>CAIXA>>>>REPAGAMENTO (conf. quadro 3.3)

Transação	Caixa	Contas a receber	Estoques	Máquinas	Empréstimo Curto Prazo	Empréstimo Longo Prazo	Patrimônio Líquido
Balanço 1	**0**	**0**	**0**	**0**	**0**	**0**	**0**
1 - Empréstimo de $ 30 para compra de máquinas				30		30	
2 - Capital de giro para estoque $ 24			24		24		
3 - Venda do estoque		30	(24)				6
4 - Cobrança	30	(30)					
5 - Repagamento do empréstimo CP	(30)				(24)	(6)	
Balanço 2	**0**	**0**	**0**	**30**	**0**	**24**	**6**

SAIBA MAIS

Empréstimo ponte (*bridge loan*)

Existe outra modalidade de empréstimo de curto prazo com características peculiares. Trata-se de um empréstimo ponte, ou seja, aquele que fornece recursos para a realização de uma transação específica, cujo repagamento é feito pela geração oriunda de uma transação na iminência de ocorrer, a qual está diretamente relacionada com a primeira.

Por exemplo: uma empresa inicia um investimento de longo prazo e para isso contrata linhas de repasse ou emite títulos de dívida de longo prazo ou ações. Porém, esses recursos de longo prazo requerem algumas semanas ou meses para se concretizarem. Nesses casos, a empresa pode recorrer a um financiamento por esse prazo de poucos meses (empréstimo ponte), para que possa dar andamento ao projeto de investimento simultaneamente aos trâmites para obtenção dos recursos de longo prazo. Quando esses forem liberados, irão prioritariamente liquidar o empréstimo ponte.

É condição essencial para a contratação de um empréstimo ponte que haja a certeza de que a fonte de repagamento se realize. No empréstimo ponte os recursos não transitam pelas contas de capital de giro.

A seguir, serão apresentados alguns exemplos de produtos de crédito das instituições financeiras destinados às pessoas jurídicas.

Algumas dessas operações se destinam à cobertura momentânea do fluxo de caixa das empresas em caso de descasamento gerado por despesas inesperadas ou por receitas não realizadas. Esses produtos de crédito têm alto custo financeiro e não devem ser utilizados por períodos muito longos.

Entre os produtos para atender às necessidades de equilíbrio de fluxo de caixa das empresas estão o cheque especial, o desconto de cheques ou de nota promissória, a conta garantida e o *hot money*:

- **Cheque especial** é semelhante ao concedido às pessoas físicas. Trata-se de limite concedido às empresas correntistas das instituições financeiras para utilização em necessidades temporárias, geralmente inferiores a um mês, e que possa ser liquidado por ocasião de entradas de caixa provenientes da atividade operacional. O correntista poderá utilizar automaticamente até o limite concedido. As taxas de juros são cobradas sobre o saldo efetivamente utilizado do limite de crédito.
  É semelhante ao concedido às pessoas físicas. Trata-se de limite concedido às empresas correntistas das instituições financeiras para utilização em necessidades temporárias, geralmente inferiores a um mês, e que possa ser liquidado por ocasião de entradas de caixa provenientes da atividade operacional. O correntista poderá utilizar automaticamente até o limite concedido. As taxas de juros são cobradas sobre o saldo efetivamente utilizado do limite de crédito.
- **Nota promissória (NP)** é título de crédito que representa uma promessa de pagamento do devedor em favor do credor. Na emissão, deve ser especificado o montante devido e o prazo de vencimento. Nas operações de **desconto notas promissórias**, a empresa emite o título (NP) comprometendo-se a liquidá-lo em determinado prazo. Os recursos liberados pela instituição financeira podem ser utilizados livremente, para as necessidades de caixa ou para fortalecimento de capital de giro.
  Algumas empresas que trabalham com cheques pré-datados de seus clientes podem procurar a instituição financeira para antecipar esses recebíveis, realizando o **desconto de cheques**. Nessas operações, a empresa é interveniente na operação, ou seja, se o emissor do cheque inadimplir, ela será responsável perante a instituição financeira.
- **Conta garantida** é um contrato mediante o qual a instituição financeira disponibiliza um limite de crédito vinculado à conta-corrente, para livre movimento, geralmente de curto prazo, para suprir momentâneos déficits

de caixa. À medida que o saldo da conta-corrente se torna devedor, a empresa passa a utilizar automaticamente a conta garantida. A liquidação ou redução do saldo devedor deve ocorrer pelas entradas de caixa decorrentes da atividade operacional. Os juros são calculados sobre os saldos devedores utilizados, em geral ao final de cada mês.

- ***Hot money*** é uma operação de empréstimo de curtíssimo prazo, visando atender às necessidades de caixa das empresas por poucos dias. Preferencialmente, deve ser liquidada por recursos provenientes da atividade operacional da empresa, como o recebimento de vendas.

FIQUE ATENTO

Risco de crédito para as instituições financeiras

As operações de capital de giro destinadas ao financiamento das vendas envolvem menor risco de crédito do que aquelas destinadas à compra de matérias-primas, ou seja, o risco de crédito está vinculado ao estágio do ciclo operacional. No início do ciclo, na compra das matérias-primas, o risco é maior porque inclui-se o risco de desempenho, também chamado de **risco de *performance***, isto é, o risco de a empresa não conseguir, por algum motivo, produzir ou realizar as vendas pretendidas. Quando a empresa procura uma instituição financeira para realizar um financiamento das vendas, o processo produtivo já foi concluído, as vendas já foram realizadas, e a empresa pretende apenas antecipar o recebimento dos clientes por meio de uma operação bancária. Em razão dessas características e da ausência do risco de desempenho, as operações bancárias para financiamento das vendas comerciais são vistas como operações de menor risco de crédito.

As instituições financeiras dispõem de inúmeros produtos destinados ao financiamento do capital de giro das empresas, tais como financiamento às compras de matérias-primas, financiamento à formação e manutenção de estoques e antecipação de recebíveis.

- **Antecipação de recebíveis** ou **desconto de duplicatas** é uma das operações mais utilizadas para financiamento das vendas. Nessas operações, a empresa recebe um valor correspondente aos títulos (duplicatas ou outros títulos mercantis), mediante a cessão de seus direitos em um período anterior ao seu vencimento. A finalidade é a antecipação do recebimento pela empresa que possui títulos a receber. Portanto, o prazo será o definido no título de crédito que lastreia a operação. A operação é formalizada por um contrato e pela entrega dos títulos. Nessa modalidade de crédito, a responsabilidade final pela liquidação é do cedente, isto é, o tomador de recursos. Na eventualidade de algum sacado não liquidar o título, a instituição financeira irá recorrer à empresa cedente para liquidação. Portanto, se houver diversificação de sacados, a operação de desconto de duplicatas representará uma diluição do risco de crédito para a instituição financeira.

SAIBA MAIS

A **duplicata** é um título com origem em operação comercial, ou seja, compra e venda de produto ou serviço com pagamento a prazo. O vendedor é identificado como sacador, cedente ou credor da operação. O comprador ou devedor é o sacado. A duplicata é emitida pelo sacador contra o sacado.

Quando a venda a prazo tem um só vencimento, emitem-se a fatura e a duplicata de fatura. Se a venda a prazo for liquidada em várias parcelas, serão emitidas uma fatura e tantas duplicatas quantos forem os vencimentos.

A duplicata é, portanto, o instrumento de cobrança e pode ser negociada como título de crédito.

- ***Vendor*** é outra modalidade para a antecipação de recebimentos das vendas. Ao efetuar as vendas, a empresa envia à instituição financeira uma relação de seus clientes, com valores e prazos de recebimento. O banco antecipa os recursos ao vendedor das mercadorias e financia os compradores das mercadorias. No caso de inadimplência de algum comprador, o banco recorrerá à empresa contratante do *vendor*, o que reduz significativamente o risco para a instituição financeira. Se houver boa diversificação de compradores, o risco de crédito para a instituição financeira ficará bem diluído.
- **Crédito Direto ao Consumidor com interveniência (CDC-I)** é mais uma modalidade de crédito vinculado ao financiamento de bens ou serviços. É utilizado principalmente para aquisição de veículos e eletrodomésticos. No CDC-I, o crédito é concedido às empresas para repasse aos clientes finais. O risco concentra-se na empresa comercial.

Diferentemente das operações de financiamento às vendas, onde não há o risco de *performance* da empresa tomadora do crédito, outras operações de capital de giro são destinadas às fases anteriores às vendas, portanto sujeitas ao risco da empresa. Os principais produtos bancários que se enquadram nessas características são: contrato de capital de giro, *compror*, assunção de dívidas e até o crédito rural.

- **Capital de giro** são empréstimos sem destinação específica, embora na avaliação do risco a instituição financeira credora deva considerar o motivo do financiamento. Essas operações podem variar bastante quanto ao prazo, podendo chegar a prazos superiores a um ano. Entretanto, quando os recursos forem destinados ao financiamento do ciclo operacional, é recomendável que o prazo da operação esteja vinculado ao prazo desse ciclo. Os pagamentos podem ser realizados em parcelas mensais ou em outra periodicidade, incluindo principal e encargos em cada parcela.
- ***Compror*** é uma modalidade de crédito que consiste no pagamento antecipado das compras de matérias-primas ou serviços. A instituição financeira antecipa os recursos ao fornecedor da empresa contratante do *compror* e, dessa forma, a operação comercial adquire características de compra à vista. O risco de crédito, entretanto, fica concentrado no contratante da operação, sem obrigações para o fornecedor.
- **Assunção de dívida** é uma modalidade de crédito destinada a empresas que se encontram em situação favorável de caixa e desejam antecipar a liquidação de dívida futura. O banco irá realizar uma aplicação financeira para os fundos especificamente destinados à liquidação futura da dívida. A vantagem para a empresa é a redução dos custos da dívida pelo prazo antecipado. Essa modalidade de crédito é bastante utilizada para dívidas internacionais, ou seja, a empresa importadora que possui uma dívida internacional pode antecipar essa liquidação ao transferir a dívida a uma instituição financeira local.

Entre as modalidades de produtos de crédito destinadas aos investimentos das empresas, destacam-se as linhas de repasse do Banco Nacional de Desenvolvimento Econômico e Social (BNDES), as operações de *leasing* (ou arrendamento mercantil) e os financiamentos oriundos de mercados de capitais internacionais. Nesses financiamentos, o prazo de repagamento depende do fluxo de caixa do tomador e da vida útil do ativo que está sendo financiado, com um esquema preestabelecido de amortização.

As instituições financeiras também podem emprestar diretamente às empresas recursos próprios ou captados por depósitos a longo prazo (ex., CDB). As operações mais longas costumam ter pagamento pós-fixado, sendo seus encargos financeiros (correção e juros) calculados sobre o saldo devedor corrigido.

- ***Leasing*** é uma modalidade de crédito destinada a investimentos que consiste no arrendamento ou aluguel de equipamentos, veículos, máquinas ou até imóveis. Pelo uso do bem, o devedor (arrendatário) assume prestações mensais por prazos longos. As despesas de manutenção são de responsabilidade do arrendatário e a propriedade do bem arrendado permanece com o arrendador até o final do contrato. Porém, diferentemente de um aluguel, na operação de *leasing* o valor do bem arrendado vai sendo amortizado com o pagamento das contraprestações. Essas contraprestações incluem a amortização do valor do bem, os encargos, a remuneração da arrendadora e impostos. Ao final do contrato, o arrendatário pode optar por comprar o bem por um valor residual preestabelecido no contrato ou devolver o bem à arrendadora.
- ***Leaseback*** é uma operação em que a empresa, geralmente em um momento de dificuldade de caixa, vende um ativo para uma empresa arrendadora e simultaneamente arrenda esse bem. Ou seja, o contrato de *leaseback* transforma a empresa de proprietária em arrendatária. Ela recebe o valor do bem, proveniente da venda, e assume o compromisso das contraprestações.

3.3.3 Garantias

Para reduzir o risco de crédito, algumas operações requerem garantias para que possam se concretizar. O objetivo na exigência de garantias é gerar maior comprometimento pessoal e patrimonial do devedor e, com isso, reduzir o risco de crédito.

Para a formação de uma carteira de crédito de boa qualidade, é importante ter em mente que as operações devem ser concedidas com base na capacidade de liquidação do tomador; e as garantias devem ter papel acessório na aprovação, isto é, não devem ser determinantes na decisão de crédito.

A exigência de garantias deve estar vinculada à modalidade da operação e ao grau de risco. Nas operações de antecipação de recebíveis, com risco de crédito mais diluído, em geral, são solicitadas duplicatas selecionadas. Em operações de financiamento das compras de matérias-primas, geralmente é solicitado penhor desse estoque, além do aval dos sócios ou responsáveis financeiros.

Os requisitos importantes a serem levados em consideração na avaliação das garantias são liquidez e suficiência.

- As garantias apresentadas devem **oferecer liquidez** nas situações em que a operação de crédito se revelar problemática. Para isso, devem estar livres de ônus e ter boa negociabilidade.
- Também devem **ser suficientes** para atender o valor do risco, incluindo principal e encargos em valores atualizados. Para isso, são preferíveis as garantias com estabilidade de valor e baixa tendência à obsolescência.

No processo de concessão de crédito, as garantias também devem ser bem avaliadas e formalizadas. Os registros das garantias requerem trâmites jurídicos, cuidados na documentação, acompanhamento e monitoramento durante todo o prazo de operação e crédito.

As garantias são de duas naturezas: pessoais ou reais.

As principais **garantias pessoais** são aval e fiança. Os avalistas devem ser, preferencialmente, os sócios majoritários ou diretores com poderes para avalizar.

- **Aval** é um compromisso em que o garantidor (avalista) se compromete a pagar a dívida, caso o devedor não o faça. É a forma mais comum de garantia de crédito, presente em quase todas as modalidades e representada por assinatura de pessoa física ou jurídica sobre título de crédito, tornando-se solidariamente responsável pelo pagamento do saldo devedor. O aval é garantia não contratual.
- **Fiança** é uma obrigação escrita, constituída por contrato acessório subordinado ao contrato de crédito principal. O garantidor (fiador), seja pessoa física ou jurídica, utiliza seu patrimônio, para assegurar a liquidação de determinado compromisso financeiro do devedor (afiançado) perante o credor (beneficiário da fiança).

As principais **garantias reais** são aquelas apoiadas em ativos, como, por exemplo, alienação fiduciária, penhor e hipoteca. Podem ser aceitos como garantias: títulos (duplicatas ou outros recebíveis), veículos, imóveis, máquinas, mercadorias, entre outros.

- **Caução** é a vinculação de recursos financeiros, direitos ou títulos de crédito (como cheques ou duplicatas) a uma determinada operação. Esses ativos ficam depositados na instituição financeira para garantir o pagamento de uma obrigação assumida.

- **Alienação fiduciária** é a modalidade de garantia constituída sobre bens como máquinas, equipamentos, veículos ou imóveis. Como garantia corpórea, os bens são indivisíveis e ficam vinculados, no seu valor total, ao saldo devedor até a liquidação final do contrato. O devedor permanece com a posse, mas transfere ao credor a propriedade do bem. O devedor passa a ser o fiel depositário e não pode vender, alienar ou onerar o bem sem a prévia concordância do credor.
- **Penhor mercantil** é a modalidade de garantia que consiste na possibilidade de entrega de bens ao credor, assegurando a liquidação da dívida. Podem ser penhorados bens como máquinas, equipamentos, matérias-primas ou itens produzidos e comercializados pelo devedor. O penhor é instituído sobre bens corpóreos e contratado em instrumento próprio. Na constituição do penhor não se exige a entrega do bem. Pode-se atribuir ao devedor o papel de fiel depositário, obrigando-o a guardar e conservar os itens correspondentes ao valor dado em garantia.
- **Hipoteca** caracteriza-se pelo ônus sobre imóvel do devedor, como terras, prédios, apartamentos, casas, aeronaves etc. A hipoteca pode ser formalizada por cédula de crédito ou contrato por escritura pública. Se o devedor se tornar inadimplente, o credor poderá executar a garantia por meio judiciário.

Se houver incertezas associadas às garantias, elas também oferecerão riscos para os emprestadores. Por exemplo, no financiamento de máquinas e equipamentos, o bem ficará em garantia até a liquidação final, mas pode representar uma frágil garantia no caso de itens de uso específico (p. ex., correias transportadoras), com baixa negociabilidade (p. ex., imóvel operacional ou câmaras frigoríficas) ou de difícil retomada em lides judiciais (p. ex., equipamentos hospitalares).

SAIBA MAIS

Empréstimo com **penhor de bens** como joias, relógios ou canetas pode ser uma alternativa para obter recursos nos casos de dificuldades e restrições de crédito. Essa operação é feita em algumas agências da Caixa Econômica Federal (CEF). O penhor permite levantar dinheiro ou obter uma linha de crédito com menor taxa de juros, sem análise cadastral ou avalista. O valor liberado depende da avaliação da peça. Os limites de crédito podem chegar a 85% do valor da garantia.

FIQUE ATENTO

Não confunda:

- **penhor:** quando o bem é usado como garantia de um negócio;
- **penhora:** quando o bem é bloqueado em processo judicial.

3.3.4 *Covenants*

Os contratos de empréstimo e financiamento de médio e longo prazo, além de garantias, podem incluir cláusulas protetoras, ou *covenants*. Essas cláusulas contratuais são estabelecidas em comum acordo entre devedor e credor e referem-se a obrigações ou limitações que o credor deve assumir no prazo de vigência do contrato.

Essas cláusulas protetoras têm um duplo objetivo: estabelecer algumas condições necessárias para preservar o fluxo de caixa e a posição financeira do devedor; e indicar eventuais sinais de deterioração dos fatores que determinam a liquidação da operação.

Podem ser adotados *covenants* de natureza financeira, como exigência de manutenção de determinado índice de liquidez financeira, exigência de manutenção de determinada estrutura de capital, de manutenção de determinado índice de cobertura de juros, estabelecimento de montante mínimo de capital de giro, entre outros. Nesses casos, os parâmetros para os cálculos dos índices a partir dos demonstrativos financeiros devem estar bem definidos no contrato de financiamento.

Além dos índices financeiros, os *covenants* podem ser classificados em **positivos** ou **negativos**: os positivos obrigam alguma ação e procedimento ou exigem que a empresa mantenha determinada condição financeira e estrutura administrativa; e os negativos impõem restrições ou limitações ao devedor.

Alguns exemplos de *covenants* positivos são:

- requerimento para fornecimento regular de informações financeiras;
- requerimento para fornecimento regular de projeções de fluxo de caixa;
- manutenção da propriedade de ativos e contratação de seguros adequados;
- permissão para inspeção de propriedade, sistemas e dados gerenciais;
- exigência para a manutenção de determinados profissionais;
- requerimento para imediata informação dos casos de *defaults*, litígios, perdas relevantes etc.

Alguns exemplos de *covenants* negativos são:

- limitações para a contratação de determinadas operações;
- restrições quanto aos ativos imobilizados – limites à alienação, aquisição ou hipoteca;
- restrições para oferecer garantias;
- restrições para reorganizações societárias – fusões, aquisições, cisões, mudança de ramo de negócio etc.;
- limitações para reconhecimento de contingências;
- limitações para a distribuição de dividendos;
- limitações para a realização de investimentos;
- limitações ou restrições para a realização de transações com afiliadas.

Os *covenants* devem ser acompanhados e monitorados durante todo o prazo da operação de crédito.

Por se tratar de cláusula contratual, o não cumprimento do *covenant* implicaria a possibilidade de pré-liquidação ou execução do contrato. Na maioria dos casos, entretanto, o credor não exige o reembolso imediato, mas avalia se a violação é séria demais para comprometer o recebimento do empréstimo. Podem, então, ocorrer duas situações: (a) o perdão – *waiver* do *covenant*, e continuidade da operação; ou (b) o ajuste às novas condições, alterando a cláusula por aditivos contratuais.

3.4 CASO: ANÁLISE DE CRÉDITO BANCÁRIO

A Indústria de Calçados Andradas procurou a instituição financeira com quem mantém relacionamento para solicitar um empréstimo ponte (*bridge loan*) para adquirir a empresa de termoplásticos Tic Plastic, especializada em itens plásticos para calçados e bolsas. O valor da compra é estimado em R$ 250 milhões e será pago em seis meses com os recursos da venda de uma unidade industrial da Tic Plastic no interior do Rio de Janeiro e de uma emissão de debêntures de R$ 150 milhões.

Os administradores da Andradas e da Tic Plastic mantêm bom relacionamento e conhecimento mútuo, construindo um sólido histórico de bons negócios há 25 anos. A Andradas compra muitos itens da Tic Plastic e, com a fusão, espera realizar expressivo ganho com custos administrativos.

A Andradas é controlada pela mesma família desde que foi fundada, na década de 1950. O atual presidente e dois vice-presidentes são irmãos e a filha mais velha do presidente é a vice-presidente de vendas. A empresa recentemente contratou um ex-gerente de banco comercial para assumir a tesouraria (*treasurer*).

A companhia está providenciando as informações necessárias para que o banco aprove a linha de crédito solicitada. Além dos demonstrativos financeiros dos últimos três anos, providenciou estimativas de vendas e lucro. Os balanços recentes mostram que os últimos três anos têm sido muito bons: todos os indicadores, exceto liquidez, apresentam boa evolução e são adequados aos quocientes apresentados pelo seu setor de atividade.

A Tic Plastic, por sua vez, providenciou uma análise de valor (*valuation*) da unidade do Rio de Janeiro a ser vendida, indicando valor de $ 110 milhões. Entre os documentos fornecidos para análise constam também uma declaração de presidente e um plano estratégico preparado pelo vice-presidente de planejamento, que se encontra em processo de aposentadoria.

Exercício

Coloque-se na posição de um analista ou gerente de crédito dessa instituição financeira. Você deverá apresentar um parecer técnico ao comitê de crédito que ocorrerá ainda hoje para discutir a proposta da Indústria de Calçados Andradas.

Para auxiliar o seu parecer técnico, responda às seguintes questões:

1. Analise a administração da empresa: (a) Quais são seus comentários? (b) Que outras áreas você investigaria? (c) Quais informações adicionais você solicitaria à empresa?
2. Análise do propósito do crédito: (a) Quais são seus comentários? (b) Que outras áreas você investigaria? (c) Quais informações adicionais você solicitaria à empresa?
3. Analise a capacidade de geração de caixa da empresa. (a) Quais são seus comentários? (b) Que outras áreas você investigaria? (c) Quais informações adicionais você solicitaria à empresa?
4. Analise os dados de projeção. (a) Quais são seus comentários? (b) Que outras áreas você investigaria? (c) Quais informações adicionais você solicitaria à empresa?
5. Analise o contexto da empresa. (a) Quais são seus comentários? (b) Que outras áreas você investigaria? (c) Quais informações adicionais você solicitaria à empresa?

Respostas sugeridas

1 a) A administração é experiente e provavelmente tem bom comprometimento financeiro e emocional com a empresa. A empresa vem sendo bem conduzida por muitos anos e os resultados indicam que mantém um relacionamento muito próximo com seus principais clientes. Recentemente, contratou um profissional financeiro para a tesouraria buscando *expertise* onde os administradores estariam menos preparados. A próxima geração da família é representada pela filha do presidente como vice-presidente de vendas.

1 b) Um fator de preocupação é a aposentadoria do vice-presidente de planejamento. Quem irá substituí-lo? O plano que ele elaborou terá continuidade na sua ausência? A administração está preparada para lidar com operações mais sofisticadas como a colocação das debêntures e ainda conduzir o dia a dia das empresas após a fusão (negócios combinados)? Os administradores da Tic Plastic continuarão na empresa após a fusão? Como eles recebem a ideia de serem adquiridos? Os administradores da Tic plastic serão indenizados pela aquisição? Se ficarem na empresa após a aquisição, manterão a motivação e o empenho? Os administradores da Andradas estão preparados para gerir as duas empresas? Os membros da família Andradas mantêm seus postos na empresa com base no mérito ou no nepotismo?

1 c) Qual é o *background* dos principais executivos? Indicar o papel de cada um após implantado o pano estratégico. Qual é o nível de investimento que cada executivo possui na empresa? Eles terão incentivos para permanecer em seus cargos? Obter projeções do quadro administrativo após a aquisição.

2 a) Proposito do crédito: Andradas pretende adquirir a Tic Plastic. Entretanto, a estrutura pode não ser a mais adequada para a transação. Uma operação de *bridge loan* pode não ser suficiente para preencher as necessidades de caixa até que a emissão de debêntures seja colocada no mercado, especialmente se os índices de liquidez indicam uma posição abaixo do setor. Há dúvidas se seis meses representam tempo suficiente para formar reservas financeiras e aumentar a liquidez para atender a atividades diárias.

2 b) Qual é o plano para financiamentos futuros? Como o financiamento proposto aparece no plano estratégico? O mercado de capitais atualmente é receptivo

à colocação das debêntures em R$ 150 MM a uma taxa razoável? Como está a negociação da unidade do Rio de Janeiro? Existe um potencial comprador? Esse potencial comprador coloca alguma restrição para concretizar a negociação? Qual é a condição financeira desse potencial comprador e sua posição na indústria de termoplásticos? A Andradas realizou operações com debêntures anteriormente? É uma empresa conhecida entre os potenciais investidores de seus títulos? Quais são as fontes alterativas de capital (próprio e de terceiros)?

2 c) Uma opinião do banco coordenador da emissão de debêntures sobre a colocação. Qual sua posição (*highly confident* ou *best efforts*)? Será uma colocação pública ou privada?

3 a) A empresa tem um bom histórico de geração de caixa nos últimos três anos. Está planejando pagar os empréstimos com recursos de duas fontes principais: a venda da unidade do Rio de Janeiro e os recursos provenientes da colocação das debêntures.

3 b) A empresa tem um compromisso firme do banco coordenador da emissão de debêntures? A venda da unidade do Rio de Janeiro atingirá os valores esperados pela administração? Os múltiplos de mercado (p. ex., vendas, *ebit*, *book value*) ratificam o valor esperado de R$ 110 MM? A emissão de debêntures irá desequilibrar o grau de endividamento da Andradas obrigando a um futuro aporte de capital?

3 c) Uma declaração do banco coordenador sobre a colocação das debêntures. Uma avaliação independente da unidade do Rio de Janeiro. Demonstrativos financeiros pró-forma da união das duas empresas, mostrando potenciais ganho e sinergias nos resultados após a aquisição. Análise da liquidez nos seis meses entre a aquisição e o recebimento pela venda da unidade e colocação das debêntures. Desenvolvimento de cenários alternativos onde não ocorra a venda da unidade, ou ocorra por valor inferior ao esperado, e onde não se consiga colocar os títulos ou ocorra atraso na colocação dos títulos.

4 a) Apesar de se tratar de uma operação de aquisição altamente alavancada, existem muitas projeções à disposição de possíveis credores.

4 b) Quem será o devedor no *bridge loan*? Como ficará a estrutura corporativa após a aquisição? Quais outros ativos poderiam oferecer liquidez à empresa?

4 c) Abertura das operações de empréstimos e financiamentos das duas empresas, incluindo eventuais ativos dados em garantia.

5 a) A Andradas aparentemente desfruta de boa reputação no mercado. Seus indicadores financeiros a julgam um sólido participante do mercado.

5 b) Por que os índices de liquidez apresentam-se abaixo da média do setor? Quais os benefícios decorrentes da compra da Tic Plastic? Que efeito dessa aquisição poderá provocar nos outros fornecedores de insumos plásticos? Quais são as condições técnicas das instalações da Tic Plastic? (Necessitam investimentos?) A Tic Plastic continuará a vender a terceiros ou terá sua produção 100% destinada à Andradas?

5 c) Estatísticas e projeções setoriais (calçados e plásticos).

RESUMO

Neste capítulo, o leitor pôde entender a abrangência do mercado de crédito para uma economia. Foram apresentados os principais produtos e serviços de crédito oferecidos às pessoas físicas e jurídicas, bem como as principais etapas do processo de análise e avaliação do risco de crédito. O capítulo também tratou de gestão e acompanhamento de crédito e dos mecanismos utilizados para mitigar os riscos nas operações. A leitura deste capítulo ajudará a desenvolver um raciocínio analítico para identificação e administração do risco de crédito no mercado financeiro.

4 Mercado Cambial

MERCADOS DE CÂMBIO – VISÃO DO PROFISSIONAL

Os mercados de câmbio são de suma importância para as empresas e negócios que envolvam algum tipo de comércio, investimento ou financiamento com o exterior do país. Isto porque nestes casos sempre se faz necessário, de maneira física ou referencial, alguma conversão de moedas ou troca de valores entre a moeda local e a estrangeira, ou ainda entre duas moedas estrangeiras.

No Brasil, isto não é diferente. As características de dependência de comércio exterior e de financiamentos e investimento vindos de mercados estrangeiros sempre foram muito marcantes durante toda a história econômica brasileira. Mas, se por um lado, a trocas de moedas viabilizam negócios com o exterior, permitindo o atendimento de necessidades e o aumento de eficiência econômica e empresarial, também, em momentos de crise ou de transição, os mercados de câmbio são dos mais sensíveis, por traduzir o sentimento e a expectativa dos participantes do mercado local e do estrangeiro sobre a economia e o valor da moeda local.

O mercado de câmbio, no Brasil, sempre foi relativamente bem organizado, passando desde o Império por várias tentativas de buscar estabilidade para promover os negócios, investimentos e atrair estrangeiros a trabalhar no país. Mas foi na história recente, a partir da criação do Banco Central do Brasil em 31/12/1964, é que foram estabelecidas as regras e funcionamento do mercado como o conhecemos hoje, onde os principais agentes para trocas de moedas são os bancos e as corretoras autorizados a operar pelo Bacen. Obviamente, os bancos exercem o papel mais importante por lidar com quantias muito maiores e ter acesso tanto ao mercado externo como ao próprio Banco Central, que executa a política cambial e define as regras de funcionamento do mercado cambial. A importância das taxas de câmbio é tão grande para a maioria das empresas que a necessidade de instrumentos de proteção contra a variação das taxas de câmbio levou ao desenvolvimento de um enorme mercado de derivativos associados à taxa de câmbio, tanto em bolsa de mercadorias e futuros, como nos mercados de balcão organizado, e que movimentam somas muitas vezes superior aos volumes negociados nos mercados físicos de câmbio.

Se, por um lado, os bancos são os principais agentes do mercado de câmbio, por levar ao mercado as ofertas e demandas de seus clientes e suas próprias decisões de posicionamento sobre o mercado de moedas, dentro dos bancos estas decisões estão em geral no departamento de Tesouraria, onde em geral existe a figura de um gestor de moeda estrangeira.

É sob a perspectiva deste profissional que descreveremos uma situação, ao mesmo tempo real e cotidiana de um processo decisório em mesa de operações, mas em um momento de crise muito marcante na história recente do Real Brasileiro, o da crise que levou ao regime de câmbio flutuante em vigor até os dias de hoje.

No início do segundo mandato de FHC (janeiro/1999), após as crises asiática (1997), russa (1998) e a baixa generalizada nos preços de *commodities*, o real já vinha sofrendo fortes pressões de saídas líquidas de divisas, ainda no regime de bandas cambiais, sob a gestão de Gustavo Franco na presidência do Banco Central. A situação se agravou ainda mais quando o recém-empossado governador de Minas Gerais, o ex-presidente Itamar Franco, declarou moratória no pagamento das dívidas do estado. No dia 7 de janeiro de 1999, Itamar anunciou a decisão de não pagar US$ 108 milhões em "eurobonds" que venciam no mês seguinte.

No dia 8 de janeiro, o Brasil já estava "desestabilizado" pela ação de Itamar Franco, com queda de 5,1% no índice Bovespa e forte desvalorização dos títulos da dívida externa brasileira.

Naquele momento, uma das maiores preocupações de FHC era sair da chamada "armadilha cambial", imposta pelo regime de banda, mas que na prática significava um câmbio virtualmente fixo a R$ 1,21 por dólar, com a taxa básica de juros Selic elevadíssima, em 28,95% ao ano.

A situação do então presidente do Banco Central, Gustavo Franco, que resistia a abandonar as bandas cambiais e desvalorizar a moeda por medo da repercussão, era insustentável.

No dia 13 de janeiro de 1999, houve o anúncio da demissão de Gustavo Franco e sua substituição pelo então diretor de política monetária do Bacen, Francisco Lopes. Como primeira medida, o Bacen anunciou, através do comunicado 6560, a introdução da "banda diagonal endógena", uma nova modalidade de atuação cambial que buscaria permitir uma desvalorização controlada. O mercado parecia não acreditar na efetividade destas medidas, tanto que o índice Bovespa caiu mais 5%, após uma queda de 7,6% no dia anterior e a saída de dólares atingiu US$ 1,056 bilhão, ante US$ 194 milhões do dia anterior.

Na posição de gestor de moeda estrangeira de um banco de investimentos, em meio a tamanha crise, nossas posições e postura já eram muito conservadoras, com volumes líquidos de operações muito baixos face e controle minucioso da exposição cambial do banco.

Na manhã do dia 14 de janeiro, com as notícias de crise em praticamente todos os mercados, e diante da nova norma divulgada pelo Bacen, nosso papel foi o de examinar em detalhes o comunicado, tentando juntamente com o tesoureiro entender como se daria a atuação do Bacen no mercado de câmbio a partir de então. Utilizando planilhas de cálculo, rapidamente produzimos uma simulação de como as novas bandas seriam estabelecidas e o impacto imediato que era o de levar a banda de R$ 1,12 (piso) com R$ 1,22 (teto) por dólar para R$ 1,20 (piso) com R$ 1,32 (teto) por dólar, portanto uma desvalorização cambial de 10%. Ao analisar as alterações, nosso sentimento foi de total descrença no sucesso das novas medidas para conter o forte movimento de saídas de divisas em meio a um baixo volume de reservas e enorme demanda por proteção contra desvalorização cambial após tantos anos de câmbio controlado, que fomentaram o endividamento em moeda estrangeira por empresas e indivíduos na economia brasileira. Nossa atuação e posicionamento foram alinhados a esta situação, assumindo posições conservadoras, levemente compradas, e acompanhando a abertura dos negócios com atenção. A grande maioria dos agentes do mercado teve o mesmo sentimento e a mesma atuação, tanto que o Bacen precisou vender liquidamente cerca de US$ 2 bilhões no teto da banda. O Ibovespa caiu cerca de 10%. A cotação do dólar fechou sem alteração (R$ 1,3194/US$ teto da banda), embora o mercado tenha absorvido, no total, mais de US$ 2,8 bilhões colocados pela mesa de câmbio do Bacen. Nas operações de câmbio comercial, foram efetivados negócios acima de R$ 1,33/US$, no dia 13, e de R$/US$ 1,40, no dia 14. As reservas cambiais estavam a esta altura em pouco mais de US$ 40 bilhões, e o poder do Bacen para defender a moeda, muito fragilizado.

No dia 15 de janeiro de 1999, durante a manhã, o Bacen não atuou como de costume e todos os *dealers* de câmbio que tentaram uma comunicação com a mesa de câmbio do Bacen obtiveram apenas a instrução para aguardar. Mais tarde, o Bacen, preocupado com o baixo volume de reservas internacionais e pressionado desde a abertura dos negócios, emitiu o comunicado 6563, informando que o Banco Central se absteria de operar no mercado de câmbio, o que na prática implicava a suspensão no regime de bandas cambiais. Neste dia, o Bacen não atuou, e a cotação de venda fechou em R$ 1,4659/US$, com desvalorização de 11,1% sobre o dia anterior e de 21,01% sobre o dia 12, último dia de vigência do regime de intrabandas cambiais.

Na segunda-feira, 18 de janeiro, o Banco Central através do comunicado 6565, informou à sociedade que a partir daquela data, deixaria que o Mercado definisse livremente a taxa de câmbio, e que viria a intervir ocasionalmente com o objetivo de conter movimentos desordenados da taxa de câmbio.

Ocorria ali a extinção do regime de bandas cambiais, iniciado em 6 de março de 1995, em resposta a preocupações com a então recente crise cambial ocorrida no México, no final de 1994.

Daí em diante, as desvalorizações prosseguiram de forma aleatória e, no dia 29, último dia útil do mês, o dólar americano chegou a R$ 1.9832, o que representava desvalorização de 63,7% sobre o dia 12 e de 64,08% durante todo o primeiro mês do ano.

E as mudanças não pararam por aí. Na semana seguinte à decisão pela livre flutuação da taxa de câmbio, a Resolução nº 2.588, de 25/01/1999, determinou a unificação das posições de câmbio do Segmento de Câmbio de Taxas Flutuantes com o Segmento de Câmbio de Taxas Livres, vigorando a partir de 1º de fevereiro de 1999. Entrava em vigor o câmbio flutuante com apenas um segmento de negociação.

Em 2 de fevereiro, o então Ministro da fazenda Pedro Malan demite Francisco Lopes e aponta Armínio Fraga como novo presidente do Banco Central, empossado em 4 de março de 1999.

Em suma, foram 15 dias que marcaram a transição do regime cambial brasileiro, de câmbio fixo em bandas cambiais, para o câmbio flutuante, com enormes consequências sobre todos os agentes do mercado. A importância da disciplina e boa gestão de risco estão substanciadas na sobrevivência financeira das organizações que sobreviveram a este sobressalto. Ter controle preciso sobre as exposições e sobre o fluxo de caixa em moeda estrangeira, "leitura" atenta ao que ocorre no mercado, e interpretação conservadora sobre a atuação da autoridade monetária, mostraram-se de grande valia para navegar com sucesso durante esta crise.[1]

OBJETIVOS DE APRENDIZAGEM

- Entender a abrangência do mercado cambial, os principais produtos, serviços e riscos envolvidos.
- Aplicar os conhecimentos para chegar aos resultados das operações cambiais.
- Analisar os riscos e as possibilidades de ganhos nas operações do mercado cambial.
- Conhecer os principais produtos e serviços do mercado cambial atual no Brasil, integrantes de operações de comércio exterior ou exclusivamente financeiras.
- Desenvolver possibilidades de ganhos no mercado cambial, calculando resultados e avaliando riscos.

[1] Texto elaborado por Carlos Eduardo S. Lara, profissional com 30 anos de experiência desenvolvida em empresas, como Banco Citibank, American-Express, Deutsche Bank, Itaú-Unibanco (Brasil, Chile, Argentina, Uruguai, Paraguai, Londres, Zurique e Miami) e Banco Safra. Engenheiro Eletrônico POLI/USP, Mestre em Modelagem Matemática Aplicada a Finanças pelo IME&FEA/USP. Cursou ainda Administração de Empresas na FEA-USP, além de vários cursos de extensão na FGV, BM&F e Fundação Dom Cabral.

Klabin

A Klabin S.A. é uma empresa brasileira de base florestal, a maior produtora brasileira de papéis e cartões para embalagens, embalagens de papelão ondulado e sacos industriais, além de produzir toras para serrarias e laminadoras. É a principal exportadora brasileira no setor de papel e celulose. Cerca de 40% de seu faturamento líquido provém de vendas externas.

Em 31/12/2016, o endividamento total, incluindo as emissões de debêntures, era de R$ 18.469 milhões. Dessa dívida total, R$ 13.132 milhões, ou 71% (US$ 4.029 milhões) são denominados em dólar, substancialmente pré-pagamentos de exportação.

Com essas características de exportação e endividamento em dólar, os resultados financeiros da Klabin são altamente expostos aos efeitos da variação cambial.

A formação da receita de vendas é diretamente relacionada aos preços internacionais (em dólar) de celulose e papel e à variação cambial. Consequentemente, as variações de faturamento e margem operacional, ou margem Ebit, ficam sujeitas ao efeito combinado de preços internacionais e da conversão do dólar para reais.

Esse seria o efeito da variação cambial sobre os resultados operacionais. Mas vamos concentrar nossa análise nos efeitos da variação cambial sobre os resultados financeiros da Klabin.

O endividamento em moeda estrangeira também está exposto à variação das moedas. Quando uma empresa assume dívidas em dólar, assume o risco da ocorrência de desvalorização cambial, isto é, o endividamento convertido para reais aumentará.

As Figuras 4.1 e 4.2 apresentam a formação dos resultados trimestrais da Klabin nos exercícios sociais de 2015 e 2016. Os valores são apresentados em R$ mil. Os quadros trazem ainda as cotações do dólar no início e no final de cada trimestre, a cotação média e a valorização ou desvalorização do real ocorrida em cada período.

Nos quatro trimestres de 2015, observamos que a participação das exportações sobre a receita líquida começou em 30%, oscilou para 28%, mas cresceu até 38% no último trimestre do ano. O resultado operacional (Ebit) também apresentou importante crescimento nos últimos trimestres do ano, como pode ser observado pela evolução da margem Ebit, que passou de 19,8% para 34,2%. O bom desempenho operacional também ficou evidenciado na margem Ebitda, que encerrou o ano em 36,8%.

O bom desempenho operacional e a relativa estabilidade da margem Ebitda não ficam refletidos integralmente no resultado final – Lucro Líquido. Isso porque o resultado da empresa é fortemente influenciado pela variação cambial.

No primeiro e no terceiro trimestres de 2015, ocorreram desvalorizações cambiais (a alta do dólar) de 20,77% e 28,05%, respectivamente. Como a maior parte do endividamento está indexado ao dólar, essa "perda" é reconhecida no resultado do trimestre como variação monetária passiva. Com a desvalorização cambial, no trimestre a empresa precisou de mais reais para cada dólar devido e registrou saldos negativos de variação cambial bem elevados – no terceiro trimestre de 2015, até superior à receita líquida do período. Nesses dois trimestres o resultado líquido foi negativo.

Por outro lado, no segundo e no quarto trimestres, ocorreram valorizações do real, a chamada apreciação do real, de 3,29% e 1,71%, respectivamente. O efeito sobre o resultado financeiro é direto: nos dois períodos de apreciação do real, a Klabin registrou variação cambial positiva, ou seja, apesar do endividamento, o resultado financeiro líquido vem somar ao lucro operacional, produzindo lucro líquido.

	1T15	Vert.%	2T15	Vert.%	3T15	Vert.%	4T15	Vert.%
Receita Líquida	**1.308.449**	100,0	**1.337.936**	100,0	**1.445.697**	100,0	**1.595.507**	100,0
Mercado Interno	915.418	70,0	963.485	72,0	972.572	67,3	994.202	62,3
Exportação	393.031	30,0	374.451	28,0	473.113	32,7	605.500	38,0
		-		-		-		-
Variação valor justo dos ativos biológicos	55.538	4,2	155.230	11,6	98.731	6,8	226.614	14,2
Custo dos Produtos Vendidos	(930.067)	(71,1)	(1.058.415)	(79,1)	(929.311)	(64,3)	(1.063.709)	(66,7)
Lucro Bruto	**433.920**	33,2	**434.751**	32,5	**615.117**	42,5	**758.412**	47,5
Total Despesas Operacionais	(175.458)	(13,4)	(198.433)	(14,8)	(193.782)	(13,4)	(212.346)	(13,3)
Resultado Oper. antes Desp. Fin. (EBIT)	**258.462**	**19,8**	**236.318**	**17,7**	**421.335**	**29,1**	**546.066**	**34,2**
Equivalência Patrimonial	7.535	0,6	5.804	0,4	10.707	0,7	6.580	0,4
Despesas Financeiras	(215.714)	(16,5)	(163.412)	(12,2)	(235.507)	(16,3)	(233.853)	(14,7)
Receitas Financeiras	118.846	9,1	125.770	9,4	177.378	12,3	159.906	10,0
Variações Cambiais Líquidas	(1.287.743)	(98,4)	239.104	17,9	(2.431.549)	(168,2)	306.158	19,2
Financeiras Líquidas	**(1.384.611)**	(105,8)	**201.462**	15,1	**(2.489.678)**	(172,2)	**232.211**	14,6
Lucro antes I.R. Cont. Social	**(1.118.614)**	(85,5)	**443.584**	33,2	**(2.057.636)**	(142,3)	**784.857**	49,2
Prov. IR e Contrib. Social	390.048	29,8	(147.988)	(11,1)	716.803	49,6	(264.251)	(16,6)
Lucro Líquido	**(728.566)**	(55,7)	**295.596**	22,1	**(1.340.833)**	(92,7)	**520.606**	32,6
EBITDA	**453.240**	34,6	**382.526**	28,6	**519.608**	35,9	**587.898**	36,8
Cotação Ptax - venda no início do período - R$/US$	2,6562		3,2080		3,1026		3,9729	
Cotação Ptax - venda no final do período - R$/US$	3,2080		3,1026		3,9729		3,9048	
Cotação média - R$/US$	2,9321		3,1553		3,5378		3,9389	
Desvalorização /(valorização) cambial (%ao trim.)	**20,77**		**-3,29**		**28,05**		**-1,71**	

Fonte: Relações com Investidores da Klabin (2016).

Figura 4.1 Síntese dos resultados trimestrais da Klabin S.A. em 2015.

	1T16	Vert.%	2T16	Vert.%	3T16	Vert.%	4T16	Vert.%
Receita Líquida	**1.463.477**	100,0	**1.698.628**	100,0	**1.964.848**	100,0	**1.963.845**	100,0
Mercado Interno	946.433	64,7	1.022.341	60,2	1.122.900	57,1	1.137.309	57,9
Exportação	517.044	35,3	676.286	39,8	842.000	42,9	825.535	42,0
		-		-		-		-
Variação valor justo dos ativos biológicos	63.447	4,3	272.442	16,0	139.745	7,1	57.277	2,9
Custo dos Produtos Vendidos	(1.004.160)	(68,6)	(1.255.645)	(73,9)	(1.537.686)	(78,3)	(1.429.532)	(72,8)
Lucro Bruto	**522.764**	35,7	**715.425**	42,1	**566.907**	28,9	**591.590**	30,1
Total Despesas Operacionais	(210.350)	(14,4)	(237.658)	(14,0)	(302.863)	(15,4)	(296.990)	(15,1)
Resultado Oper. antes Desp. Fin. (EBIT)	**312.414**	**21,3**	**477.767**	**28,1**	**264.044**	**13,4**	**294.600**	**15,0**
Equivalência Patrimonial	7.094	0,5	16.685	1,0	9.352	0,5	16.190	0,8
Despesas Financeiras	(224.127)	(15,3)	(317.764)	(18,7)	(334.677)	(17,0)	(407.598)	(20,8)
Receitas Financeiras	157.222	10,7	388.101	22,8	155.186	7,9	231.517	11,8
Variações Cambiais Líquidas	1.079.535	73,8	1.225.909	72,2	(77.109)	(3,9)	(59.406)	(3,0)
Financeiras Líquidas	**1.012.630**	69,2	**1.296.246**	76,3	**(256.600)**	(13,1)	**(235.487)**	(12,0)
Lucro antes I.R. Cont. Social	**1.332.138**	91,0	**1.790.698**	105,4	**16.796**	0,9	**75.303**	3,8
Prov. IR e Contrib. Social	(258.626)	(17,7)	(522.571)	(30,8)	14.649	0,7	33.559	1,7
Lucro Líquido	**1.073.512**	73,4	**1.268.127**	74,7	**31.445**	1,6	**108.862**	5,5
EBITDA	**499.746**	34,1	**527.193**	31,0	**575.582**	29,3	**644.599**	32,8
Cotação Ptax - venda no início do período - R$/US$	3,9048		3,5589		3,2098		3,2462	
Cotação Ptax - venda no final do período - R$/US$	3,5589		3,2098		3,2462		3,2591	
Cotação média - R$/US$	3,7319		3,3844		3,2280		3,2527	
Desvalorização / (valorização) cambial (% ao trim.)	**-8,86**		**-9,81**		**1,13**		**0,40**	

Fonte: Relações com Investidores da Klabin (2016).

Figura 4.2 Síntese dos resultados trimestrais da Klabin S.A. em 2016.

Em 2016, a parcela de exportações sobre o faturamento aumentou gradualmente, de 35 para 42%. A margem Ebitda oscilou, mas registrou uma redução para 32,8% no quarto trimestre de 2016 contra 36,8% no mesmo período do ano anterior.

Os dois primeiros trimestres de 2016 foram marcados por forte apreciação do real, com valorização de 8,86% e 9,81%. Como a maior parte da dívida estava indexada ao dólar, a valorização do real produziu ganhos nas variações cambiais dos dois trimestres, beneficiando muito o resultado final: a margem líquida superou 73% nesses períodos.

Nos terceiro e quarto trimestres foram registradas baixas desvalorizações cambiais com pequeno reflexo negativo sobre os resultados da companhia. Mas fica caracterizado o efeito da variação da moeda, uma variável fora do controle da administração da empresa, sobre o resultado final.

Em relação ao final de 2015, com a valorização do real entre os períodos de comparação, o endividamento líquido foi R$ 406 milhões menor. Desta forma, a relação dívida líquida / Ebitda ajustado fechou o ano em 5,2 vezes, contra 6,3 vezes do final de 2015.

Uma empresa com dívidas em dólar assume o risco da desvalorização cambial. Quanto maior for essa desvalorização, maior será a dívida em reais refletida em suas demonstrações financeiras. Por outro lado, em um cenário de apreciação do real, é interessante para a empresa assumir dívida em dólar. Irá auferir um "ganho".

Esse caso da Klabin ilustra o efeito que a variação cambial produz sobre os resultados financeiros. Também os resultados operacionais de empresas que mantém relações de importação e exportação são fortemente influenciados pela variação da moeda.

Conhecendo os reflexos em cada empresa e instituição financeira, pode-se avaliar o efeito que as variações da cotação das moedas produzem na economia como um todo. Como diz um experiente estrategista do mercado financeiro: "Com câmbio não se brinca!"

Daí a necessidade de manter em equilíbrio a chamada paridade cambial. A proteção da moeda nacional é uma das mais importantes funções do Banco Central.

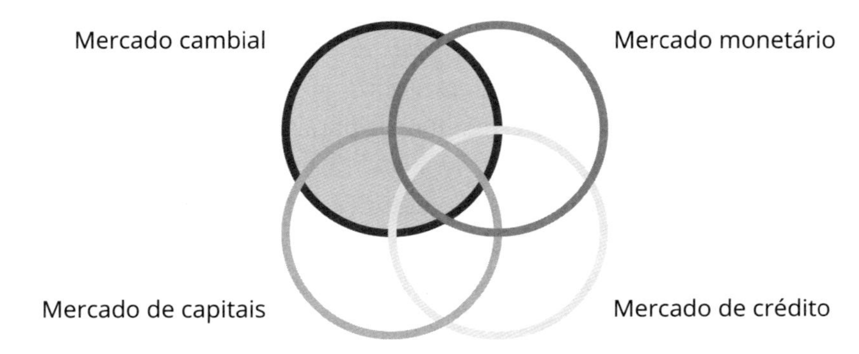

Figura 4.3 Representação do mercado financeiro e o entrelaçamento dos principais segmentos.

4.1 CONCEITOS E ABRANGÊNCIA DO MERCADO CAMBIAL

Compõem o chamado mercado cambial as operações de compra e venda de moedas estrangeiras, isto é, nesse mercado ocorrem as conversões de reais para moeda estrangeira e vice-versa.

Do mercado cambial participam os agentes econômicos que têm operações no exterior, tais como, entre outros:

- operadores de importação e exportação;
- instituições financeiras que intermediam essas operações;
- investidores que buscam ganhos nas diferenças de cotações de moedas;
- recebedores de capital do exterior;
- agentes que realizam remessa de remuneração sobre capital próprio.

Alguns exemplos de transações comerciais e financeiras que ocorrem no mercado cambial:

- importadores que procuram operadores de câmbio para comprar moeda estrangeira para realizar importações;
- exportadores que procuram operadores de câmbio para vender moeda estrangeira obtida com suas exportações;
- emissores de títulos de dívida no exterior que recebem moeda estrangeira, convertem para reais e periodicamente devem remeter juros e o principal da dívida;
- empresas multinacionais que remetem capital da matriz no exterior para a filial no país;
- empresas multinacionais que convertem reais em moeda estrangeira para remeter dividendos ao exterior;
- empresas que pagam *royalties* no exterior;
- viajantes e turistas que convertem moeda para seus gastos pessoais.

No mercado cambial, enquanto as instituições financeiras atendem às demandas de seus clientes no comércio exterior, nas remessas para o exterior ou no ingresso de capitais, o Banco Central age no sentido de regular o fluxo e o estoque de reservas internacionais.

Todas as operações do mercado cambial são registradas, reguladas e fiscalizadas pelo Bacen, no âmbito de sua atribuição de controle das reservas cambiais e do valor da moeda nacional em relação às outras divisas. Os bancos que operam nesse mercado mantêm contas em bancos correspondentes fora do país e a movimentação ocorre por débitos e créditos realizados aqui e no exterior em D+2 (dois dias após o fechamento da taxa cambial). Além do Banco Central, a movimentação de divisas é controlada pela Receita Federal.

A movimentação de reservas no Brasil ocorre no Sistema de Transferência e Reservas (STR) administrado pelo Bacen. Outros países possuem seus próprios sistemas de transferência de reservas, como, por exemplo, os Estados Unidos, com o *Fedwire* administrado pelo Federal Reserve Board (Fed) e o *Clearing House Interbank Payment System* (CHIPS).

SAIBA MAIS

MOEDA × DIVISA

"Divisa" é todo meio de pagamento nomeado em moeda estrangeira e mantido por um residente (pessoa física ou jurídica). Além do papel-moeda, incluem-se nesse conceito os depósitos bancários em moeda estrangeira, os documentos que acessam essas contas (cheques, cartões etc.) e *traveler's checks*.

As **divisas conversíveis** podem ser trocadas livremente por outra divisa e têm preço determinado pelo mercado (p. ex., euro, dólar, iene).

Por outro lado, as operações com **divisas não conversíveis** dependem de negociações bilaterais e têm restrições e preços estabelecidos pelos governos.

O mercado cambial divide-se em primário e secundário.

No **mercado cambial primário** os agentes econômicos domésticos, ou seja, empresas e indivíduos residentes, realizaram operações comerciais e financeiras envolvendo troca de moedas com agentes no exterior, chamados não residentes. Nesse mercado operam os importadores, exportadores e turistas. As operações do mercado primário alteram o estoque de moeda estrangeira que constituem as reservas cambiais do país.

No **mercado cambial secundário**, também chamado de **interbancário**, os bancos e as corretoras negociam entre si as divisas contratadas junto ao mercado primário. Essa é uma atividade de "soma zero", ou seja, todas as compras e vendas de moeda não alteram o estoque de divisas de posse do país. Entretanto, por refletir as expectativas de escassez ou sobra de divisas no mercado primário, as operações do interbancário acabam por formar as taxas cambiais ou cotações.

Como funciona o mercado interbancário de taxas cambiais?

No mercado interbancário, os bancos e as corretoras compram e vendem entre si, para manter suas posições dentro dos limites operacionais definidos pelas políticas internas de risco e pelas normas do Banco Central. Todos os operadores têm a necessidade de acertarem suas posições compradas e vendidas de câmbio no fim do dia. O interbancário de moeda funciona como uma das válvulas reguladoras do mercado e é formador das taxas cambiais.

O Bacen também atua no mercado de câmbio, comprando e vendendo moedas nos mercados à vista, futuro e de derivativos. Essa atuação do Bacen tem por objetivo monitorar o nível das reservas cambiais e a volatilidade das cotações.

Qualquer pessoa física ou jurídica pode comprar e vender moeda estrangeira desde que na outra ponta da operação esteja um agente autorizado a operar câmbio pelo Bacen. Todas as operações, seja no mercado primário seja no secundário, devem ser registradas no **Sistema de Informações do Banco Central (Sisbacen).**

Quando há compra e venda de moedas em espécie, com troca de moedas metálicas e cédulas, referimo-nos ao **câmbio manual**. Já o **câmbio sacado** refere-se à situação em que documentos ou títulos representativos são utilizados na troca. Nesse caso, há a movimentação de uma conta bancária em moeda estrangeira.

FIQUE ATENTO

Quem pode possuir moeda estrangeira?

De acordo com a legislação em vigor, os exportadores residentes no Brasil podem manter suas receitas de exportação no exterior sem a necessidade de conversão desses recursos em moeda nacional. Atualmente, o Conselho Monetário Nacional permite que a totalidade das receitas de exportação seja mantida no exterior.

"Não há, portanto, restrição nas transferências financeiras do e para o exterior, as quais são conduzidas diretamente na rede bancária autorizada, sem interferência do Banco Central do Brasil, inclusive as operações realizadas por pessoas físicas e jurídicas residentes e domiciliadas no País, para fins de constituição de disponibilidades no exterior" (Bacen, 2017).

As pessoas físicas ou jurídicas, residentes, domiciliadas ou com sede no exterior, podem ser titulares de contas de depósito em moeda nacional no Brasil. As contas em moeda estrangeira no Brasil somente são admitidas em situações específicas, tanto para residentes no Brasil quanto para residentes no exterior.

4.1.1 Operação do mercado cambial primário

No Brasil, não é permitida a utilização de moedas estrangeiras em transações internas nem o seu depósito em contas-correntes dos bancos nacionais, sendo que os pagamentos e recebimentos relativos às operações cambiais acontecem sem que ocorra a transferência física de moedas. Dessa característica surge a necessidade de os bancos utilizarem o sistema de compensação mútua de seus débitos e créditos, sendo que é necessário para essas instituições manterem contas-correntes em moedas estrangeiras no exterior nos chamados bancos correspondentes.

A Figura 4.4 representa uma operação de fechamento de câmbio. Na parte inferior, uma empresa não financeira possui direito de receber dólares do exterior decorrente de uma exportação prévia ou de empréstimo internacional.

A parte superior representa a transferência dos dólares cuja origem é o importador no exterior ou um credor – o fornecedor de moeda estrangeira. A transferência é realizada para o beneficiário, que é a empresa no Brasil, na conta-corrente em dólares de titularidade de um banco no Brasil. Essa conta-corrente é mantida em um banco no exterior.

Como a transferência de moeda estrangeira é regulamentada, não há livre trânsito de moeda estrangeira no Brasil, entretanto o Bacen autoriza as instituições financeiras a manter contas-correntes em dólares para atender às necessidades de pagamento e recebimento de moeda estrangeira das empresas e indivíduos no Brasil.

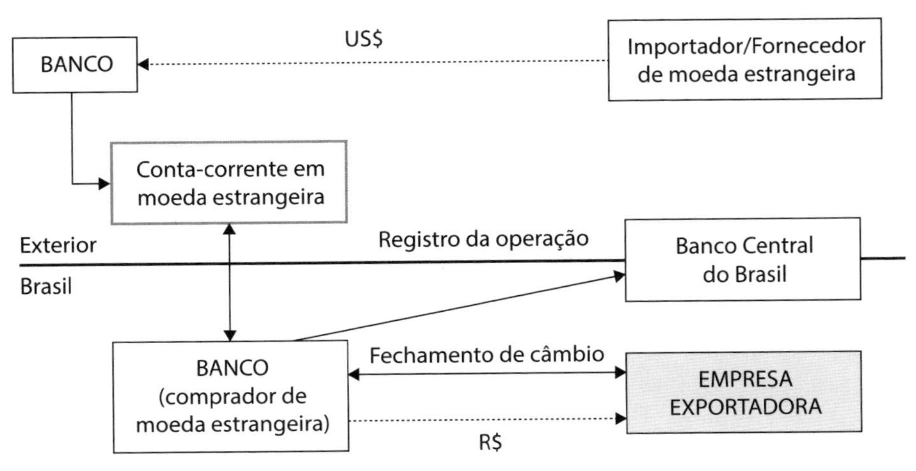

Figura 4.4 Exemplificação de operação de câmbio – visão de uma empresa exportadora.

No exemplo da Figura 4.4, a empresa no Brasil só terá acesso aos recursos financeiros quando ela fechar uma operação de câmbio com o banco no Brasil, pela qual o banco compra da empresa os dólares e entrega para ela os reais correspondentes pela taxa de câmbio praticada no mercado no momento da operação. Ao final da operação, os dólares que estavam na conta-corrente no exterior e eram de titularidade da empresa passam a ser de titularidade do banco no Brasil, mas continuam localizados no exterior. A empresa passa a ter o valor correspondente em reais do montante que era de sua titularidade em dólares.

A Figura 4.5 ilustra a necessidade da operação de câmbio atrelada a uma operação de importação realizada por uma empresa brasileira. Ao importar o produto/serviço de uma empresa exportadora do exterior, a importadora precisa recorrer a uma instituição autorizada pelo Bacen para conseguir realizar o pagamento em moeda estrangeira para a exportadora, uma vez que não pode haver movimentação desse tipo de moeda no mercado nacional. A instituição autorizada pelo Bacen, por sua vez, recorre ao seu banco correspondente para movimentar sua conta em moeda estrangeira e realizar o pagamento.

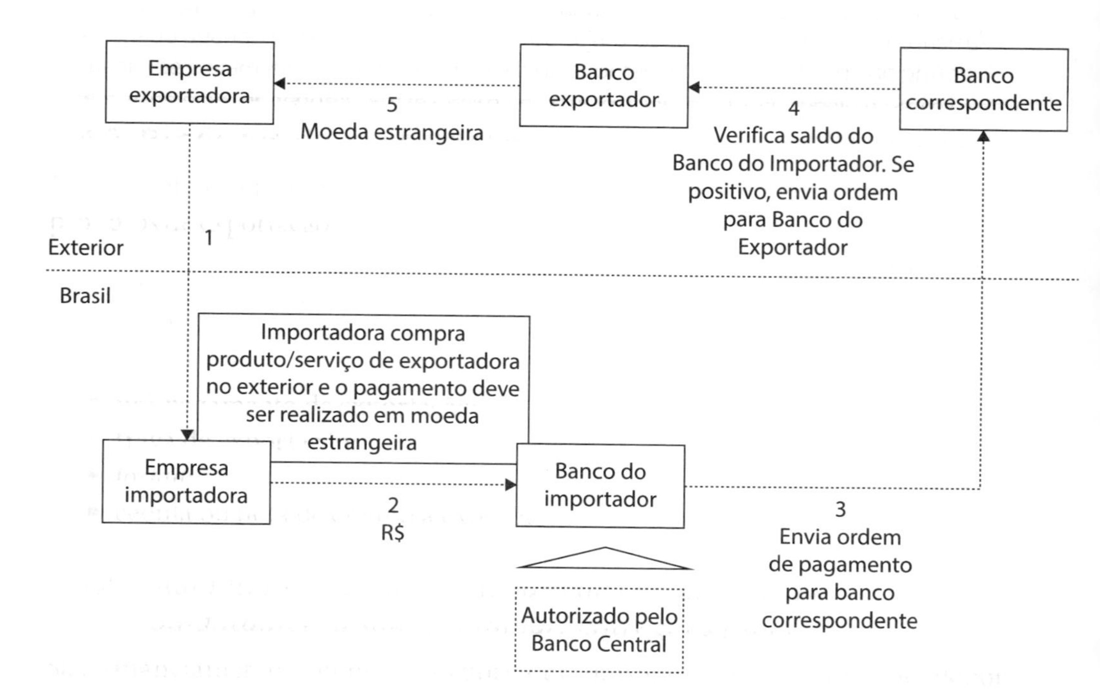

Figura 4.5 Exemplificação de operação de câmbio – visão de uma empresa importadora.

1. Uma empresa importadora em território nacional realiza compra de produtos ou serviços de uma empresa exportadora localizada fora do Brasil. Há a entrega desses produtos ou serviços para a empresa importadora, que deve realizar o pagamento para a empresa exportadora em moeda estrangeira.
2. Para realizar esse pagamento, a empresa importadora deve então procurar um banco autorizado pelo Bacen a operar no mercado de câmbio. A importadora realizará a transferência de reais correspondentes ao valor da moeda estrangeira para esse banco.
3. Devido à legislação brasileira, não é possível para os agentes do mercado de câmbio possuírem contas em moeda estrangeira dentro do Brasil. Desta forma, o banco do importador que recebeu a quantia em reais e que é autorizado pelo Bacen a operar enviará uma ordem de pagamento dessa quantia para seu banco correspondente no exterior, no qual deverá possuir uma conta-corrente nessa moeda estrangeira.
4. O banco correspondente verificará então o saldo da conta-corrente do banco do importador em moeda estrangeira. Sendo positivo, enviará a quantia correspondente em moeda estrangeira do pagamento para o banco do exportador.
5. O banco do exportador deverá depositar a quantidade recebida em moeda estrangeira na conta-corrente da empresa exportadora, finalizando o processo.

4.1.2 Regulação e fiscalização

A **Resolução nº 3.568 do CMN, de 29/5/2008,** estabelece a livre negociação entre os agentes autorizados a operar no mercado de câmbio e seus clientes na compra e venda de moeda estrangeira no Brasil.

De acordo com a norma, todas as operações de câmbio devem ser realizadas com instituições autorizadas pelo Banco Central a operar no mercado de câmbio no país. O Bacen pode autorizar a operar no mercado de câmbio: bancos múltiplos; bancos comerciais; caixas econômicas; bancos de investimento; bancos de desenvolvimento; bancos de câmbio; agências de fomento; sociedades de crédito, financiamento e investimento; sociedades corretoras de títulos e valores mobiliários; sociedades distribuidoras de títulos e valores mobiliários; e sociedades corretoras de câmbio.

Existem mais de 180 instituições financeiras autorizadas pelo Banco Central a operar nesse mercado e mais de 25 agências de turismo.

As operações de câmbio são formalizadas em um contrato de câmbio, que é registrado no **Sistema de Informações do Banco Central (Sisbacen)**, permitindo a identificação dos clientes, a natureza e o valor da operação, entre outras informações. Nas operações de até US$ 10.000,00, ou seu equivalente em outras moedas, é dispensada a formalização do contrato de câmbio, mas o agente de câmbio deve identificar o cliente.

Contrato de câmbio é o documento que formaliza a compra e venda de moeda estrangeira. Deve conter as condições da operação, identificação do comprador e vendedor e valor e taxa contratados.

SAIBA MAIS

A **Resolução nº 3.568 do CMN, de 29/5/2008,** dispõe sobre o mercado de câmbio e regula as instituições autorizadas pelo Bacen a operar nesse mercado, bem como as operações em moeda nacional entre residentes, domiciliados ou com sede no país e residentes, domiciliados ou com sede no exterior. Incluem-se no mercado de câmbio brasileiro as operações relativas a recebimentos, pagamentos e transferências do/para o exterior, mediante a utilização de cartões de uso internacional e de empresas facilitadoras de pagamentos internacionais, bem como as operações referentes às transferências financeiras postais internacionais, inclusive mediante vales postais e reembolsos postais internacionais.

LINKS

Acesse o *link* e conheça a Resolução nº 3.568 do CMN: https://www.bcb.gov.br/pre/normativos/busca/downloadNormativo.asp?arquivo=/Lists/Normativos/Attachments/47908/Res_3568_v9_L.pdf.

4.1.3 Abrangência do mercado cambial

O mercado de câmbio envolve todas as operações relacionadas aos:

- capitais estrangeiros no país; e
- capitais brasileiros no exterior.

O registro de todas essas operações permite ao Bacen o acompanhamento dos fluxos de ingresso e saída desses capitais, assim como o controle dos seus estoques: as reservas cambiais.

4.1.3.1 Capitais estrangeiros no Brasil

O dispositivo legal que ampara os capitais estrangeiros no Brasil ingressados em moeda estrangeira, bens e serviços é a Lei nº 4.131, de 1962. É possível, também, a realização de investimentos em moeda nacional, e no mercado financeiro e de capitais, ao amparo de outros instrumentos normativos. Os capitais estrangeiros devem ser registrados no Bacen de forma declaratória e individualizada, em moeda estrangeira ou nacional. O registro do capital estrangeiro ingressado no Brasil é feito por meio eletrônico, diretamente no Sisbacen, no sistema de Registro Declaratório Eletrônico (RDE).

Consideram-se capitais estrangeiros para os efeitos da Lei nº 4.131/1962 os bens, as máquinas e os equipamentos ingressados no Brasil que sejam destinados à produção de bens ou serviços, bem como os recursos financeiros ou monetários introduzidos no país para aplicação em atividades econômicas. Em ambas as hipóteses, referido capital deve pertencer a pessoas físicas ou jurídicas residentes, domiciliadas ou com sede no exterior.

4.1.3.2 Capitais brasileiros no exterior

As aplicações no exterior por pessoa física ou jurídica residente, domiciliada ou com sede no Brasil são livres, desde que apresentada a fundamentação econômica e definidas as responsabilidades.

Esses capitais estão sujeitos à declaração periódica ao Bacen. De acordo com a Resolução nº 3.854/2010, as pessoas físicas e jurídicas residentes, domiciliadas ou com sede no Brasil, que possuam valores de qualquer natureza, ativos em moeda, bens e direitos fora do território nacional, em valor superior ao equivalente a US$ 100.000,00 devem declará-los, anualmente, ao Bacen. Sem prejuízo à declaração anual descrita acima, são obrigados a realizar declaração trimestral ao Banco Central do Brasil residentes no país que detenham, no exterior, montante superior ao equivalente a US$ 100.000.000,00.

4.1.4 Política cambial

A política cambial é o conjunto de medidas adotado pela autoridade monetária visando ao controle das reservas de moedas e da flutuação das cotações, com objetivo de manter a participação equilibrada das operações financeiras e comerciais do país no mercado externo. A política cambial adotada está fortemente ligada a política monetária e à política de crédito de uma economia. Por exemplo, quando ocorrer uma entrada muito significativa de moeda estrangeira, esses recursos serão convertidos em reais, aumentando a base monetária e a liquidez da economia, alimentando a inflação. Por outro lado, a política monetária, ao elevar os juros da economia, pode atrair recursos do exterior e, com isso, controlar a taxa cambial. Os diferentes segmentos do mercado financeiro interagem.

Alguns fatores que interferem na política cambial de um país e na formação das taxas cambiais são identificados a seguir:

- **Nível das reservas do país**

Reservas são aplicações do país em contas ou títulos no exterior. As reservas cambiais são necessárias para que um país possa honrar seus compromissos no exterior. Se as reservas estiverem baixas, a autoridade monetária, através do Bacen, pode adotar medidas de restrições à saída de moeda estrangeira, incentivar o aumento das exportações e inibir as importações. Essas medidas acabarão por influenciar as taxas cambiais.

- **Liquidez da economia e restrições ao crédito**

Em épocas de aperto de liquidez e maior restrição ao crédito no mercado local, os exportadores tendem a antecipar a liquidação das vendas externas e importadores procuram adiar a compra de moeda. Se essas decisões aumentarem a oferta de moeda estrangeira, poderão provocar a redução da taxa de câmbio.

- **Desempenho do balanço de pagamentos do país**

O fluxo internacional de divisas pode provocar momentos de escassez ou excesso de recursos, influenciando a formação da taxa de conversão das moedas.

- **Desempenho da balança comercial**

Com intuito de melhorar os resultados da balança comercial do país, a autoridade monetária pode criar incentivos à exportação e restrições às importações, e essas medidas também interferem na formação das taxas cambiais.

- **Expectativa de inflação e taxa de juro**, domésticas e internacionais, também interferem na taxa de câmbio.

■ **Controle do Banco Central**

Com o objetivo de manter a paridade cambial, o Bacen pode interferir na formação das taxas. Essa intervenção se dá principalmente na compra e venda de moeda estrangeira.

FIQUE ATENTO

As taxas de câmbio oscilam em razão de inúmeros fatores, sendo impossível prever sua trajetória. Apesar de se conhecerem as variáveis que interferem na formação da taxa cambial, não há um modelo para estimativas da evolução futura das taxas. A formação das cotações obedece às forças de mercado – compra e venda –, mas também está exposta a eventos imponderáveis como acidentes naturais, ataques terroristas etc.

O desconhecimento do comportamento futuro de variáveis imponderáveis que influenciam as taxas cambiais traz um componente de risco para todas as operações que envolvem troca de moedas, sejam posições ativas (comprado em moeda estrangeira) sejam posições passivas (vendido em moeda estrangeira).

Como se processa a atuação do Banco Central no mercado cambial?

O Banco Central intervém na formação das taxas cambiais, comprando e vendendo moeda. Essas intervenções visam manter a taxa em patamar adequado ao funcionamento da economia e às necessidades dos agentes econômicos, considerado os reflexos da taxa cambial sobre a inflação, sobre as contas externas e manutenção das reservas.

Ao comprar dólares, o Bacen coloca reais em circulação no sistema financeiro. O aumento de liquidez pode causar reflexos como queda na taxa de juros e elevação de inflação. Ao comprar dólares, o Bacen pode estar evitando que o real fique sobrevalorizado, situação que prejudica os exportadores.

O movimento contrário, quando o Bacen atua vendendo dólares, pode limitar uma eventual alta da moeda estrangeira, situação que prejudica os importadores.

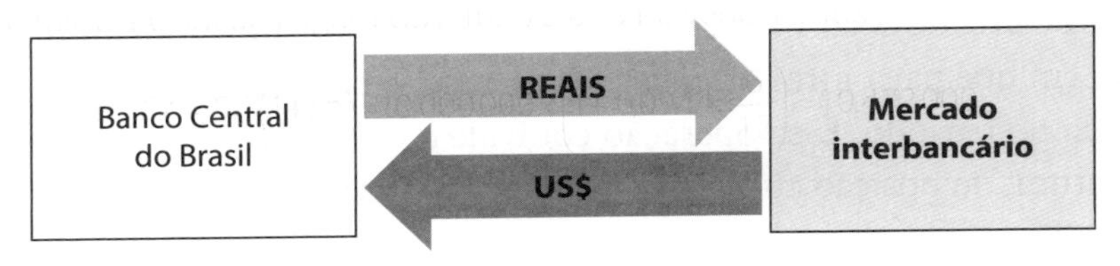

Figura 4.6 Bacen compra dólares.

Figura 4.7 Bacen tira reais do sistema financeiro.

Ao colocar títulos públicos, o Bacen tira reais do sistema financeiro e reduz a liquidez da economia. Os dólares comprados pelo Bacen são aplicados no exterior a taxas internacionais de mercado, fortalecendo as reservas nacionais. Esse aumento de reservas tem um custo financeiro, porque, em sua maior parte, os títulos colocados no mercado local pagam Selic, uma taxa superior às taxas de juros do mercado internacional.

Outra forma de atuar no mercado cambial utilizada pelo Bacen é o *swap* cambial.

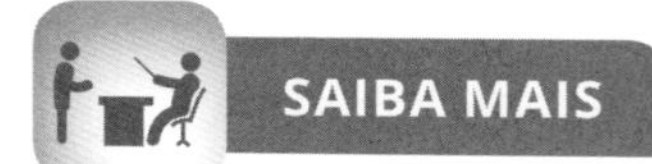

SAIBA MAIS

Swap é toda operação em que aplicadores trocam de posições anteriormente assumidas.

***Swap* cambial:** um contratante assume o compromisso de pagar a outro o resultado da variação cambial verificada em determinado período, recebendo pagamento em função do juro considerado.

Para conter a valorização do dólar, em um momento de elevada demanda por moeda estrangeira, o Bacen vende o **contrato de *swap* cambial,** em que paga ao aplicador (comprador) a variação cambial verificada no período e recebe montante do juro. Essa operação equivale à VENDA de dólar para liquidação futura, ou posição vendida no mercado futuro.

Para conter a desvalorização do dólar (apreciação do real) ou nos momentos de elevada oferta de dólar no mercado, o Bacen vende o **contrato de *swap* cambial reverso**, em que paga juros ao investidor e recebe em troca a variação cambial verificada no período. Essa operação equivale à COMPRA de dólar para liquidação futura, ou posição comprada no mercado futuro.

Ao realizar uma operação de *swap* cambial para atuar no controle da cotação do dólar, o Bacen assume uma posição vendida em dólar e comprada em

Quadro 4.1 Resumo dos resultados de posicionamento cambial

	Comprado em dólar	**Vendido em dólar**
Dólar sobe	Resultado Positivo +	Resultado Negativo –
Dólar cai	Resultado Negativo –	Resultado Positivo +

Selic, o que equivale a vender dólares e investir na taxa Selic. Nessa posição, o Bacen ganha se a cotação do dólar cair e perde se a cotação do dólar subir, sendo que a contraparte dessa posição, as instituições financeiras que desejam posicionar-se compradas em dólar, perdem se a cotação do dólar cair e ganham se a cotação do dólar subir, conforme representado no Quadro 4.1.

Os componentes de uma operação de *swap* cambial são:

- quantidade contratos: denominada em dólares;
- data de início: data inicial da operação;
- data de vencimento: data em que o resultado da operação é pago pela parte perdedora para a parte vencedora;
- taxa: refere-se à taxa de juros em dólares expressa na forma linear.

A taxa de juros é a taxa de cupom cambial que, somada à variação cambial, será o ganho da parte posicionada comprada em dólares. Para melhor compreensão dessa taxa, considere um investidor que contratou uma dívida em dólares à taxa de juros linear (o cupom cambial) e aplicou os recursos em reais em uma operação que remunera a taxa Selic.

SAIBA MAIS

Cupom cambial: é a taxa que expressa a diferença entre a taxa referencial de juro (p. ex., Selic ou CDI) e a variação cambial de um determinado período.

O cupom cambial é comparável à taxa real de juro de qualquer título referenciado em moeda nacional, um prêmio acima da inflação.

O cupom cambial tende a aumentar quando o cenário econômico indica valorização do dólar, ou seja, elevação do risco de desvalorização da moeda local (real). Nesse cenário, a taxa de juro precisa aumentar para manter atraente o juro referenciado da dívida.

Exemplo de uma operação de *swap* cambial:
Quantidade de contratos: 10.000
Data inicial: 1/3/2018
Data de vencimento: 1/10/2018
Prazo da operação: 214 dias
Cotação do dólar na data Inicial: R$/US$: 3,50
Taxa do *swap*: 6,5% a.a.

Representação da operação

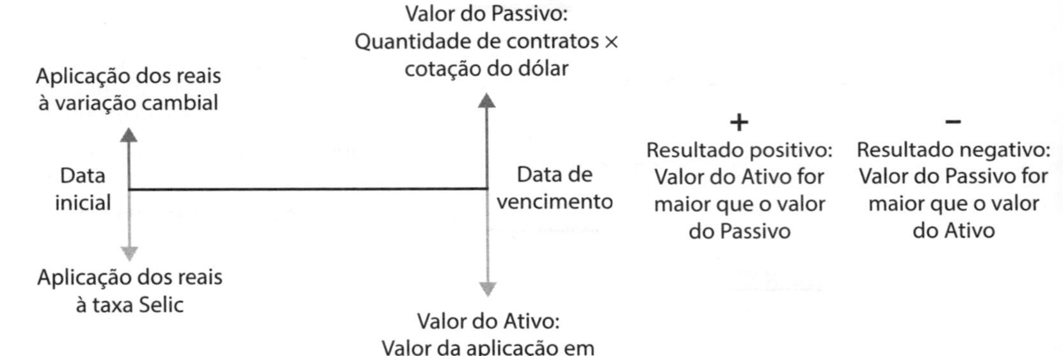

Figura 4.8 Posição do Bacen no *swap* cambial.

Resultado da operação

Cenário 1:
Cotação do dólar na data de vencimento: R$/US$: 4,00
Taxa Selic do período da operação: 4% a.p.

1. Cálculo da posição em dólares
Quantidade de dólares na data inicial: US$ 9.627,98
Valor em reais na data inicial: R$ 33.697,95

$$\text{Valor da operação em dólares} = \frac{10.000}{\left(1+0{,}065\times\dfrac{214}{360}\right)} = 9.627{,}98$$

Quantidade de dólares na data final: US$ 10.000
Valor em reais na data final: R$ 40.000,00

Como o Bacen está vendido em dólares na data de vencimento, o valor devido por ele é de R$ 40.000,00. A instituição comprada em dólares na data de vencimento tem o direito de receber os R$ 40.000,00.

2. Cálculo da posição em reais

A posição ativa do Bacen equivale ao valor em reais da data inicial corrigido pela taxa Selic do período da operação e, então, o valor a ser recebido pelo Bacen é de R$ 35.045,86. A instituição vendida em reais deverá pagar esse valor ao Bacen na data de vencimento.

Como o Bacen deve pagar R$ 40.000 e receber R$ 35.045,86, a liquidação da operação se faz pela diferença, sendo que neste exemplo o Bacen deve pagar para a instituição contraparte da operação o valor de R$ 4.954,13.

Cenário 2:

Cotação do dólar na data de vencimento: R$/US$: 3,45
Taxa Selic do período da operação: 4% a.p.

1. Cálculo da posição em dólares

Quantidade de dólares na data inicial: US$ 9.627,98
Valor em reais na data inicial: R$ 33.697,95

$$\text{Valor da operação em dólares} = \frac{10.000}{\left(1+0,065\times\dfrac{214}{360}\right)} = 9.627,98$$

Quantidade de dólares na data final: US$ 10.000
Valor em reais na data final: R$ 34.500

Como o Bacen está vendido em dólares na data de vencimento, o valor devido por ele é de R$ 34.500. A instituição comprada em dólares na data de vencimento tem o direito de receber os R$ 34.500.

2. Cálculo da posição em reais

A posição ativa do Bacen equivale ao valor em reais da data inicial corrigido pela taxa Selic do período da operação. Então, o valor a ser recebido pelo Bacen é de R$ 35.045,86. A instituição vendida em reais deverá pagar esse valor ao Bacen na data de vencimento.

Como o Bacen deve pagar R$ 34.500 e receber R$ 35.045,86, a liquidação da operação se faz pela diferença, sendo que neste exemplo o Bacen deve receber da instituição contraparte da operação o valor de R$ 545,86.

4.1.5 Risco cambial

Risco cambial é a possibilidade de resultado desfavorável decorrente da exposição à desvalorização de moeda.

As operações comerciais e financeiras cujo resultado está sujeito a oscilações desfavoráveis das taxas cambiais são operações com risco cambial.

Para o agente econômico que assumiu uma **posição ativa**, ou seja, está comprado em dólar, por exemplo, o risco é que haja uma valorização cambial, ou seja, apreciação do real e queda do valor do ativo em dólar.

Inversamente, para o agente econômico que assumir uma **posição passiva**, ou seja, fique vendido em dólar, o risco será o de desvalorização cambial, ou seja, o aumento do valor do dólar em relação ao real. Nesse caso, no vencimento da dívida em dólares estará devendo mais reais.

Assim como quem assume posições ativas ou passivas, quem tem receitas ou custos em moeda estrangeira também estará exposto ao risco cambial. É o caso de importadores e exportadores. A variação de moedas entre a data da operação e a efetiva troca de moedas pode influenciar o resultado da operação. Para o exportador, o risco cambial será a eventual valorização do real. As receitas de vendas externas se converterão em menos reais. Inversamente, para o importador, o risco cambial será a desvalorização do real.

Muitas das operações realizadas no mercado de câmbio envolvem também o **risco de crédito**. Como já explicado, os agentes do mercado financeiro atuam simultaneamente nos diversos segmentos do mercado e, em muitas situações, ao contratar produtos e serviços, assumem simultaneamente o risco cambial e o risco de crédito.

EXEMPLO

Uma empresa que tome recursos no mercado externo, assumindo dívida indexada à moeda estrangeira, ficará exposta ao risco cambial e terá perdas se ocorrer uma desvalorização cambial. Considere uma empresa que contrate dívida de US$ 100,000 no mês de junho de determinado ano. Na contratação, a taxa era de US$ 1,00 = US$ 2,50, portanto a dívida entraria por R$ 250.000 no balanço da empresa.

Suponha que até o encerramento do balanço em 31 de dezembro tenha ocorrido uma desvalorização cambial e a taxa esteja em US$ 1,00 = R$ 3,00. A dívida dessa empresa passará a R$ 300.000 e essa diferença de R$ 50.000 deverá ser reconhecida como despesa financeira de variação cambial, reduzindo o resultado do período.

Observe que essa variação cambial incide sobre o principal da dívida. Neste exemplo, não são considerados os juros da operação, que, por incidirem sobre o valor corrigido, também serão maiores.

O exemplo a seguir ilustrará o efeito sobre as despesas financeiras.

EXEMPLO

Para ilustrar a importância da valorização cambial na formação do resultado, considere que determinada empresa possui em seu passivo duas linhas de financiamento:

		Valor da dívida no último dia do exercício social
Financiamento em moeda nacional	IPCA mais juros de 14% ao ano	R$ 10.000
Financiamento em moeda estrangeira	Variação cambial (US$) mais juros de 12% ao ano	R$ 15.000

Ambas as linhas são pós-fixadas, isto é, o custo efetivo será calculado posteriormente, após se conhecer a variação do IPCA e a variação cambial do período. Para estimar o total de encargos financeiros dessa empresa, devemos considerar alguns cenários para o IPCA e o câmbio. Neste caso, para concentrarmos nosso estudo em variação cambial, os três cenários propostos fixaram a variação do IPCA em 6%. No cenário 1, estima-se uma valorização cambial de 5% no ano e, nos cenários 2 e 3, estimam-se desvalorizações de 10 e 20%, respectivamente. Os juros são calculados sobre o valor corrigido.

	Cenário 1	Cenário 2	Cenário 3
	IPCA = 6% Variação Cambial = - 5%	IPCA = 6% Variação Cambial = 10%	IPCA = 6% Variação Cambial = 20%
Encargos do financiamento em moeda nacional	Valor Corrigido = 10.000 x 1,06 = 10.600 Juros = 10.600 x 0,14 = 1.484	Valor Corrigido = 10.000 x 1,06 = 10.600 Juros = 10.600 x 0,14 = 1.484	Valor Corrigido = 10.000 x 1,06 = 10.600 Juros = 10.600 x 0,14 = 1.484
Encargos do financiamento em moeda estrangeira	Valor Corrigido = 15.000 x 0,95 = 14.250 Juros = 14.250 x 0,12 = 1.710	Valor Corrigido = 15.000 x 1,10 = 16.500 Juros = 16.500 x 0,12 = 1.980	Valor Corrigido = 15.000 x 1,20 = 18.000 Juros = 18.000 x 0,12 = 2.160
Total de encargos financeiros do ano	**1.484 + 1.710 = R$ 3.194**	**1.484 + 1.980 = R$ 3.464**	**1.484 + 2.160 = R$ 3.644**

Taxas de juros após o efeito da variação cambial:

	Cenário 1	Cenário 2	Cenário 3
	IPCA = 6% Variação Cambial = - 5%	IPCA = 6% Variação Cambial = 10%	IPCA = 6% Variação Cambial = 20%
Taxa de juros – moeda nacional	1.484 / 10.000 = 14,84%	1.484 / 10.000 = 14,84%	1.484 / 10.000 = 14,84%
Taxa de juros – moeda estrangeira	1.710 / 15.000 = 11,40%	1.980 / 15.000 = 13,20%	2.160 / 15.000 = 14,40%
Taxa de juros efetiva	3.194 / 25.000 = 12,78%	3.464 / 25.000 = 13,86%	3.644 / 25.000 = 14,58%

O exemplo 2 ilustra, portanto, o efeito da variação cambial sobre os encargos da dívida. No cenário 1, com valorização cambial de 5%, a empresa teria encargos totais de R$ 3.194 e um custo efetivo de dívida de 12,78%. No cenário 2, considerando desvalorização cambial de 10% no ano, os encargos passariam a R$ 3.464, elevando o custo efetivo para 13,86%. E no cenário 3, que se apresenta como mais desfavorável entre os cenários considerados, as despesas financeiras atingiriam R$ 3.644, com custo efetivo de 14,58%.

A crescente integração de mercados internacionais e o crescimento das relações comerciais entre os países têm levado a um crescimento dos mercados de moedas e, consequentemente, a um crescimento do risco cambial para os agentes econômicos e instituições financeiras em todo o mundo. Atentas ao movimento, e buscando obter resultados com a volatilidade das moedas, essas instituições vêm desenvolvendo produtos e serviços e propondo alternativas de investimento ou financiamento que convivem com o risco cambial.

Se, por um lado, a volatilidade de taxas cambiais pode proporcionar perdas e requer cuidados e medidas de proteção ao risco, por outro lado as instituições financeiras desenvolvem uma vasta gama de produtos para assumir tais riscos e obter ganhos com essa volatilidade.

Algumas operações de proteção ao risco são chamadas de ***hedge* cambial.** O mercado de derivativos desenvolve vários produtos e serviços que oferecem essa proteção ao risco cambial assumido – mercado de *hedging*.

SAIBA MAIS

***Hedge* cambial:** é uma operação especialmente contratada para produzir proteção contra o risco cambial, ou seja, uma operação que possibilita a redução das perdas que poderia decorrer da flutuação de moedas. Em geral, consiste na assunção de uma posição contrária à posição do risco, em quantidade igual da moeda pelo mesmo prazo. Por exemplo, uma empresa que tem uma dívida em dólar (um passivo) e não deseja correr o risco de desvalorização cambial pode contratar como *hedge* uma compra de ativo na moeda, pelo mesmo prazo. Nesse caso, uma eventual perda com a posição passiva seria compensada pelo ganho cambial no ativo.

4.2 FUNCIONAMENTO DO MERCADO CAMBIAL

4.2.1 Histórico da política cambial

A política monetária e fiscal de um país define qual será a política cambial adotada.

Na década de 1980, com a implantação do Sistema Banco Central de Informações (Sisbacen) e do Sistema Integrado de Comércio Exterior (Siscomex), o Banco Central passou a exigir que os bancos registrassem diretamente nos sistemas, de forma individualizada, cada embarque/desembaraço e contrato de câmbio.

Nesse período, predominou o **mercado de taxas administradas** de câmbio, isto é, as taxas eram fixadas pelo Bacen e variavam em minidesvalorizações. Eram característicos da década de 1980:

- controle cambial rígido e monopólio de câmbio;
- limites e vedações nas vendas de moeda estrangeira pelos bancos;
- encargo financeiro na compra de moeda estrangeira e de passagens internacionais;
- necessidade de autorização do Bacen para a maioria das operações de câmbio;
- mercado "paralelo" com substancial elevação do ágio e motivação para prática de ilícitos e fraudes cambiais.

O processo de flexibilização do mercado de câmbio no Brasil começou com a criação do **mercado de câmbio de taxas flutuantes, em 1988**. A partir do início de seu funcionamento, no ano seguinte, passou a ser possível aos residentes no Brasil, inclusive exportadores, constituir disponibilidade no exterior, por meio de operações internacionais em moeda nacional e com intermediação de instituições financeiras do exterior. No mercado de taxas flutuantes, moedas estrangeiras podiam ser negociadas por preços e condições livremente pactuadas, sem intervenção direta do Bacen. Informalmente conhecidas por "dólar turismo", eram destinadas a viagens internacionais (turismo, cartões de crédito, tratamento de saúde), transferências unilaterais (doações, manutenção de residentes, patrimônio), pagamento e recebimento de serviços (passe de atletas, vencimentos, ordenados), operações com ouro e outras contas.

Em 1990, a Resolução nº 1.690 criou o **Mercado de Câmbio de Taxas Livres** que substituiu o Mercado de Câmbio de Taxas Administradas. Passou a ser permitida a negociação de divisas à taxa de câmbio livremente pactuada entre os agentes e a possibilidade de o Bacen realizar operações de compra e venda no mercado interbancário para liquidação no segundo dia útil.

Até 1998, embora existissem dois mercados de câmbio com características de livre negociação da taxa de câmbio, havia interferência indireta da Autoridade Monetária na formação da taxa de câmbio. Em janeiro de 1999, foi implantado o regime de livre flutuação da taxa de câmbio, de forma efetiva.

A partir de 2005, com melhores condições nas reservas cambiais, um conjunto de normas do Bacen trouxe graduais medidas modernizadoras e simplificadoras na área cambial, com destaque para a unificação dos mercados de câmbio.

Em resumo, três formas de atuação têm caracterizado a política cambial, isto é, a forma de fixação das cotações de moeda no Brasil:

- **Câmbio fixo:** situação em que o governo define a cotação do real em relação à moeda estrangeira. Para manter o valor fixado, a autoridade monetária é obrigada a intervir constantemente comprando ou vendendo moeda. Se, por um lado, proporciona maior previsibilidade dos agentes econômicos quanto à paridade cambial, por outro lado exige a manutenção de grande volume de reservas internacionais.
- **Sistema de bandas cambiais:** essa situação ocorreu no Brasil de 1994 a 1999. Ao invés de fixar uma determinada cotação, o Banco Central fixava a relação real × US$ dentro de uma faixa de câmbio, denominada **banda cambial** ou câmbio atrelado. Essa política também exige constante intervenção da autoridade monetária e a manutenção de reservas internacionais.
- **Câmbio flutuante:** situação em que a compra e venda de moeda funciona sem uma taxa fixada pelo governo e, consequentemente, o valor das moedas estrangeiras flutua de acordo com a oferta e a demanda no mercado. Esse sistema foi adotado no Brasil a partir de 1999. O câmbio volátil traz ingrediente de risco aos agentes financeiros, especialmente os que atuam no comércio exterior.

Qual a situação atual no Brasil?

Desde março de 2005, vigora no Brasil o Regulamento do Mercado de Câmbio e Capitais Internacionais(RMCCI), que unifica as normas: (a) do Mercado de Câmbio de Taxas Livres (MCTL) – o chamado câmbio "comercial"; (b) do Mercado de Câmbio de Taxas Flutuantes (MCTF) – o chamado câmbio "turismo"; (c) do mercado de transferências internacionais de reais; (d) do mercado de operações com outro instrumento cambial; e (e) dos capitais brasileiros no exterior e capitais estrangeiros no Brasil.

A troca de moedas observa duas faixas de cotações: o câmbio comercial e o câmbio turismo.

Câmbio comercial

Reflete a relação de compra e venda de moedas oriundas das operações de exportação, importação de produtos e serviços, frete, comissão de agente, emissão de títulos de dívida internacional, pagamento de juros de financiamentos, ingresso de capital, remessa de dividendos e *royalties*, operações financeiras efetuadas por pessoa jurídica e transações no mercado interbancário de moedas.

Câmbio turismo

O câmbio turismo ou dólar turismo é a cotação utilizada para compra e venda de moeda estrangeira nas atividades de turismo e gastos pessoais em viagens, pagamento de despesas referentes a estudos, congressos, competições esportivas, tratamento médico etc.

SAIBA MAIS

O que é o câmbio paralelo?

As expressões "câmbio paralelo" ou "dólar paralelo" referem-se às operações de compra e venda de moeda fora das entidades autorizadas pelo Bacen a operar câmbio. É um mercado ilegal, também chamado de "*black*" ou "mercado negro". As pessoas físicas e jurídicas que atuam nesse mercado são passíveis de autuação.

LINKS

Acesse o *link* para conhecer com mais detalhe o histórico da política cambial no Brasil e as principais normas que vêm regulamentando o mercado de câmbio:
http://www.bcb.gov.br/rex/LegCE/Port/Ftp/Medidas_Simplificacao_Area_de_Cambio.pdf

4.2.2 Taxas de câmbio

Conhecidos os fatores que influenciam a política cambial, pode-se afirmar que, no curto prazo, a formação de taxas de câmbio mantém relação com as taxas de juros das respectivas economias. Nos prazos médio e longo, as taxas oscilam em função das expectativas de desempenho econômico, do risco político e do fluxo internacional de investimentos.

As taxas cambiais se formam por ação dos agentes de mercado e são influenciadas pelo cenário econômico, por atuação das autoridades monetárias e oferta e demanda de divisa.

Taxa de câmbio é o preço da moeda estrangeira em moeda nacional. É o valor e troca entre duas moedas.

Por exemplo, a taxa de câmbio entre o real (R$) e o dólar (US$) pode ser expressa de duas formas:

US$ 1,00 = R$ 2,94 ou
R$ 1,00 = US$ 0,34

Ou seja, são necessários R$ 2,94 para adquirir um dólar norte-americano.

Taxa *spot* é a taxa negociada quando a troca física de reais por moeda estrangeira (ou vice-versa) ocorre à vista. O mercado à vista de câmbio é chamado *mercado spot* ou **câmbio pronto**. A operação de câmbio pronta é a operação a ser liquidada em até dois dias úteis a partir da data de contratação (D + 2).

Ptax é uma taxa de câmbio calculada durante o dia pelo Banco Central. Consiste na média das taxas informadas pelos *dealers* de dólar durante quatro momentos do dia. Essa coleta de dados é automática e eletrônica, e ocorre em todos os dias úteis. As taxas PTAX de compra e de venda do dia corresponderão, respectivamente, às médias aritméticas das taxas de compra e das taxas de venda obtidas nas consultas aos *dealers*. A Ptax é, portanto, a taxa utilizada pelo Bacen para divulgar a cotação média ponderada dos contratos de câmbio realizados em determinada data.

Taxa de câmbio real

É a taxa deflacionada pela relação entre a inflação interna e a externa. Essa taxa é bastante utilizada para avaliar a competitividade dos produtos nacionais em relação aos estrangeiros.

A taxa de câmbio de duas moedas em ambiente de inflação deve ser corrigida pelo quociente das taxas de inflação desses dois mercados. A taxa de câmbio real pode ser calculada da seguinte forma:

$$\text{Taxa}_{\text{Real}} = \frac{\left(1+\text{Taxa}_{\text{Nominal}}\right)}{\dfrac{\left(1+Inf_{\text{int.}}\right)}{\left(1+Inf_{ext.}\right)}} - 1$$

Por exemplo, suponha que em determinado período a taxa de desvalorização cambial nominal tenha sido de 15%. Nesse mesmo período, a inflação no mercado doméstico foi de 7% e a inflação no mercado norte-americano foi de 3%. A taxa real de desvalorização cambial foi, portanto, 10,7%.

$$\text{Var. Taxa}_{\text{Real}} = \frac{(1 + \text{Var. Taxa}_{\text{Nominal}})}{\frac{(1 + Inf_{\text{int.}})}{(1 + Inf_{ext.})}} - 1 = \frac{1{,}15}{\frac{1{,}07}{1{,}03}} - 1 = 0{,}107 = 10{,}7\%$$

Ainda com os dados do exemplo anterior, supondo que a paridade atual seja US$ 1,00 = R$ 3,00, qual seria a taxa de câmbio corrigida pela inflação?

$$\text{Taxa}_{\text{Real}} = \frac{(\text{Taxa}_{\text{Nominal}})}{\frac{(1 + Inf_{\text{int.}})}{(1 + Inf_{ext.})}} = \frac{3{,}00}{\frac{1{,}07}{1{,}03}} = \text{R\$ } 2{,}888$$

Taxa *forward* é a taxa negociada para a entrega física de moedas ocorrer em data futura, geralmente em mais de um mês. Câmbio para liquidação futura é a operação a ser liquidada em prazo superior a dois dias úteis.

Operação cambial futura

Na operação cambial futura a negociação de moeda ocorre no presente, com definição de preço e prazo futuro de entrega. A troca física de moeda ocorrerá no futuro. Essa possibilidade de negociação de moeda para entrega futura, definindo previamente a taxa, torna-se um importante mecanismo de proteção contra o risco cambial.

EXEMPLO

Determinado importador tem dívida em dólar para liquidar em 90 dias. Tem duas alternativas para liquidar essa dívida:

- Aguardar esse prazo de 90 dias, assumindo o risco da variação cambial. Se nesse período ocorrer uma desvalorização cambial, no vencimento o importador precisará de mais reais para liquidar a dívida em dólares.
- Para não correr o risco cambial, esse importador poderá hoje comprar dólar no **mercado cambial futuro**, definindo a taxa e não assumindo o risco cambial.

EXEMPLO

Exportador tem dólares a receber em 120 dias decorrentes de venda externa. Esse exportador pode:

- Aguardar esse prazo assumindo o risco da variação cambial. Se no período ocorrer valorização cambial, no vencimento receberá menos reais, podendo registrar prejuízo na venda.
- Para não correr o risco cambial, esse exportador poderá hoje vender dólar no mercado cambial futuro, definindo a taxa e não assumindo o risco cambial.

4.2.3 Paridade cambial

O dólar é a divisa internacional utilizada para as operações de importação e exportação. Porém, muitas vezes, nas transações comerciais, uma terceira divisa, como euro (€) ou iene japonês (¥), são envolvidos nas negociações.

Por exemplo, admita que em determinada data:

US$ 1,00 = R$ 2,94

US$ 1,00 = ¥ 114,28

A cotação do real em relação ao iene será:

Taxa = 2,94 / 114,28 = 0,0257

¥ 1,00 = R$ 0,0257

Valorização cambial

A valorização cambial ocorre quando há um aumento do poder de compra do real em relação ao dólar.

Exemplo de valorização cambial:
No ano de 2016 houve uma valorização cambial do real. O ano iniciou com o dólar cotado a R$3,95 reais e encerrou cotado a R$3,25. Ou seja, no início do ano, R$1,00 comprava US$0,253 e no fim do ano comprava um pouco mais.

31/12/2015	31/12/2016
US$ 1,00 = R$ 3,95	**US$ 1,00 = R$ 3,25**
R$ 1,00 = US$ 0,253	R$ 1,00 = US$ 0,308

O cenário de valorização cambial é desfavorável aos exportadores pois, quando são convertidos os dólares gerados nas vendas externas, obtêm-se menos reais. Por outro lado, é uma situação bastante favorável aos importadores e aos devedores em moeda estrangeira – precisarão de menos reais para liquidar suas dívidas.

Desvalorização cambial

É o movimento inverso, ou seja, quando ocorre uma redução do poder de compra e com um dólar podem-se comprar mais reais.

Exemplo de desvalorização cambial:
No ano de 2015 houve uma desvalorização cambial do real. O ano começou com o dólar cotado a 2,66 reais e encerrou cotado a R$ 3,95. Ou seja, no início do ano, R$ 1,00 comprava US$ 0,376 e no fim do ano comprava menos.

31/12/2014	31/12/2015
US$ 1,00 = R$ 2,66	**US$ 1,00 = R$ 3,95**
R$ 1,00 = R$ 0,376	R$ 1,00 = US$ 0,253

O cenário de desvalorização cambial favorece aos exportadores e beneficia os resultados da balança comercial do país. Por outro lado, é bastante punitivo aos importadores e aos devedores em moeda estrangeira. Como muitos insumos industriais são importados, longos períodos de desvalorização cambial acabam por provocar repasses desses custos nos preços locais, com impacto inflacionário.

EXEMPLO

Sendo US$ 1,00 = R$ 3,25, pede-se calcular:
a) Quantos reais podem ser trocados por US$ 100.000?
b) Quantos dólares podem ser adquiridos com R$ 65.000?

Respostas:
a) R$ 325.000
b) US$ 20.000

SAIBA MAIS

Você já ouviu falar no Índice Big Mac?

Elnur | iStockphoto

O *Big Mac Index* foi criado em 1986 e é calculado semestralmente e divulgado pela revista inglesa *The Economist*. Como os ingredientes do famoso sanduíche e os procedimentos de preparação são os mesmos em diversos países, esse índice considera o preço do Big Mac em mais de 100 países, e com isso mede a valorização ou desvalorização de uma moeda em relação ao dólar.

Arbitragem cambial

É uma operação que permite obter um ganho no mercado cambial, praticamente sem assumir riscos, negociando moedas em diferentes mercados.

A possibilidade de arbitragem cambial ocorre quando, momentaneamente se registram diferenças de cotações em diferentes centros financeiros. O operador de câmbio passará uma ordem de compra ao mercado onde a cotação for mais baixa e, simultaneamente, uma ordem de venda onde o preço estiver mais alto, apurando um ganho nessa operação, praticamente sem assumir riscos. Por exemplo, adquirir euros em Nova York e simultaneamente vender euros no mercado europeu apurando ganho com a diferença de taxas.

4.3 PARTICIPANTES DO MERCADO CAMBIAL

As operações de câmbio são realizadas entre bancos, corretores, distribuidores e outros agentes especialmente autorizados. Essas instituições são denominadas **operadores de câmbio**.

As **corretoras de câmbio** fazem a ligação entre os operadores e os agentes econômicos que realizam as operações, e prestam todo o suporte necessário sobre taxas, documentação, prazos e tributação desse mercado.

As operações no interbancário cambial têm três principais motivações:

- Arbitragem: operadores visam a possibilidade de ganho com atuação em dois diferentes mercados simultaneamente.
- Especulação: operadores visam a possibilidade de ganho ao antecipar um movimento futuro do mercado cambial. Por exemplo, compra de moeda, assumindo risco cambial, ao prever uma alta no futuro.
- *Hedging*: operadores visam a proteção para o risco cambial. São operações para minimizar perdas cambiais.

Os **compradores** de moeda estrangeira estão os importadores, os investidores internacionais, as empresas estrangeiras localizadas no país que desejem remeter juros ou dividendos, os devedores em contratos no exterior que remetem periodicamente juros e o principal da dívida, os turistas e os viajantes em geral.

Os **vendedores** de moeda estrangeira estão os exportadores e as empresas que contratam operações de crédito ou emitem título no exterior e os turistas que visitam o país.

4.3.1 *Dealers*

No Brasil, *dealers* de mercado aberto são as instituições financeiras que servem ao Banco Central como intermediários da sua atuação no mercado aberto e que têm como função a regulação da liquidez no mercado financeiro. Os *dealers* são, portanto, as instituições credenciadas a participar de leilões informais de títulos e têm por obrigação informar os demais bancos sobre esses leilões.

Os ***dealers* de câmbio** seguem a mesma função dos *dealers* do mercado aberto, mas atuam especificamente no mercado cambial. Por meio dos *dealers* cambiais o Bacen atua na compra e venda de moeda estrangeira, interfere nos preços desses papéis, controla as flutuações e protege a moeda nacional conforme a política adotada. Os *dealers* devem prestar contas ao Bacen de todas as posições e operações realizadas.

O mercado brasileiro adota o sistema *decentralized multiple dealer*, ou seja, opera com diversos *dealers*. A escolha dos *dealers* considera o volume de negócios diários com câmbio e a qualidade na prestação de informações.

Em dezembro de 2016, o Bacen atuava com 13 *dealers*:

01	BANCO DO BRASIL S.A.
02	BANCO BNP PARIBAS BRASIL S.A.
03	BANCO BRADESCO S.A.
04	BANCO CITIBANK S.A.
05	BANCO DE INVESTIMENTOS CRÉDIT SUISSE (BRASIL) S.A.
06	GOLDMAN SACHS DO BRASIL BANCO MÚLTIPLO S.A.
07	ITAÚ UNIBANCO S.A.
08	BANCO J.P. MORGAN S.A.
09	BANK OF AMERICA MERRILL LYNCH BANCO MÚLTIPLO S.A.
10	BANCO MORGAN STANLEY S.A.
11	BANCO BTG PACTUAL S.A.
12	BANCO SAFRA S.A.
13	BANCO SANTANDER (BRASIL) S.A.

4.4 PRODUTOS DO MERCADO CAMBIAL

Para apresentação dos principais produtos do mercado cambial, vamos dividi-los em grandes grupos: as operações ligadas ao comércio exterior, de exportação, de importação e as operações financeiras.

Antes, porém, alguns conceitos devem ser destacados: o tópico a seguir apresentará as formas de cotações internacionais, os principais documentos envolvidos e as modalidades de pagamento utilizadas no comércio exterior.

4.4.1 Formas de cotação, documentos e modalidades de pagamento no comércio exterior

4.4.1.1 Forma de cotação dos preços internacionais

Nas operações internacionais, além de definir a mercadoria, quantidade, qualidade, preço, os negociadores devem definir quem paga os custos de transporte, seguro, tarifas etc. Para facilitar essa negociação, as cotações no comércio exterior obedecem a regras comuns, os chamados *incoterms*. Os dois principais *incoterms* são:

- *Free On Board* (FOB) – franco a bordo (porto de embarque designado) – essa modalidade estabelece que o preço cotado cobre todas as despesas até o embarque das mercadorias exportadas (inclusive). A partir desse ponto, as despesas correm por conta do importador.
- *Cost, Insurance and Freight* (CIF) – custo, seguro e frete (porto de destino designado) – essa modalidade estabelece que o preço cotado cobre todas as despesas até o local de desembarque, inclusive os custos de seguro e frete.

SAIBA MAIS

O que são *incoterms*?

Os contratos de compra e venda internacional devem observar os ***incoterms*** (*international commercial terms* / termos internacionais de comércio). Esses parâmetros servem para definir os direitos e obrigações recíprocos do exportador e do importador, internacionalmente aceitos para estabelecer regras e práticas neutras, como, por exemplo: onde o exportador deve entregar a mercadoria, quem paga o frete, quem é o responsável pela contratação do seguro, impostos etc.

FIQUE ATENTO

Numa operação de comércio exterior, além do risco comercial (de crédito), o exportador corre o risco político do país em que está o importador. Se o país enfrenta crise cambial e não tiver dólares para remeter, o exportador não receberá – mesmo que o importador seja um bom pagador e tenha recursos para liquidar a operação. Por exemplo, no passado, o Brasil e a Argentina já passaram por momentos de restrições às remessas cambiais.

4.4.1.2 Documentação usual em comércio exterior

Exportar e importar requer uma detalhada documentação. No caso de exportação, esses documentos devem ser enviados ao importador para que ele possa desembaraçar as mercadorias no local de desembarque. Os principais instrumentos envolvidos são:

- **Fatura**: com descrição das características da operação: produto, quantidade, preço, prazo e forma de pagamento.
- **Conhecimento de embarque**: instrumento emitido pela empresa responsável pelo transporte da mercadoria entre os países. Deve indicar ao importador a data de embarque. Dependendo do meio de transporte utilizado, o conhecimento de embarque tem um nome específico:
  - *bill of lading* (B/L) – transporte marítimo;
  - *Airway Bill* (AWB) – transporte aéreo;
  - *Roadway Bill* (RWB) – transporte rodoviário.
- **Certificado de origem**: é uma declaração sobre a origem das mercadorias, emitida em estilo e forma obrigatórios e certificada por uma organização oficial independente.
- **Saque**: instrumento que atesta a existência de obrigação oriunda de uma transação comercial. No caso de inadimplência, o saque é utilizado pelo exportador para executar o devedor. O saque só tem validade quando aceito pelo importador.

SAIBA MAIS

O **saque** é um documento equivalente à duplicata nas vendas locais. Ou seja, documento que comprova a transação no comércio exterior e serve de lastro para operações bancárias. O saque é um instrumento de cobrança e, portanto, pode ser protestado em caso de não pagamento da importação.

Em algumas situações, o exportador pode solicitar um "**aval em saque**", isto é, que o banco do importador avalize um saque. O banco só irá avalizar após o saque ser aceito pelo importador e o custo desse aval em geral, é do importador. No vencimento do saque, o exportador pode cobrar diretamente desse banco avalista. Note que, com esse aval em saque, o exportador consegue transferir o risco de crédito do importador para o banco, entretanto continua a correr o risco do país em que estão o importador e o banco avalista.

Para evitar esse risco de país, o exportador pode solicitar um "aval em saque confirmado". Nesse caso, um banco em outro país, com melhor situação de crédito soberano, confirma o aval do primeiro banco. No vencimento do saque, o exportador pode cobrar diretamente desse banco confirmador. Os custos bancários do aval e da confirmação são pagos pelo importador.

4.4.1.3 Modalidades de pagamento

As operações de exportação e importação podem ser liquidadas de quatro formas diferentes: pagamento antecipado ou remessa antecipada; remessa sem saque; cobrança documentária; e cobrança garantida por carta de crédito (*LC – letter of credit*).

- **Pagamento antecipado**: nessa modalidade de pagamento, o importador efetua a remessa antes do recebimento das mercadorias, ou seja, ao pagar antecipadamente pela mercadoria ele está concedendo um financiamento ao exportador. Essa modalidade de pagamento geralmente ocorre quando o bem é equipamento de valor elevado, construído sob encomenda. A antecipação da remessa proporciona ao exportador o capital de giro necessário para a produção. Evidentemente, o risco para o exportador é nulo, mas o importador incorre no risco de não entrega dos bens adquiridos. Veja no Quadro 4.2 a sequência de eventos.
- **Remessa sem saque:** nessa modalidade, o próprio exportador envia mercadorias e documentos diretamente ao importador para que este desembarace

Quadro 4.2 Etapas de uma operação de pagamento antecipado

Pagamento Antecipado	País Exportador		País Importador	
	Exportador	Banco do Exportador	Importador	Banco do Importador
1 – Contrato mercantil entre importador e exportador	X		X	
2 – Pagamento antecipado do importador (ao seu banco)			→	$$
3 – Remessa de pagamento (entre os bancos)		$$ ←	←	
4 – Entrega do pagamento ao exportador	$$ ←	←		
5 – Embarque e entrega de documentos	→	→	→	
6 – Importador obtém a liberação das mercadorias na alfândega				

RonFullHD | iStockphoto

Quadro 4.3 Etapas de uma operação de Remessa sem saque

Remessa sem Saque	País Exportador		País Importador	
	Exportador	Banco do Exportador	Importador	Banco do Importador
1 - Contrato mercantil entre importador e exportador	X		X	
2 - Embarque e entrega de documentos	→	→		
3 - Pagamento do importador (ao seu banco)			→	US$
4 - Remessa de pagamento (entre os bancos)		US$ × R$ ←	←	←
5 - Entrega do pagamento ao exportador	R$ ←	←		

as mercadorias e, posteriormente faça o pagamento. É a forma de pagamento que representa menor segurança para o exportador, pois as vantagens são todas do importador. O exportador receberá somente quando o importador pagar e não há garantias. O exportador não fica com nenhum título de crédito que garanta a possibilidade de uma ação judicial. Essa modalidade é utilizada quando exportador e importador têm vínculos societários ou sólidas ligações comerciais. Veja no Quadro 4.3 a sequência de eventos.

- **Cobrança documentária**: nessa modalidade, os documentos são entregues pelo exportador ao banco, que os remete ao seu correspondente no exterior, a fim de que este proceda à entrega ao importador. O risco do exportador decorre da forma como foi acertado o pagamento das mercadorias pelo importador. Se no contrato foi previsto o pagamento à vista, o risco praticamente não existe, uma vez que o importador só tomará posse dos documentos contra o pagamento e o exportador poderá reaver as mercadorias exportadas no caso de não pagamento. Se o pagamento for a prazo, o exportador financiará o importador assumindo um risco de crédito. Veja no Quadro 4.4 a sequência de eventos da cobrança à vista:

Quadro 4.4 Etapas de uma operação de cobrança à vista

Cobrança à Vista	País Exportador		País Importador	
	Exportador	Banco do Exportador	Importador	Banco do Importador
1 - Contrato mercantil entre importador e exportador	X		X	
2 - Embarque				
3 - Entrega de documentos				
4 - Instruções para cobrança e envio de documentos				
5 - Pagamento do importador (ao seu banco)				US$
6 - Entrega de documentos para liberação das mercadorias				
7 - Remessa de pagamento (entre os bancos)		US$ × R$		
8 - Entrega do pagamento ao exportador	R$			

RonFullHD; Vijay kumar | iStockphoto

Na cobrança a prazo, o importador deverá aceitar o saque antes de receber os documentos para desembaraço da mercadoria. O prazo normalmente passa a ser contado a partir do embarque das mercadorias, mas, em alguns casos, conta-se a partir do aceite do saque ou de outra data definida entre as partes. O saque aceito representa um reconhecimento da dívida, mesmo que haja problemas com as mercadorias. Veja no Quadro 4.5 a sequência de eventos da cobrança a prazo.

- **Carta de crédito (*LC – letter of credit*):** trata-se de uma garantia bancária em forma de crédito documentário emitida a pedido do importador a favor do exportador. Esse documento assegura ao exportador o recebimento dos valores a que tem direito. É uma forma muito utilizada, pois transfere o risco de crédito incorrido pelo exportador para o banco no exterior, que conhece o risco do importador. O banco que emite a LC assume o

Quadro 4.5 Etapas de uma operação de cobrança a prazo

Cobrança a Prazo	País Exportador		País Importador	
	Exportador	**Banco do Exportador**	**Importador**	**Banco do Importador**
1 – Contrato mercantil entre importador e exportador	X		X	
2 – Embarque				
3 – Entrega de documentos				
4 – Instruções para cobrança e envio de documentos				
5 – Importador dá o aceite em título de crédito (saque)				
6 – Entrega de documentos para liberação das mercadorias				
7 – Pagamento do importador (ao seu banco) após embarque				$$
8 – Remessa de pagamento (entre os bancos)		$$		
9 – Entrega do pagamento ao exportador	$$			

RonFullHD; Vijay kumar| iStockphoto

risco de crédito do importador e o banco que confirma a LC assume o risco de crédito do banco emissor e o risco político do país do importador. A LC é uma garantia de pagamento condicionada, isto é, o exportador só receberá se atender a todas as exigências por ela estipuladas.

Carta de crédito é a modalidade de pagamento que oferece maior respaldo ao exportador, pois envolve a garantia de um banco que se responsabiliza pelo pagamento. É utilizada em situações como:

- exportador não conhece o comprador ou avalia haver risco de crédito: exige LC para fabricar a mercadoria e assegurar que receberá seu pagamento;

- exportador não quer assumir o risco político do país importador;
- exportador quer agilidade e eficiência na forma de pagamento, negociação dos documentos.

A modalidade de pagamento por LC pode envolver quatro etapas:

1. **Emissão:** banco emite uma LC a pedido de um importador, sendo beneficiário o exportador. Esse banco assume o risco de crédito do importador e garante o pagamento.
2. **Confirmação:** quando o exportador não quer assumir o risco do banco emissor da LC ou o risco político do país do importador, ele pode solicitar a confirmação da LC de outro banco (normalmente, fora do país do importador).
3. **Aviso:** quando receber a LC do banco emissor, o banco que confirmou deverá avisar o exportador para que inicie o processo de fabricação e embarque.
4. **Transporte:** quando embarca a mercadoria, o exportador entrega a documentação ao banco confirmador. Se os documentos estiverem em ordem e em conformidade com os termos da LC, o banco negociará a LC, pagando ao exportador.

As cartas de crédito podem ser negociadas à vista ou a prazo. Nas cartas a prazo, o exportador poderá fazer caixa, negociando a esse título cambial com o banco pela aplicação de um desconto.

Veja no Quadro 4.6 a sequência de eventos da carta de crédito à vista:

Quadro 4.6 Etapas de uma operação de carta de crédito à vista

Carta de Crédito à Vista	País Exportador		País Importador	
	Exportador	Banco do Exportador	Importador	Banco do Importador
1 – Contrato mercantil entre importador e exportador	X		X	
2 – Assinatura do contrato de abertura da LC			LC ⟷	LC
3 – Emissão e envio da LC ao banco do exportador		LC ⟵	⟵	LC
4 – Banco avisa exportador que recebeu LC	Aviso ⟵			

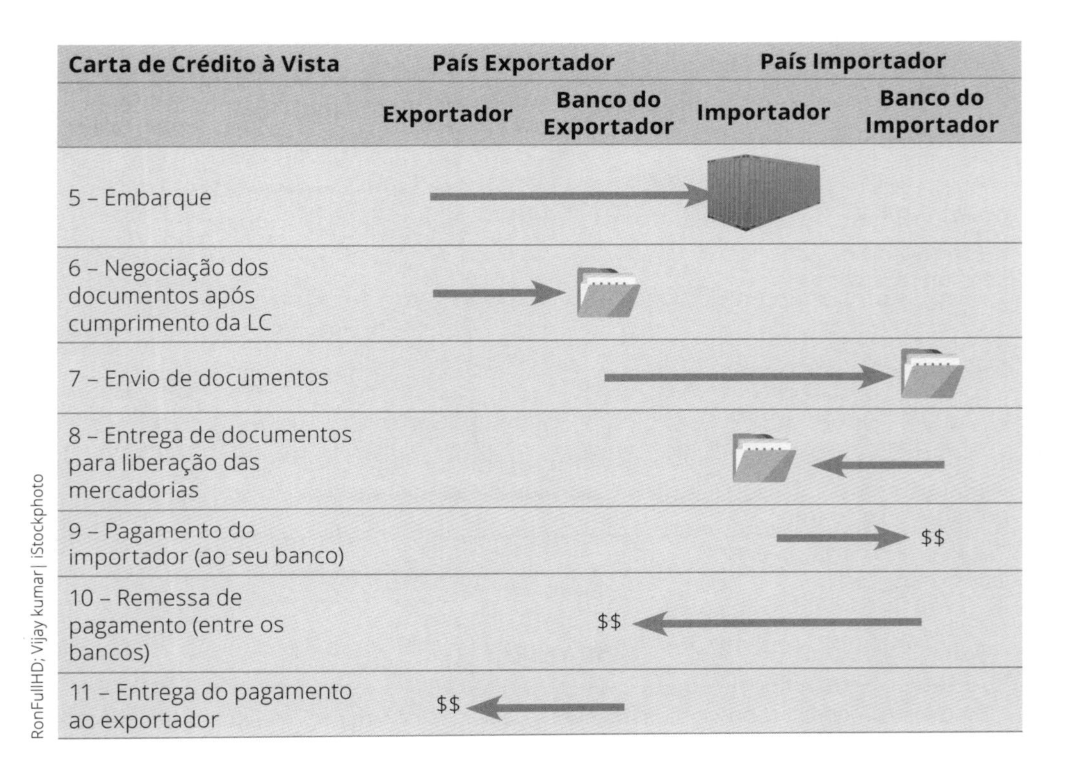

Carta de Crédito à Vista	**País Exportador**		**País Importador**	
	Exportador	**Banco do Exportador**	**Importador**	**Banco do Importador**
5 – Embarque				
6 – Negociação dos documentos após cumprimento da LC				
7 – Envio de documentos				
8 – Entrega de documentos para liberação das mercadorias				
9 – Pagamento do importador (ao seu banco)				$$
10 – Remessa de pagamento (entre os bancos)		$$		
11 – Entrega do pagamento ao exportador	$$			

RonFullHD; Vijay kumar| iStockphoto

Veja no Quadro 4.7 a sequência de eventos da carta de crédito a prazo:

Quadro 4.7 Etapas de uma operação de carta de crédito a prazo

Carta de Crédito a Prazo	**País Exportador**		**País Importador**	
	Exportador	**Banco do Exportador**	**Importador**	**Banco do Importador**
1 – Contrato mercantil entre importador e exportador	X		X	
2 – Assinatura do contrato de abertura da LC			LC	LC
3 – Emissão e envio da LC ao banco do exportador		LC		LC
4 – Banco avisa exportador que recebeu LC	Aviso			
5 – Embarque				
6 – Negociação dos documentos após cumprimento da LC				

Carta de Crédito a Prazo	País Exportador		País Importador	
	Exportador	Banco do Exportador	Importador	Banco do Importador
7 - Envio de documentos e posterior aceite pelo banco confirmador				
8 - Entrega de documentos para liberação das mercadorias				
9- Pagamento do importador (ao seu banco) em data posterior ao embarque				$$
10 - Pagamento ao exportador em data posterior ao embarque	$$			
11 - Remessa de pagamento (entre os bancos)		$$		

Stand By LC

Esse instrumento proporciona as mesmas garantias de uma LC ao exportador, com a diferença de que o banco emissor é o segundo pagador, uma vez que ele só será acionado quando o importador não pagar, ou seja, a LC não será utilizada como instrumento de pagamento. Na *stand by LC*, o exportador tem maior flexibilidade de prazos.

4.4.2 Produtos de exportação

Neste tópico, serão apresentadas as principais características dos seguintes produtos de exportação:

- adiantamento sobre contrato de câmbio (ACC) e ACE – adiantamento sobre cambiais entregues (ACE);
- *export note*;
- pré-pagamento de exportação;
- trava de exportação;
- *forfait*;
- cédula ou nota de crédito à exportação.

4.4.2.1 Adiantamento sobre contrato de câmbio (ACC) e adiantamento sobre cambiais entregues (ACE)

São financiamentos feitos ao exportador brasileiro antes (ACC) ou depois (ACE) do embarque da mercadoria. Pode-se dizer que os ACCs se destinam ao financiamento da produção, enquanto os ACEs destinam-se ao financiamento do saldo de contas a receber do exportador. Após o embarque, uma operação de ACC pode se transformar em um ACE.

Essa antecipação total ou parcial de recursos representa importante incentivo à exportação, na medida em que proporciona meios ao exportador para custear o processo de fabricação a taxas atraentes. O prazo do ACC é limitado a 360 dias antes do embarque da mercadoria e o do ACE, a 180 dias após o embarque. Toda empresa brasileira habilitada a exportar produtos e serviços de qualquer natureza pode contratar ACC / ACE.

Os custos das operações de ACC / ACE, em geral, são inferiores ao custo do dinheiro no mercado local, visto que o *funding* (fonte dos recursos) é captado pelas instituições financeiras no exterior à taxa Libor. Acima dessa Libor, os bancos cobram o *spread*, sua margem de lucro ou de risco.

Observe que na composição do custo do ACC/ACE entra a taxa de juros internacional mais um *spread* cobrado pela instituição financeira:

- taxa Libor + *spread*: quanto MENOR, melhor para o exportador;
- taxa prefixada: quanto MENOR, melhor para o exportador.

ACC e ACE são operações de crédito referenciado em dólares, mas contratado em reais. Em ambas as modalidades, o exportador recebe antecipação, parcial ou total em **moeda nacional** do valor equivalente à quantia em moeda estrangeira. Nas operações de ACC/ ACE as empresas assumem o risco cambial, pois estão contratando um passivo em dólar.

Principais riscos nas operações de ACC e ACE:

- No ACC, a instituição financeira no Brasil assume o risco de crédito do exportador: sua capacidade de produzir e embarcar a mercadoria.
- O exportador assume o risco de crédito do importador, que deve efetuar a remessa de recursos. Como já vimos, esse risco pode ser mitigado por uma carta de crédito.
- O banco no exterior que proporcionou a fonte dos recursos corre o risco de crédito do banco no Brasil.

Podem ser identificados três motivos para uma empresa contratar ACC /ACE:

- porque necessita de capital de giro e deseja tomar recursos em dólar pagando Libor + *spread*;

- porque tem ativos ou receitas em dólares e passivos em reais e pretende gerar uma proteção cambial: fazer uma posição de *hedge*;
- porque, embora tenha recursos, quer arbitrar a taxa local com a internacional.

Para ser liquidada, uma operação de ACC pode ser transformada em ACE ou em pré-pagamento de exportação. O ACE deve ser liquidado com o pagamento feito pelo importador.

Veja no Quadro 4.8 a sequência de eventos de uma operação de ACC:

Quadro 4.8 Etapas de uma operação de adiantamento sobre contrato de câmbio (ACC)

ACC	País Exportador		País Importador	
	Exportador	**Banco do Exportador**	**Importador**	**Banco Correspondente**
1 – Contrato mercantil entre importador e exportador	X		X	
2 – Fechamento de contrato de câmbio	→			
3 – *Funding* em US$ (entre os bancos)		US$ ←	←	
4 – Venda dos US$ no mercado interbancário		US$ × R$		
5 – Adiantamento dos R$ ao exportador	R$ ←	←		
6 – Embarque	→	→		
7 – Pagamento do importador (ao seu banco)			→	US$
8 – Pagamento do ACC	→	R$		
9 – Compra de US$ no mercado interbancário		R$ / US$		
10 – Pagamento do *funding* em US$		→	→	US$

Veja no Quadro 4.9 a sequência de eventos de uma operação de ACE:

Quadro 4.9 Etapas de uma operação de adiantamento sobre cambiais entregues (ACE)

ACE	País Exportador		País Importador	
	Exportador	Banco do Exportador	Importador	Banco Correspondente
1 – Contrato mercantil entre importador e exportador	X		X	
2 – Embarque				
3 – Fechamento de contrato de câmbio				
4 – *Funding* em US$ (entre os bancos)		US$		
5 – Venda dos US$ no mercado interbancário		US$ × R$		
6 – Adiantamento dos R$ ao exportador	R$			
7 – Pagamento do importador (ao seu banco)				US$
8 – Pagamento dos juros do ACE		R$		
9 – Compra de US$ no mercado interbancário		R$ / US$		
10 – Pagamento dos juros do *funding* em US$				US$

RonFullHD; Vijay kumar| iStockphoto

FIQUE ATENTO

Para a instituição financeira, a operação de ACC tem mais risco do que a operação de ACE. Na operação de ACC, a instituição assume o risco de *performance* do exportador, isto é, a capacidade de produzir e embarcar em conformidade com o contratado.

Negociação de *performance*

Em momentos de desvalorização cambial (alta do dólar), aumenta a procura por linhas de ACC e ACE, porque as empresas querem exportar e gerar divisas. Também aumentam as chamadas **compra de *performance*** de exportação por empresas não exportadoras.

A legislação cambial permite que não seja especificado o bem ou serviço objeto da exportação, o que confere flexibilidade ao mecanismo pela compra e venda de *performance* entre bancos e exportadores.

Essa compra de *performance* tem o objetivo de obter recursos a taxas mais atraentes, embora acrescidos do pagamento de uma taxa para quem vende a *performance*. Nessa operação, a empresa que não exporta compra a *performance* de uma exportadora a determinado preço e toma o ACC para si. É uma forma de captar recursos.

Por exemplo: uma empresa A efetuou exportação (ainda não embarcada), sem, contudo, ter antecipado os recursos via operação de ACC. Outra empresa B contratou ACC, mas por alguma razão não poderá performar a operação. A empresa B poderá comprar *performance* junto à empresa A, adquirindo seus direitos de exportação. Desta forma, a empresa B terá obtido financiamento a uma taxa mais baixa, e a empresa A apurado uma receita pela não utilização desse benefício.

4.4.2.2 Export notes

São contratos de cessão de crédito de exportação, em que o exportador capta recursos em reais no mercado doméstico junto a bancos e investidores locais, em valor equivalente aos recebimentos em moeda estrangeira, mediante a transferência de direitos de venda ao investidor. São operações destinadas a investidores interessados em risco ou *hedge* cambial.

Como no ACC, a operação permite a antecipação de recursos para financiar a produção da mercadoria a ser exportada, mas essas modalidades de operação têm diferenças, apresentadas no Quadro 4.10.

Quadro 4.10 Quadro comparativo entre ACC e *export note*

	ACC	*Export Note*
O que é	Antecipação dos haveres de um contrato de exportação	Contratos de cessão de crédito de exportação
Formalização	Seu fechamento não necessita de exportações identificadas	Exige um contrato formalizado de venda ao exterior
Fontes de recursos	Linhas externas	Investidor doméstico. Sem dependência de recursos externos
Cotação	Taxa de juros internacional + *spread*	Cupom cambial local + *spread*
Mercado secundário	Operações intransferíveis	Podem ser comercializados
Embarque de mercadorias	No prazo	Mais flexível
Prazo	Máximo 180 dias, prorrogáveis até 360 dias para liquidar o câmbio	Entre 180 e 360 dias

EXEMPLO

Operação de ACC

Empresa exportadora procura uma instituição financeira para fazer um ACC de US$ 10.000.000 por 6 meses. Qual o valor a ser pago no vencimento?

Considere:

- Libor de 3 meses de 6,44% a.a.;
- *spread* de 3% a.a;
- taxa linear.

Solução:
O *spread* deve ser somado à taxa Libor, ambos em bases anuais, resultando na taxa de 9,44% a.a., que deve ser considerada proporcionalmente no prazo de 6 meses, na capitalização linear. Pagará US$ 10.472.000 no vencimento.

$$FV = PV\,(1+i \cdot n) = 10.000.000 \times \left(1+0{,}0944 \times \frac{6}{12}\right) = 10.472.000$$

EXEMPLO

Arbitragem de taxas

Considere as seguintes taxas:

- Libor de 6,125%;
- *spread* de 2%;
- taxa linear;
- aplicações no mercado local rendem 1,5% a.m.

Responda:

a) É interessante para uma empresa exportadora realizar uma operação de ACC (portanto, captar recursos em dólar e assumir o risco cambial) e aplicar em reais?

b) Qual o risco cambial assumido por essa empresa?

Solução:

a) Essa empresa estará captando recursos ao custo de Libor + *spread* + variação cambial, ou seja, taxa de 8,125% a.a. + Var. Cambial.

A taxa anual é proporcional a (8,125/12) = 0,6771% ao mês.

Essa empresa estará tomando recursos a 0,6771% a.m. e aplicando a 1,5% no mesmo período, obtendo um ganho.

$$\left(\frac{1{,}015}{1{,}006771}-1\right)\times 100 = 0{,}817\%$$

Portanto, a operação será interessante se a variação cambial for inferior a 0,817% no período.

b) O risco cambial para essa empresa seria a desvalorização do real superior a 0,817% no período do ACC. Nesse caso, o custo da captação via ACC iria superar a remuneração da aplicação financeira em reais.

EXEMPLO

Export note

Considere as seguintes taxas:

- Libor de 7,44%;
- *spread* de 2%;
- taxa linear;
- *export note* 3 meses = 12% a.a.

Responda:

a) É interessante para uma empresa exportadora realizar uma operação de ACC (portanto, captar recursos em dólar e assumir o risco cambial) e aplicar em uma operação de *export note* de US$ 5.000.000?

b) Qual o ganho / perda da operação?

Solução:

a) A operação é interessante para o exportador.

- Capta à taxa de 9,44% a.a. + variação cambial (linear)
- Aplica a 12% a.a. + variação cambial (linear)

b) O ganho auferido pelo exportador seria de:

$$FV_{ACC} = PV\,(1+i \cdot n) = 5.000.000\left(1+0{,}0944\times\frac{3}{12}\right) = 5.188.000$$

$$FV_{EN} = PV\,(1+i \cdot n) = 5.000.000\left(1+0{,}12\times\frac{3}{12}\right) = 5.150.000$$

O ganho bruto (sem considerar os efeitos fiscais) seria de US$ 32.000.

4.4.2.3 *Pré-pagamento de exportação*

A operação de pré-pagamento é um adiantamento de recursos feito ao exportador pelo próprio importador, antes do embarque das mercadorias. Qualquer entidade pode ser credora no exterior, mas o mais comum é que seja uma instituição financeira. Quando os recursos são provenientes do importador, a operação é chamada de **pagamento antecipado**.

Não existem restrições de prazo máximo e mínimo.
O banco financiador assume os riscos de crédito do exportador e o risco de o importador não pagar. O banco do exportador, no país, só presta serviços (fechamento de câmbio e remessa de documentos), sem assumir o risco do exportador.

Podem ser identificados três motivos para a contratação de operação de pré-pagamento de exportação:

- exportador necessita de capital de giro e deseja tomar recursos em dólar, pagando Libor + *spread*;
- exportador tem ativos ou receitas em dólares e passivos em reais e pretende gerar uma proteção cambial: "fazer *hedge*";
- exportador tem caixa, mas quer arbitrar a taxa local com a internacional.

Veja no Quadro 4.11 a sequência de eventos de uma operação de pré-pagamento de exportação:

Quadro 4.11 Etapas de uma operação de pré-pagamento de exportação

Pré-pagamento de Exportação	País Exportador		País Importador	
	Exportador	Banco do Exportador	Importador	Banco no exterior
1 - Contrato mercantil entre importador e exportador	X		X	
2 - Fechamento de contrato de pré-pagamento	→	→	→	→
3 - Fechamento de contrato de câmbio	→			
4 - *Funding* em US$ (entre os bancos) - liquidação do contrato de câmbio		US$ ←	←	
5 - Venda dos US$ no mercado interbancário		US$ × R$		
6 - Adiantamento dos R$ ao exportador	R$ ←			
7 - Embarque	→	→	→	
8 - Pagamento do importador (ao seu banco)			→	US$
9 - Pagamento dos juros do pré-pagamento	→	R$		
10 - Compra de US$ no mercado interbancário		R$ / US$		
11 - Pagamento dos juros do *funding* em US$		→	→	US$

EXEMPLO

Pré-pagamento de exportação

Empresa exportadora procura uma instituição financeira para fazer uma operação de pré-pagamento de US$5,000,000 por 180 dias. Qual o valor a ser pago no vencimento? Considere:

- Libor de 6 meses de 6,44% a.a.;
- *spread* de 3,5% a.a.;
- taxa linear.

Solução:
O *spread* deve ser somado à taxa Libor, ambos em bases anuais, resultando na taxa de 9,94% a.a., que deve ser considerada proporcionalmente no prazo de 6 meses, na capitalização linear. O valor a ser pago no vencimento é US$ 5.248.500.

$$FV = PV\,(1+i \cdot n) = 5.000.000 \times \left(1+0{,}0994 \times \frac{6}{12}\right) = 5.248.500$$

EXEMPLO

Pré-pagamento à exportação

Empresa procura uma instituição financeira para contratar uma operação de pré-pagamento de exportação por 360 dias no valor de US10.000.000, sendo juros semestrais e principal no final, na taxa Libor (6 meses) + 2%. Calcule os encargos dessa operação considerando Libor (6 meses) de 3% a.a. em d0 e de 4% a.a. em d + 180 dias.

Solução:
Ao final de 6 meses: Libor + 2% = 3% + 2% = 5% a.a. ou 2,5% ao semestre
Encargos a serem remetidos: 10.000.000 x× 2,5% = US$ 250.000
Ao final de 12 meses: Libor + 2% = 4% + 2% = 6% a.a. ou 3% ao semestre
Encargos a serem remetidos: 10.000.000 x× 3% = US$ 300.000
Ao final de 12 meses, o valor do principal da dívida – US$ 10.000.000 deverá ser remetido ao banco financiador.

EXEMPLO

Pré-pagamento à exportação

Empresa procura uma instituição financeira para contratar uma operação de pré-pagamento de exportação por 360 dias no valor de US$ 10.000.000, sendo juros semestrais e principal no final, na taxa de 7% a.a. Calcule os encargos dessa operação.

Solução:
Ao final de 6 meses: 3,5% ao semestre
Encargos a serem remetidos: 10.000.000 × 3,5% = US$ 350.000
Ao final de 12 meses: 3,5% ao semestre
Encargos a serem remetidos: 10.000.000 × 3,5% = US$ 350.000
Ao final de 12 meses, o valor do principal da dívida – US$ 10.000.000 deverá ser remetido ao banco financiador.

EXEMPLO

Pré-pagamento × *enote*

Considere as seguintes taxas:

- Libor de 7,94%;
- *spread* de 2%;
- taxa linear;
- *export note* 6 meses = 12% a.a.

Responda:
a) É interessante para uma empresa exportadora realizar uma operação de pré-pagamento (portanto, captar recursos em dólar e assumir o risco cambial) e aplicar em uma operação de *export note* de US$ 10.000.000?
b) Qual o ganho / perda da operação?

Solução:
a) A operação é interessante para o exportador.
  - Capta a taxa de 9,94% a.a. + variação cambial (linear)
  - Aplica a 12% a.a. + variação cambial (linear)

b) O ganho auferido pelo exportador seria de:

$$FV_{PrePag} = PV\,(1+i \cdot n) = 10.000.000 \times \left(1+0,0994 \times \frac{6}{12}\right) = 10.497.000$$

$$FV_{EN} = PV\,(1+i \cdot n) = 10.000.000 \times \left(1+0,12 \times \frac{6}{12}\right) = 10.600.000$$

O ganho bruto (sem considerar os efeitos fiscais) seria de US$ 103.000.

4.4.2.4 Trava de exportação

Trava de exportação é uma operação em que o exportador deixa aplicados os recursos provenientes das operações de ACC/ACE no banco onde realizou o fechamento do câmbio. Isso ocorre quando o exportador não precisa de caixa e acredita que o dólar está alto e tende a cair em relação ao real, ou quando deseja arbitrar as taxas do mercado local com o mercado internacional. O exemplo 1, a seguir, ilustra uma operação de arbitragem de taxas.

A trava pode ser feita pelo mesmo prazo do ACC/ACE ou por prazos menores. O câmbio é fechado e o banco fica com os reais. O banco paga um prêmio (taxa de juros) ao exportador. O ganho do exportador é esse prêmio, líquido dos custos do ACC/ACE. Para saber se a operação foi vantajosa, na data de vencimento, o exportador deverá comparar a taxa de câmbio da época com a taxa de câmbio a que ele fechou seu ACC ou ACE, acrescida do prêmio recebido pelo banco.

A trava não muda em nada a responsabilidade do exportador na operação de ACC/ACE.

No vencimento, o banco recebe o valor da exportação em moeda estrangeira e o exportador recebe os reais dentro da paridade cambial negociada.

Essa modalidade de operação retira o risco cambial do exportador, pois ele poderia ter perdas na hipótese de desvalorização da moeda estrangeira.

Para o banco, a operação de trava deixa de ter risco de crédito, pois os recursos do cliente estão aplicados no próprio banco. Além disso, para o banco, a trava de câmbio é uma forma de captação de reais.

EXEMPLO

Trava de exportação

Empresa exportadora procura uma instituição financeira para fazer uma operação de trava de exportação por 120 dias. Considere:

- custo do ACC = Libor + 2% a.a. = 7% a.a;
- aplicação em R$ = 1,5% a.m.

Solução:

Converter ambas as taxas para o período de 120 dias (4 meses).

- Transformar a taxa anual do ACC (linear): (7/12) × 4 = 2,33% a.p.
- Transformar a taxa local da aplicação (exponencial): $[(1{,}015)^4 - 1]$ ×× 100 = 6,14% a.p.

Diferença de taxas = capta a 2,33% e aplica a 6,14%, obtendo uma diferença de 3,81% no período. Se a variação cambial for maior do que 3,81% no período, a empresa exportadora perderá. Se a variação cambial for menor, a exportadora obterá um ganho na operação de arbitragem.

4.4.2.5 *Forfaiting*

O *forfaiting* consiste na compra de recebíveis a prazo (notas promissórias, letras de câmbio) provenientes de comércio exterior, por um agente financeiro, sem direito de regresso. Essa operação permite que o exportador forneça prazos e condições de financiamento ao importador, sem comprometer seu próprio fluxo de caixa e sem assumir qualquer risco em relação à dívida.

Esse produto atende às situações em que um exportador deseja receber à vista e o importador quer pagar a prazo. O exportador encaminha ao importador os saques cambiais de acordo com os prazos acordados para obtenção do respectivo "aceite". De posse desses saques, o exportador os desconta em um agente financeiro (o *forfaiter*) e recebe em reais o valor da mercadoria já reduzido pelo valor do desconto. O banco comprador do saque assume o risco do importador.

Essa operação não tem direito de regresso, isto é, o banco comprador do saque assume o risco do importador, desobrigando o exportador de qualquer responsabilidade.

4.4.2.6 *Cédula ou nota de crédito à exportação (CCE/ NCE)*

CCE ou NCE são títulos emitidos por pessoas físicas ou jurídicas que se dediquem à exportação. Com isso, proporcionam ao emissor a captação de recursos em reais com lastro em exportações futuras e correção também em moeda local. Essas linhas de crédito possibilitam o financiamento de capital do giro ao exportador, com mais flexibilidade nos prazos e vinculação com embarques do que o ACC.

A emissão de CCE / NCE deve, obrigatoriamente, estar lastreada em exportações, e o cronograma de embarques deve ser informado ao banco. Os títulos podem ser negociados com remuneração prefixada ou pós-fixada.

4.4.2.7 *BNDES-Exim pré-embarque e BNDES-Exim pós-embarque*

São linhas de financiamento à produção e exportação de bens e serviços brasileiros disponibilizadas pelo Banco Nacional de Desenvolvimento Econômico e Social (BNDES).

O BNDES-Exim pré-embarque permite financiar até 100% do valor FOB da exportação de máquinas e equipamentos de produção nacional por até 30 meses, definido de acordo com o cronograma de fabricação. As instituições financeiras assumem o risco de crédito do exportador e cobram uma taxa chamada "*del credere*" para repassar a linha do BNDES. O exportador embarca a mercadoria e deverá liquidar a operação até 180 dias após o embarque.

O BNDES-Exim pós-embarque é um refinanciamento das exportações brasileiras, bem como serviços de engenharia, montagem e instalação associados à venda desse bem, utilizando recursos do BNDES. O exportador recebe à vista uma venda efetuada a prazo, até 100% do valor, mediante o desconto de cambiais de exportação garantidas com aval bancário ou carta de crédito (letra de câmbio, nota promissória ou cessão dos direitos creditórios da carta de crédito). O risco nessa operação é de o importador não pagar. Nesse caso, se o desconto dos títulos ocorrer sem direito de regresso, o risco de crédito será do banco garantidor. Se houver direito de regresso contra o exportador, o risco de crédito será do banco garantidor e, em último caso, do exportador.

4.4.3 Produtos de importação

As empresas realizam importações seja para compra de máquinas e equipamentos para os seus investimentos, seja para compra de matérias-primas para a produção. Portanto, pode haver necessidade de recorrer a financiamentos à importação (Finimp) para investimento ou para capital de giro. As fontes de financiamento à importação são as instituições financeiras no exterior ou no país, ou o próprio exportador no exterior.

No primeiro caso, o financiamento bancário pode ser feito por repasse de linhas externas. Essa é a modalidade mais comum. O financiamento também pode ser concedido diretamente por bancos no país do importador, inclusive bancos de desenvolvimento. Essa modalidade é chamada de ***buyer's credit***.

Se o financiamento for concedido pelo exportador, será chamado de ***supplier's credit***. Trata-se de operação de cobrança de prazo simples. Dependendo do risco que o importador representa, o exportador poderá exigir o aval de um banco no país do importador, ou uma carta de crédito a prazo.

Em todas as modalidades de Finimp, o risco á a inadimplência do importador.

Veja no Quadro 4.12 a sequência de eventos de uma operação de *finimp supplier's credit*:

Quadro 4.12 Etapas de uma operação de Financiamento à Importação – *supplier´s credit*

FINIMP – *SUPPLIER'S CREDIT*		**País Importador**	
	Exportador	**Importador**	**Banco do Importador**
1 – Contrato mercantil entre importador e exportador	X	X	
2 – Embarque	⟶		
Em data futura...			
3 – Fechamento do câmbio: importador (P + E ao seu banco)		⟶	R$ / US$
4 – Remessa de US$ (principal e encargos)	US$ ⟵		⟵

Veja no Quadro 4.13 a sequência de eventos de uma operação de Finimp *buyer's credit* com recursos do próprio banco (direto):

Quadro 4.13 Etapas de uma operação de Financiamento à Importação – *supplier´s credit*

FINIMP – *BUYER'S CREDIT* DIRETO	**Exportador**	**Banco no Exterior**	**País Importador**	
			Importador	**Banco do Importador**
1 – Contrato mercantil entre importador e exportador	X		X	
2 – Embarque	⟶			
3 – Assinatura do acordo de financiamento de importação		 ⟵	⟵	
4 – Desembolso	US$ ⟵	⟵		
Em data futura...				
5 – Fechamento do câmbio: importador (P + E ao seu banco)			⟶	US$
6 – Remessa de US$ (principal e encargos)		US$ ⟵		⟵

Veja no Quadro 4.14 a sequência de eventos de uma operação de Finimp *buyer's credit* com recursos de repasse bancário:

Quadro 4.14 Etapas de uma operação de Financiamento à Importação – *buyer´s credit* com repasse

FINIMP – *BUYER'S CREDIT* COM REPASSE	**Exportador**	**Banco no Exterior**	**País Importador**	
			Importador	**Banco do Importador**
1 – Contrato mercantil entre importador e exportador	X		X	
2 – Embarque				
3 – Assinatura de contrato de Finimp com linha de repasse				
4 – Banco busca linha no exterior				
5 – Desembolso	US$			
Em data futura...				
6 – Fechamento do câmbio: importador (P + E ao seu banco)				US$
7 – Remessa de US$ (principal e encargos)		US$		

RonFullHD; Vijay kumar | iStockphoto

Finimp casado com assunção de dívida

Nessa modalidade, uma empresa importadora com recursos disponíveis obtém um financiamento à importação, mas prefere não correr o risco cambial e então cede essa dívida para o banco.

Para o banco essa operação casada representa uma captação de moeda estrangeira, pois recebe do devedor original um determinado valor. O banco assume a dívida desse importador, pagando as taxas do mercado local mais variação cambial e, no vencimento, pagará o exportador/credor no exterior.

O devedor original tem garantido que no vencimento da operação vai receber os reais equivalentes aos dólares.

Veja no Quadro 4.15 a sequência de eventos de uma operação de Finimp casado com assunção de obrigações:

Quadro 4.15 Etapas de uma operação de financiamento à importação casado com assunção de obrigações

FINIMP CASADO COM ASSUNÇÃO DE OBRIGAÇÕES	Exportador	Banco no Exterior	País Importador	
			Importador	Banco do Importador
1 – Contrato mercantil entre importador e exportador	X		X	
2 – Assinatura de contrato de Finimp				
3 – Assinatura de contrato de assunção de obrigações				
4 – Entrega de reais				R$
5 – Desembolso	US$			
6 – Embarque				
7 – Fechamento de câmbio e pagamento		US$		R$ × US$

EXEMPLO

Financiamento à importação

Empresa procura uma instituição financeira para contratar um financiamento à importação por 360 dias no valor de US$ 15.000.000. Qual será o encargo financeiro dessa operação, considerando a Libor de 12 meses em 6,75% a.a. e uma taxa de juros de 3,5% acima da Libor?

Solução:

Taxa = 3,5 + 6,75 = 10,25% a.a. – capitalização linear

$$FV = PV\,(1 + i \cdot n) = 15.000.000 \times \left(1 + 0{,}1025 \times \frac{360}{360}\right) = 16.537.500$$

Encargos de US$ 1.537.500.

EXEMPLO

Financiamento à importação

Empresa procura uma instituição financeira para contratar um financiamento à importação por 360 dias no valor de US$ 10.000.000, sendo juros semestrais e principal no final, na taxa Libor (6 meses) + 2% e IR de 15%. Calcule os encargos dessa operação considerando Libor (6 meses) de 3% a.a. em d0 e de 4% a.a. em d+180 dias.

Solução:
Ao final de 6 meses: Libor + 2% = 3% + 2% = 5% a.a. ou 2,5% ao semestre
Encargos a serem remetidos: 10.000.000 × 2,5% = US$ 250.000
Valor a ser convertido em reais e recolhido como IR = US$ 250.000 × 15% = US$ 37.500
Ao final de 12 meses: Libor + 2% = 4% + 2% = 6% a.a. ou 3% ao semestre
Encargos a serem remetidos: 10.000.000 × 3% = US$ 300.000
Valor a ser convertido em reais e recolhido como IR = US$ 300.000 × 15% = US$ 45.000
Ao final de 12 meses, o valor do principal da dívida – US$ 10.000.000 – deverá ser remetido ao banco financiador.

EXEMPLO

Financiamento à importação

Empresa procura uma instituição financeira para contratar um financiamento à importação por 360 dias no valor de US$ 10.000.000, sendo juros semestrais e principal no final, na taxa 7% a.a. e IR de 15%. Calcule os encargos dessa operação.

Solução:
Ao final de 6 meses, deverá juros totais de 3,5%
Encargos a serem remetidos: 10.000.000 × 3,5% = US$ 350.000
Valor a ser convertido em reais e recolhido como IR = US$ 350.000 × 15% = US$ 52.500
Ao final de 12 meses, deverá juros totais de 3,5%
Encargos a serem remetidos: 10.000.000 × 3,5% = US$ 350.000
Valor a ser convertido em reais e recolhido como IR = US$ 350.000 × 15% = US$ 52.500
Ao final de 12 meses, o valor do principal da dívida – US$ 10.000.000 – deverá ser remetido ao banco financiador.

4.4.4 Operações financeiras

O mercado cambial também envolve muitas operações não diretamente ligadas ao comércio exterior – importação e exportação. São operações financeiras que envolvem transferências de divisas. As principais operações são:

- *commercial paper* (CP);
- *fixed & floating rate notes* (FRN);
- empréstimo Lei nº 4.131.

Para a instituição financeira, não há risco de crédito nessas operações. Ela atua exclusivamente como agente de emissão, colocação e pagamento.

CP e FRN são títulos emitidos por empresas brasileiras sob colocação privada para investidores no exterior. Os recursos da emissão representam entrada de recursos estrangeiros no país e todas as operações devem ser registradas no Bacen. Em geral, são recursos para reforço de capital de giro das empresas emissoras.

CP são notas de curto prazo, em geral de 180 dias. As FRN podem ter prazos variando de 3 a 8 anos e pagam taxa prefixada ou taxa Libor mais um *spread*, dependendo do risco do emissor. O FRN pode ter taxa de juros fixa ou flutuante, determinada no início da operação. No CP, se a Libor for fixada na emissão, a taxa de juros será fixa no prazo da operação.

Veja no Quadro 4.16 a sequência de eventos de operações de CP e FRN:

Quadro 4.16 Etapas de uma operação de emissão de *commercial paper e fixed & floated rate notes*

EMISSÃO DE CP e FRN	Emissor	Agente: Banco no exterior	Investidor
1 - Emissor instrui um agente a colocar CP / FRN junto a investidores			
2 - Agente contata investidores no exterior e emite as notas			
3 - Agente recebe os recursos		US$	
4 - Emissor fecha o câmbio comercial e o agente remete os recursos da colocação ao emissor	US$ × R$		
No vencimento...			
5 - Emissor fecha o câmbio comercial e paga ao agente os juros semestralmente e o principal no vencimento	R$ × US$	US$	
6 - Agente repassa ao investidor os juros e o principal			US$

Empréstimo Lei nº 4.131

Trata-se de empréstimo externo contratado por uma empresa brasileira junto a outra domiciliada no exterior. Nessa modalidade não há um agente intermediário, o próprio credor registra a operação no Bacen. Essas emissões podem ter prazos variando de 3 a 8 anos e pagam taxa fixa ou flutuante.

RESUMO

A leitura deste capítulo permitiu conhecer as atividades do mercado de câmbio, ou seja, o mercado de trocas de moedas. Foram descritos os participantes desse segmento e os riscos envolvidos nas operações e serviços. O capítulo também apresentou um panorama da política cambial brasileira dos últimos anos e a formação das taxas. Foram descritas as principais operações que envolvem trocas de moedas, destinadas aos exportadores, importadores ou intermediários do mercado financeiro que operam com o risco cambial.

5 Mercado de Capitais

MERCADO DE CAPITAIS: DA TEORIA À PRÁTICA

Parece que foi ontem, mas já se passaram 12 anos desde que eu comecei a trabalhar na área de Equity Research. Durante esse período, trabalhei na cobertura de mais de 30 empresas, em diversos setores e países, e participei de incontáveis ofertas de ações. E posso dizer, sem medo de errar, que não poderia ter feito uma escolha melhor para a minha carreira. Ser um analista de ações não é só intelectualmente desafiador, mas também possibilita trabalhar em conjunto com pessoas brilhantes, ajudar a construir histórias de sucesso e contribuir para melhorar a nossa sociedade.

Diferentemente do que muita gente imagina, usar o instrumental financeiro que aprendemos na academia para realizar uma recomendação de investimento é apenas a "ponta do iceberg" do nosso trabalho. Se tivesse que resumir, de maneira bastante simplista, qual é nosso principal objetivo, eu diria: ajudar investidores e executivos de empresas a pensar, para que assim eles tomem as melhores decisões possíveis. Ou, olhando através da ótica econômica: auxiliar a nossa sociedade a encontrar a alocação de capital mais eficiente possível.

Do ponto de vista prático, entre a análise dos resultados de uma companhia e uma recomendação de investimento, existe uma infinidade de outros passos. Nosso dia a dia envolve: conversar constantemente com presidentes e diretores de empresas, para questionar e entender a estratégia do negócio; visitar plantas e instalações; encontrar com outros agentes do mercado, como fornecedores e concorrentes; e realizar uma série de outras interações e estudos para só então chegar na recomendação para a companhia.

E o trabalho não para por aí, já que publicar um relatório sugerindo a compra ou venda de uma ação é apenas o começo da nossa comunicação com o mercado. A partir desse momento passamos a viajar o Brasil e o mundo para encontrar e discutir nossas conclusões com uma infinidade de investidores e agentes do mercado financeiro, vários com décadas de experiência em determinados setores e com uma visão global e ampla do mundo. Conversar e trabalhar em conjunto com empreendedores de sucesso, presidentes de empresas e gestores de investimentos de inúmeros continentes te faz crescer intelectualmente e pessoalmente.

Além do nosso trabalho de acompanhar as empresas listadas em bolsa, participamos com alguma frequência de emissões de ações. Acompanhar uma companhia durante e após um *IPO*[1] bem-sucedido é uma experiência que gera um sentimento de satisfação único. Em um primeiro momento, você deve conhecer a empresa e seus gestores a fundo, identificar o potencial de criação de riqueza da companhia, e depois viajar o mundo auxiliando investidores em sua decisão de investimento. Após a oferta, ao acompanhar a divulgação de resultados, o analista de ações tem a possibilidade de assistir uma empresa crescer, criando empregos e renda, e ver investidores se beneficiando do valor gerado por essa organização. Tudo isso, sabendo que você contribuiu para que os empreendedores da companhia e os investidores chegassem aos seus objetivos.

Enfim, acho honestamente que é possível escrever um livro somente sobre esse assunto, tamanha é a riqueza do tema. No entanto, a mensagem central a todos que estão interessados no aprendizado do instrumental técnico de finanças é: não entenda esse conhecimento como um fim, mas sim como uma porta de entrada no mercado financeiro, o qual te possibilita ter uma carreira rica de experiências e realizações profissionais e pessoais.[2]

---

[1] Sigla, em inglês, para oferta inicial de ações.

[2] Murilo Freiberger é diretor de Equity Research em um grande banco global desde agosto de 2011, cobrindo ações dos setores de bens de capital e utilidade pública. Formado pela FEA-USP em 2010, participa de Road Show de operações de abertura de capital, realiza reuniões com investidores institucionais para discutir relatórios de cobertura. Seu time conquistou o 1º lugar no ranking da Institutional Investor de 2016.

OBJETIVOS DE APRENDIZAGEM

- Entender a abrangência e o funcionamento do mercado de capitais.
- Conhecer os agentes participantes e os produtos negociados nesse mercado.
- Analisar casos práticos que ilustram os conceitos e facilitam o aprendizado.
- Desenvolver o raciocínio analítico para interpretar as notícias sobre as operações do mercado de capitais, como as que tratam de *Initial Public Offering* (IPO), de fatos relevantes publicados pelas empresas, de investigações da Comissão de Valores Mobiliários (CVM) sobre irregularidades no mercado de capitais, entre outras.

Mercado de capitais: IPO do Facebook

Em maio de 2012, o Facebook, fundado em 2004, realizou a abertura de seu capital, vendendo ações para o público e dando início às negociações na Nasdaq, a bolsa de valores que negocia ações de empresas de tecnologia de Nova York. Esse processo é denominado *Initial Public Offering* (IPO). Nesse processo, o valor unitário das ações foi negociado a US$ 38, o que equivale ao valor de mercado de US$ 104 bilhões, como resultado da multiplicação do valor unitário pela quantidade total de 2,73 bilhões de ações.

No processo de IPO, o Facebook realizou dois tipos de venda de ações: emissão primária e emissão secundária. A emissão primária consistiu no lançamento de 180 milhões de novas ações referente à captação de novos recursos no valor de US$ 6,8 bilhões. E a emissão secundária consistiu na venda de ações existentes de acionistas que venderam suas participações no valor de 241 milhões de ações. Considerando a venda das ações existentes e a nova captação de recursos, a IPO envolveu a venda total de 421 milhões de ações com uma arrecadação total de mais de US$ 16 bilhões, o que equivale a uma das maiores IPOs do mercado de capitais no mundo.

A partir da IPO, as ações passam a ser listadas na Nasdaq e a evolução histórica do valor da ação do Facebook é objeto de vários estudos: o mercado chegou a negociar a ação a menos de US$ 20 em agosto de 2012, uma queda de quase 50%. Precisou mais de um ano para recuperar o preço de US$ 38, em agosto de 2013. Existem vários fatores que podem justificar essa queda e uma delas é o processo de precificação do valor da ação no lançamento. Por isso, a importância de entender os agentes participantes do processo de IPO, já que suas decisões representam um impacto relevante no mercado de capitais.

O valor das ações do Facebook evoluiu positivamente, atingindo quase US$ 200 em junho de 2018, o que equivale a um retorno de 471% desde a IPO ou 33% a.a. O Gráfico 5.1 representa a evolução histórica do preço da ação.

Fonte: https://investor.fb.com/stock-information/default.aspx

Gráfico 5.1 Evolução histórica do preço da ação do Facebook.

Figura 5.1 Representação do mercado financeiro e o entrelaçamento dos principais segmentos.

5.1 CONCEITOS E ABRANGÊNCIA DO MERCADO DE CAPITAIS

Como foi visto no Capítulo 2 – Mercado Monetário, os bancos comerciais caracterizam-se pela oferta de produtos de investimento aos agentes superavitários e produtos de crédito de curto prazo. Entretanto, a necessidade de investimento para a realização de investimentos de médio e longo prazo não consegue ser atendida exclusivamente pelos bancos comerciais. Outras fontes de recursos são necessárias.

O **mercado de capitais**, também chamado **mercado de valores mobiliários**, é constituído pelas instituições que desenvolvem operações com o objetivo de proporcionar recursos de médio e longo prazos para implementação de investimentos produtivos.

O mercado de capitais é responsável por atender as necessidades de grande volume de recursos financeiros de longo prazo; os investidores, os agentes superavitários, podem investir nos títulos emitidos pelos agentes deficitários, os tomadores de recursos. Nesse segmento, os bancos de investimento, os bancos múltiplos com carteira de investimento, as corretoras de valores e as distribuidoras de valores mobiliários atuam como prestadores de serviços às empresas emissoras, auxiliando-as na colocação dos títulos aos investidores.

5.1.1 O que são valores mobiliários?

A Lei nº 6.385/1976, que dispõe sobre o mercado de valores mobiliários e cria a Comissão de Valores Mobiliários (CVM), define valores mobiliários como os títulos ou contratos de investimento coletivo que gerem direito de participação, de parceria ou remuneração, inclusive resultante da prestação de serviços, cujos rendimentos advêm do esforço do empreendedor ou de terceiros. De acordo com seu artigo 2º:

> "Art. 2º São valores mobiliários sujeitos ao regime desta Lei:
>
> I – as ações, debêntures e bônus de subscrição;
>
> II – os cupons, direitos, recibos de subscrição e certificados de desdobramento relativos aos valores mobiliários referidos no inciso II;
>
> III – os certificados de depósito de valores mobiliários;
>
> IV – as cédulas de debêntures;
>
> V – as cotas de fundos de investimento em valores mobiliários ou de clubes de investimento em quaisquer ativos;
>
> VI – as notas comerciais;
>
> VII – os contratos futuros, de opções e outros derivativos, cujos ativos subjacentes sejam valores mobiliários;
>
> VIII – outros contratos derivativos, independentemente dos ativos subjacentes; e
>
> IX – quando ofertados publicamente, quaisquer outros títulos ou contratos de investimento coletivo, que gerem direito de participação, de parceria ou de remuneração, inclusive resultante de prestação de serviços, cujos rendimentos advêm do esforço do empreendedor ou de terceiros.

> § 1º Excluem-se do regime desta Lei:
> I – os títulos da dívida pública federal, estadual ou municipal;
> II – os títulos cambiais de responsabilidade de instituição financeira, exceto as debêntures."

Com isso, são valores mobiliários:

- todos os listados nos incisos I a VIII do artigo 2º da Lei nº 6.385/1976;
- quaisquer outros criados por lei ou regulamentação específica, como os certificados de recebíveis imobiliários (CRIs), os certificados de investimentos audiovisuais e as cotas de fundos de investimento imobiliário (FII), entre outros; e
- quaisquer outros que se enquadrem no inciso IX da Lei, conforme citado acima.

LINKS

Lei nº 6.385/1976 – http://www.planalto.gov.br/ccivil_03/leis/L6385.htm

A Lei nº 6.385, de 7 de dezembro de 1976, que criou a Comissão de Valores Mobiliários (CVM), também dispõe sobre o funcionamento do mercado de valores mobiliários. De acordo com esse dispositivo legal, os títulos mobiliários são as ações, as debêntures, os bônus de subscrição, os direitos e os recibos de subscrição, as cotas de fundos de investimento, os *depositary receipts*, as notas promissórias (*commercial papers*), entre outros.

A Figura 5.2 apresenta um esquema da atuação dos integrantes do mercado de capitais. As empresas são as emissoras de títulos mobiliários em contrapartida ao recebimento dos recursos financeiros. As instituições financeiras prestam os serviços para colocação e negociação dos títulos ao público investidor que consiste nas pessoas físicas, fundos de investimento, fundos de pensão, gestores de recursos. Todas as emissões de valores mobiliários devem ser registradas na CVM.

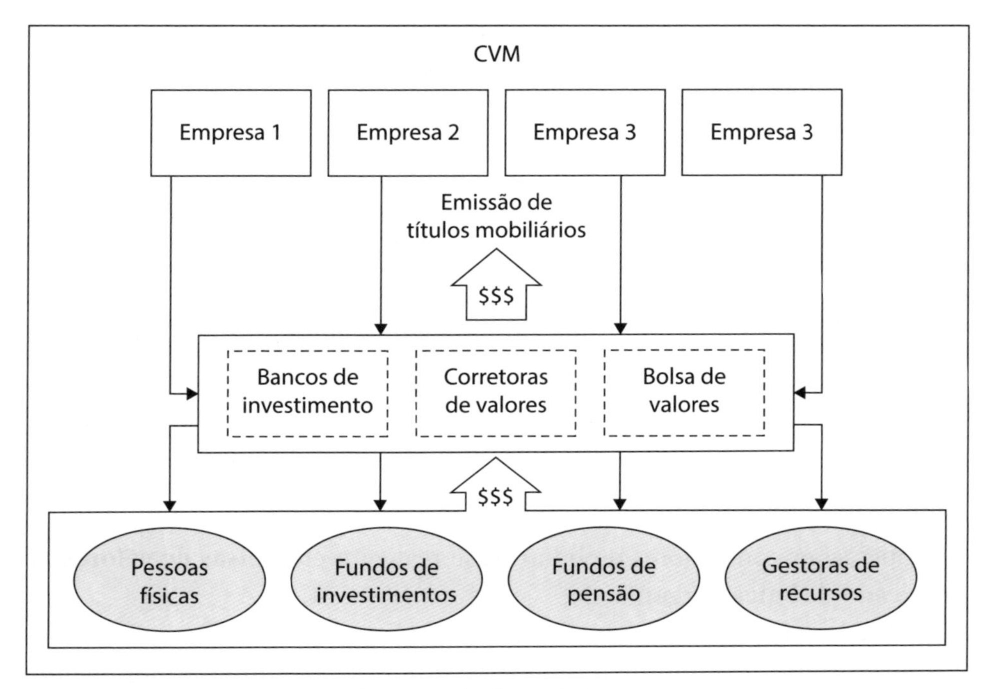

Figura 5.2 Representação do mercado de capitais.

A Figura 5.2 representa o **mercado primário**, que consiste nas emissões de títulos mobiliários novos e na captação de recursos financeiros pelas empresas emissoras.

Uma vez colocados os títulos, os investidores os negociam no **mercado secundário**, o qual consiste na compra e venda de títulos de acordo com suas estratégias de investimento. Nas operações no mercado secundário os recursos não vão para a empresa emissora dos títulos (ações), ou seja, não influenciam o caixa da empresa emissora dos títulos. Entretanto, é no mercado secundário que se forma o preço dos títulos mobiliários, como o preço de mercado das ações, por exemplo.

Os investidores adquirem os títulos mobiliários emitidos pelas empresas no mercado primário, quando ocorre a captação de novos recursos para implementação dos projetos de investimento. É no mercado secundário que os investidores compram (investimento) e vendem (resgate do investimento) esses títulos, sem impactar o caixa da empresa.

Quando um acionista resolve vender uma posição relevante de ações de uma só vez, essa operação deve ser registrada na CVM. É uma operação de mercado secundário, denominada ***block trade***.

LINKS

Você pode conferir os preços de mercado das ações, ou seja, o preço da negociação da ação, em tempo real. Veja no *site* da B3 as cotações das ações em tempo real: http://www.b3.com.br/pt_br/market-data-e-indices/servicos-de-dados/market-data/cotacoes/

As operações com valores mobiliários se realizam em **bolsas de valores** ou no **mercado de balcão** organizado.

A **bolsa de valores** é o local onde se compram e vendem os títulos mobiliários cujos investidores (compradores e vendedores) são representados por agentes denominados corretoras de valores. As corretoras de valores são especialistas nas operações do mercado de capitais por conhecerem as regras das bolsas de valores que garantem a livre concorrência, homogeneidade de informações sobre os preços dos títulos, liquidez, confiança e transparência sobre os preços e quantidades negociadas.

No **mercado de balcão** ocorrem as negociações dos títulos não registrados em bolsa. É formado por um grande conjunto de corretores e distribuidores conectados eletronicamente por telefones e computadores, que realizam transações com títulos não registrados nas bolsas de valores. O mercado de balcão também é chamado de ***over the counter*** **(OTC)**.

As emissões de títulos podem ser **públicas** ou **privadas**.

- Emissões **públicas** são oferecidas para o público investidor em geral: pessoas físicas, investidores institucionais.
- Emissões **privadas** são aquelas em que os investidores são, exclusivamente, institucionais, ou os denominados Investidores Qualificados. A emissão privada refere-se a uma exceção de registro da emissão na CVM regulamentada pela Instrução da CVM nº 476, de janeiro de 2009.

Em resumo...
MERCADO PRIMÁRIO: emissão de novos títulos mobiliários.
MERCADO SECUNDÁRIO: compra e venda de títulos existentes no mercado.
EMISSÃO PÚBLICA: emissão para público investidor geral.
EMISSÃO PRIVADA: emissão exclusiva para uma classe de investidores com grande especialização, os Investidores Qualificados.
BOLSA DE VALORES: ambiente criado para negociação de títulos no mercado secundário, organizado para facilitar negociação e transparência de informações.
MERCADO DE BALCÃO: negociação de títulos fora da bolsa de valores.

5.2 FUNÇÃO DO MERCADO DE CAPITAIS

O mercado de capitais tem como função viabilizar a transferência de recursos dos agentes superavitários (investidores) para os agentes deficitários, utilizando emissão de títulos e valores mobiliários. Em geral, as operações no mercado de capitais envolvem elevados volumes de recursos e são de longo prazo ou prazo indeterminado, como no caso das ações.

As empresas que utilizam o mercado de capitais para captação de recursos do público em geral são as de capital aberto. Essa captação de recursos ocorre com a emissão de títulos mobiliários. Os principais títulos negociados no mercado de capitais brasileiro são as ações e as debêntures. Mais adiante, na seção 5.7, esses e outros títulos do mercado de capitais serão apresentados.

Ações: títulos de propriedade, que representam a menor fração do capital da empresa. Seus detentores são denominados acionistas e são os proprietários do negócio.

Debêntures: títulos de dívida. Seus detentores são denominados debenturistas e são credores da empresa.

Os investidores se interessam em realizar investimentos em títulos de longo prazo para diversificação de riscos, já que assumem ativos financeiros diferentes dos investimentos bancários, como os CDBs ou poupança. O investimento em ações, por exemplo, representa a propriedade de uma parcela do capital da empresa e, portanto, seu detentor, incorre em todo o risco do negócio, assim como os demais sócios.

Apesar de o longo prazo ser uma característica do mercado de capitais, os investidores acreditam que poderão vender ou mudar de posição de investimentos no mercado secundário. Daí a importância da existência de um mercado secundário bem estruturado e com grande número de participantes, de modo a possibilitar ampla negociação e liquidez para a mudança de posição de investimento. O mercado secundário pode ocorrer em um local especial físico ou eletrônico como se dá na B3, desde 2005.

SAIBA MAIS

As bolsas de valores vêm se transformando de pregão viva voz para pregão eletrônico no mundo todo. No Brasil, a Bovespa se transformou em pregão eletrônico em 2005, deixando para trás a imagem dos operadores gritando aos telefones, fazendo sinais com as mãos e alternando suas expressões de desespero e euforia de acordo com os movimentos do mercado de capitais.

Os operadores de viva voz eram funcionários de corretoras de valores autorizadas a operar em bolsa, que ficavam ao telefone recebendo as ordens de compra e venda de ações e executando-as em voz alta no recinto do pregão. Essas ordens são originadas pelos investidores, clientes das corretoras, em função das suas decisões de alocação de recursos. Esses operadores de pregão tinham um auxiliar que preenchia o boleto da operação para registro e da transação de compra e venda.

Já no pregão eletrônico, os operadores ficam nas mesas de operação das corretoras, recebendo as ordens de compra e venda por sistemas eletrônicos, e se comunicam também eletronicamente com o sistema de pregão da bolsa de valores, utilizando terminais conectados a um servidor central, que se encarrega de fechar os negócios e informá-los às corretoras.

LINKS

Veja a reportagem sobre funcionário da Bovespa desde 1991, que descreve sua nostalgia de pregão viva voz e a evolução da quantidade de transações diárias de 30.000 para as mais de 1.500.000 atuais, ou seja, uma mudança necessária para se adequar à evolução do mercado de capitais brasileiro:

http://vemprabolsa.com.br/2016/03/18/gritaria-acabou-do-pregao-viva-voz-negociacao-eletronica/?utm_source=CapitalAberto&utm_campaign=VemPraBolsa_PregaoVivavoz_Smartphone

5.3 PARTICIPANTES DO MERCADO DE CAPITAIS

Os participantes desse mercado são as empresas, emissores dos títulos e valores mobiliários; os investidores, aqueles que adquirem os ativos financeiros; o regulador – CVM, que fiscaliza, regula, interfere e controla as operações do mercado de capitais; e, finalmente, os intermediários que prestam os serviços de distribuição, liquidação e custódia dos ativos financeiros.

5.3.1 Emissores

Os emissores são companhias que passam a ser denominadas **abertas,** pois seus títulos poderão ser negociados pelo público geral. A companhia ou sociedade anônima é **aberta** quando seus valores mobiliários são negociados publicamente e, para isso, ela precisa ser uma sociedade por ações que é regulada pela Lei nº 6.404, de 15/12/1976 – a Lei das Sociedades por Ações. As empresas de capital aberto devem obter registro na CVM e são obrigadas a prestar informações econômico-financeiras sistematicamente aos investidores, viabilizando avaliação do risco do investimento.

FIQUE ATENTO

A sociedade anônima que não possui valores monetários negociados publicamente é considerada **companhia fechada**. As empresas de capital fechado possuem número limitado de investidores e, portanto, não são regulamentadas pela CVM e suas ações podem ser negociadas por investidores sem a intermediação de instituições financeiras.

A decisão de abertura de capital é complexa em função da responsabilidade que a empresa passa a ter com os novos acionistas. Apesar de acessar um grande volume de recursos a longo prazo, ela assume a obrigação de estruturar e divulgar as informações em conformidade com a regulamentação em vigor.

Quando uma empresa faz sua estreia no mercado aberto, seja no mercado primário seja no secundário, a emissão é denominada ***initial public offering*** **(IPO).**

FIQUE ATENTO

Observe que uma empresa pode lançar-se no mercado aberto, ou seja, passar a ser negociada em bolsa de valores a partir de uma **emissão secundária**. Nesse caso, a empresa coloca ações já existentes, ou seja, um de seus acionistas abre mão de sua posição, ou parte de sua posição acionária, para vender no mercado aberto. A empresa faz sua oferta pública inicial (IPO) a partir da venda de ações já existentes.

Um **exemplo** de IPO no mercado secundário foi o caso da Natura, em maio de 2004. A empresa passou a ser negociada em bolsa (IPO) a partir de uma emissão secundária de R$ 768 milhões. Na data, um dos antigos acionistas vendeu parte de sua posição por esse valor.

EXEMPLO

A Hermes Pardini, laboratório de diagnóstico por imagem, realizou sua abertura de capital em fevereiro de 2017, que envolveu emissões de ações simultâneas **primária** e **secundária**, totalizando R$ 877 milhões. A emissão primária consistiu em 9,8 milhões de novas ações ao valor unitário de R$ 19,00, totalizando a captação de R$ 187 milhões para a empresa. A emissão secundária envolveu a venda de participação do fundo de investimento que havia realizado um investimento na empresa, denominado investimento de *private equity*, que no momento da IPO resgata seu investimento. A emissão secundária consistiu na venda de 36 milhões de ações resultando em R$ 690 milhões aos acionistas vendedores. Em fevereiro de 2018, o valor das ações atingiu o preço unitário de R$ 29, resultando em uma valorização de mais de 50% um ano após a IPO.

5.3.2 Investidores

Os investidores do mercado de capitais podem ser classificados em quatro categorias:

- investidores institucionais, como, por exemplo, os fundos de investimento, os fundos de previdência e as seguradoras;
- investidores pessoas físicas;
- investidores pessoas jurídicas; e
- investidores não residentes.

Os investidores institucionais são, em geral, aqueles que possuem maior capacidade de investimento e, portanto, suas decisões de investir ou não em uma empresa que está realizando abertura de capital terão importante reflexo no sucesso da operação.

Por outro lado, os investidores pessoas físicas são os que possuem menor poder de compra e são classificados como varejo. Sua presença, entretanto, é fundamental para garantir a pulverização da colocação; é por isso que a maioria das emissões reserva uma participação para o varejo.

EXEMPLO

O anúncio de encerramento da IPO da Hermes Pardini lista as categorias de investidores que adquiriram ações. Foram mais de 5.041 investidores que adquiriram 46 milhões de ações, sendo 4.616 investidores pessoas físicas, 28 clubes de investimento, 210 fundos de investimento, 2 fundos de pensão, 88 investidores estrangeiros, 1 instituição financeira, 61 investidores pessoa jurídica e 35 investidores que atuaram na oferta da IPO.

Com relação aos investidores estrangeiros, estes adquiriram os ADRs ofertados no mercado americano. A seção 5.5. tratará das emissões nos mercados internacionais.

Quadro 5.1 Distribuição de quantidade de aquisições de ações por tipo de investidores

Tipo de investidor	Quantidade de subscritores/ adquirentes das ações	Quantidade de ações subscritas/ adquiridas
Pessoas físicas	4.616	4.409.884
Clubes de investimento	28	233.878
Fundos de investimento	210	21.512.137
Entidades de previdência privada	2	589.200
Companhias seguradoras		
Investidores estrangeiros	88	19.084.676
Instituições participantes da oferta	–	–
Instituições financeiras ligadas à companhia e/ou ao acionista vendedor e/ou às instituições participantes da oferta	–	–
Demais instituições financeiras	1	83.088
Demais pessoas jurídicas ligadas à companhia e/ou ao acionista vendedor e/ou às instituições participantes da oferta	–	–
Demais pessoas jurídicas	61	257.265
Sócios, administradores, empregados, prepostos e demais pessoas ligadas à companhia e/ou ao acionista vendedor e/ou às instituições		
Participantes da oferta	35	22.968
Outros investidores	–	–
Total	5.041	46.193.096

Fonte: Propecto de Emissão das Ações.

Para a decisão de investimentos em ações, os investidores buscam antever a tendência das cotações. O investimento será interessante se houver perspectiva de elevação dos preços, de forma a oferecer a rentabilidade esperada. Para projetar essa tendência de preços, os investidores seguem duas escolas de análise: análise técnica ou gráfica e análise fundamentalista.

- **Análise técnica ou gráfica**: baseia-se na elaboração de gráficos de barras ou de ponto e figura elaborados a partir de preços e volumes negociados no passado. A formação de determinadas figuras e linhas de suporte ou resistência indicariam a tendência dos preços. A análise técnica pode ser particularmente útil para indicar o momento de compra ou venda – *market timing*.
- **Análise fundamentalista**: baseia-se nos fundamentos econômico-financeiros da empresa, dados setoriais, operacionais e mercadológicos. Os analistas dessa escola estudam e projetam cenários possíveis e as condições e resultados da empresa para obter índices financeiros e parâmetros para a decisão de compra ou venda.

5.3.3 Órgão regulador

A Comissão de Valores Mobiliários (CVM) é o órgão regulador e fiscalizador do mercado de capitais, cuja principal função é garantir que as empresas emissoras cumpram as exigências de divulgação de informações para que os investidores consigam tomar decisões de investimento com claro entendimento dos riscos assumidos. Dessa forma, a CVM cria normas e fiscaliza os emissores e instituições prestadores de serviços do mercado de capitais de forma que adiram à regulamentação.

SAIBA MAIS

Sugerimos acessar o *site* da CVM e encontrar a descrição do propósito da instituição: "Zelar pelo funcionamento eficiente, pela integridade e pelo desenvolvimento do mercado de capitais promovendo o equilíbrio entre a iniciativa dos agentes e a efetiva proteção dos investidores."

http://www.cvm.gov.br/menu/acesso_informacao/institucional/sobre/img/mapa-descricao.html

5.3.4 Banco de investimento

Os bancos de investimento ou bancos múltiplos com carteira de investimento são os responsáveis por apresentar a empresa emissora ao público investidor, colocar os títulos no mercado, apresentar a regulamentação para que a empresa emissora cumpra as exigências de divulgação das informações. Seu cliente é a empresa emissora, entretanto, é responsável pela distribuição dos títulos para os investidores, tendo assim a capacidade de relacionamento com investidores e corretoras de valores.

5.3.4.1 *Formador de mercado* – market maker

O formador de mercado é uma pessoa jurídica, cadastrada na bolsa de valores, interessada em realizar operações que proporcionem maior liquidez aos títulos. Esse operador tem o objetivo de ser a contraparte nas ofertas de compra e venda das ações de uma determinada empresa.

5.3.5 Bolsa de valores

As bolsas de valores também são fundamentais para o mercado de capitais, pois sem elas são existiria um mercado secundário. Por estarem em um ambiente seguro, no qual as informações são transmitidas em tempo real para todos os participantes, os tomadores de decisão sentem-se confiantes em realizar suas transações.

No Brasil, a combinação das atividades da BM&FBovespa e da Cetip deu origem à **B3**, uma das mais importantes bolsas de valores da América Latina.

LINKS

O leitor que se interessa por conhecer mais sobre B3, pode acessar informações adicionais sobre a instituição no *link* a seguir:
http://www.bmfbovespa.com.br/pt_br/institucional/sobre-a-bm-fbovespa/quem-somos/

5.3.5.1 *Circuit breaker*

Esse sistema aciona a interrupção do pregão sempre que ocorrem oscilações bruscas nos preços das ações, permitindo aos operadores do mercado reequilibrar as ofertas de compra e venda. Esse mecanismo protege os participantes do mercado de volatilidade excessiva. Na Bovespa, o *circuit breaker* é acionado em duas situações:

- Quando o índice Ibovespa atingir queda de 10% em relação ao fechamento do pregão anterior, os negócios ficarão interrompidos por trinta minutos.
- Reabertos os negócios, caso o índice Ibovespa atinja queda de 15% em relação ao fechamento do pregão anterior, os negócios serão interrompidos por uma hora.

SAIBA MAIS

A primeira bolsa de valores de que se tem notícias foi constituída na cidade de Bruges, na Bélgica, na residência dos Van der Bourse. Algumas referências indicam que essa é a origem do nome Bolsa de Valores. Esse era um local propício para negociação por se originar de uma pousada para comerciantes que chegavam à cidade para participar das feiras comerciais. O desenvolvimento histórico dos mercados financeiros retrata a relação entre desenvolvimento comercial e mercado financeiro. Os comerciantes possuem mercadorias e necessitam de capital de giro, outros possuem capital e desejam remuneração financeira, entre outras necessidades.

ucentius | iStockphoto

Casas no Canal de Bruges, Bélgica.

As facilidades das operações e registros eletrônicos possibilitaram a extensão dos negócios com ações para outros ambientes e outros horários além do pregão regular. Foram criados os *home brokers* e o *after market*.

- ***Home broker:*** sistema eletrônico que permite a conexão entre investidores e *sites* das corretoras, para acompanhamento das operações, cotações, ofertas de compra e venda e outras informações de interesse. O *home broker* proporciona acesso ao mercado de ações ao permitir operar de qualquer local onde haja conexão com a internet. Com o *home broker*, os investidores podem passar ordens de negociação eletronicamente, direto ao sistema da bolsa de valores. O *home broker* também permite acompanhar posição de custódia, notícias, análises, carteira e corretagem.
- ***After market:*** sistema eletrônico que permite negociação em uma sessão noturna, ou seja, após o encerramento do pregão do dia. Está disponível apenas para negociações no mercado à vista e no mercado de opções.

5.3.5.2 Índices

As bolsas de valores criam índices para representar a evolução dos preços dos ativos negociados nos mercados.

O Índice Bovespa (Ibovespa) é o principal indicador do mercado de ações brasileiro. Foi criado em 1968 e é composto pelas ações e *units* (certificados de depósito de ações) exclusivamente de companhias listadas na B3. É o resultado de uma carteira teórica dos ativos com maior presença nos pregões.

Os Quadros 5.2 a 5.6 apresentam os principais índices divulgados pela bolsa brasileira.

Quadro 5.2 Índices amplos

Ibovespa	Indicador do desempenho médio das cotações dos ativos de maior presença no mercado de ações brasileiro.
IBrX 100	Indicador do desempenho médio das cotações dos 100 ativos de maior negociabilidade e representatividade do mercado de ações brasileiro.
IBrX50	Indicador do desempenho médio das cotações dos 50 ativos de maior negociabilidade e representatividade do mercado de ações brasileiro.
IBrA	Indicador do desempenho médio das cotações dos 50 ativos de maior negociabilidade e representatividade do mercado de ações brasileiro.

Fonte: Bovespa (2018).

Quadro 5.3 Índices de governança

IGCX	Índice de Ações com Governança Corporativa Diferenciada – indicador do desempenho médio das cotações dos ativos de empresas listadas no Novo Mercado ou nos níveis 1 ou 2 da B3.
ITAG	Índice de Ações com *Tag Along* Diferenciado – indicador do desempenho médio das cotações dos ativos de emissão de empresas que ofereçam melhores condições aos acionistas minoritários, no caso de alienação do controle.
IGCT	Índice de Governança Corporativa *Trade* – indicador do desempenho médio das cotações dos ativos de emissão de empresas integrantes do IGC que atendam aos critérios adicionais descritos nesta metodologia.
IGC-NM	Índice de Governança Corporativa – Novo Mercado – indicador do desempenho médio das cotações dos ativos de emissão de empresas que apresentem bons níveis de governança corporativa, listadas no Novo Mercado da B3.

Fonte: Bovespa (2018).

Quadro 5.4 Índices de segmento

IDIV	Índice Dividendos – indicador do desempenho médio das cotações dos ativos que se destacaram em termos de remuneração dos investidores, sob a forma de dividendos e juros sobre o capital próprio.
MLCX	Índice *MidLarge Cap* – indicador do desempenho médio das cotações dos ativos de uma carteira composta pelas empresas de maior capitalização.
SMLL	Índice *Small Cap* – indicador do desempenho médio das cotações dos ativos de uma carteira composta pelas empresas de menor capitalização.
IVBX 2	Índice Valor – indicador do desempenho médio das cotações dos 50 ativos selecionados em uma relação classificada em ordem decrescente por liquidez, de acordo com seu Índice de Negociabilidade (medido no período de vigência das três carteiras anteriores). Não integrarão a carteira os ativos que apresentem os dez Índices de Negociabilidade mais altos, nem aqueles emitidos pelas empresas com os dez maiores valores de mercado da amostra.

Fonte: Bovespa (2018).

Quadro 5.5 Índices de sustentabilidade

ICO2	Índice Carbono Eficiente – composto pelas ações das companhias participantes do índice IBrX-50 que aceitaram participar dessa iniciativa, adotando práticas transparentes com relação a suas emissões de gases efeito estufa (GEE), leva em consideração, para ponderação das ações das empresas componentes, seu grau de eficiência de emissões de GEE, além do *free float* (total de ações em circulação) de cada uma delas.
ISE	Índice de Sustentabilidade Empresarial – o ISE é uma ferramenta para análise comparativa da *performance* das empresas listadas na B3 sob o aspecto da sustentabilidade corporativa, baseada em eficiência econômica, equilíbrio ambiental, justiça social e governança corporativa.

Fonte: Bovespa (2018).

Quadro 5.6 Índices setoriais

IFNC	Índice Financeiro – indicador do desempenho médio das cotações dos ativos de maior negociabilidade e representatividade dos setores de intermediários financeiros, serviços financeiros diversos, previdência e seguros.
IMOB	Índice Imobiliário – indicador do desempenho médio das cotações dos ativos de maior negociabilidade e representatividade dos setores da atividade imobiliária compreendidos por exploração de imóveis e construção civil.
UTIL	Índice Utilidade Pública – indicador do desempenho médio das cotações dos ativos de maior negociabilidade e representatividade do setor de utilidade pública (energia elétrica, água e saneamento e gás).
ICON	Índice de Consumo – indicador do desempenho médio das cotações dos ativos de maior negociabilidade e representatividade dos setores de consumo cíclico, consumo não cíclico e saúde.
IEE	Índice de Energia Elétrica – indicador do desempenho médio das cotações dos ativos de maior negociabilidade e representatividade do setor de energia elétrica.
IMAT	Índice de Materiais Básicos – indicador do desempenho médio das cotações dos ativos de maior negociabilidade e representatividade do setor de materiais básicos.
INDX	Índice do Setor Industrial – indicador do desempenho médio das cotações dos ativos de maior negociabilidade e representatividade dos setores da atividade industrial compreendidos por materiais básicos, bens industriais, consumo cíclico, consumo não cíclico, tecnologia da informação e saúde.

Fonte: Bovespa (2018).

5.3.5.2 Níveis de governança corporativa na bolsa de valores

A B3 criou níveis diferenciados para medir a governança corporativa das empresas listadas no Brasil. Refere-se ao esforço realizado pela empresa emissora para alinhar os interesses dos administradores aos interesses dos acionistas minoritários e controladores.

Na separação entre propriedade e gestão empresarial, a teoria de finanças identifica a existência de conflito, ao qual denomina **conflito de agência**. São identificadas e estudadas as diferenças de interesses entre o acionista ou principal e o agente, gestor tomador de decisão, contratado pelo principal. O conflito de agência surge já que os interesses do agente não são alinhados com os interesses do principal de maximização do valor da empresa.

Os procedimentos e padrões adotados para mitigar essas situações de conflito de interesses compõem a governança corporativa. As empresas adotam, em maior ou menor grau, esses procedimentos de governança, e diversos estudos indicam que a adoção de boas práticas de governança corporativa tem uma relação direta com a valorização da empresa.

A bolsa de valores criou **níveis de governança** para auxiliar investidores no conhecimento do estágio de cada empresa, sendo o Novo Mercado o segmento de empresas que adotam os melhores níveis de governança no Brasil. Com isso, acredita-se que a empresa pode gerar maior confiança, atrair mais investidores, aumentar a liquidez, reduzir o risco e melhorar a precificação das ações.

Os níveis de governança corporativa na bolsa são gradativos de forma que, aderindo ao primeiro nível, a empresa já sinaliza sua preocupação com o total alinhamento aos interesses dos acionistas, quando efetivamente aderem ao nível Novo Mercado.

No **nível I**, a principal medida é o comprometimento das empresas com a pulverização acionária, com no mínimo 25% do capital em circulação, o denominado *free float*, que significa aumento de liquidez do papel.

No **nível II**, a empresa deve estender a todos os acionistas ordinários as mesmas condições de venda dadas aos acionistas controladores e para os acionistas preferenciais, no mínimo, 70% do valor de venda. Ainda no nível II, a empresa oferece direito de voto aos acionistas preferenciais em matérias específicas e deve divulgar suas informações financeiras em padrão internacional (IFRS ou USGaap).

Já no **Novo Mercado**, maior nível de governança corporativa, a empresa emite somente ações ordinárias e, portanto, todos os acionistas terão voto nas assembleias.

5.3.6 Corretoras de valores

As corretoras de valores são fundamentais para o mercado de capitais porque são elas que realizam a compra e venda e a custódia dos ativos financeiros em nome dos investidores. Em razão da complexidade do ambiente do pregão da bolsa de valores, que inclui regras para seu melhor funcionamento, foi necessário restringir o acesso de instituições criadas especialmente para isso, as corretoras de valores. Para atuar, uma corretora precisa de autorização do Bacen e da CVM e sua operação é controlada e fiscalizada pela CVM.

As corretoras de valores e os investidores institucionais contratam equipes de analistas para orientar os investidores nas suas decisões de investimento.

5.3.7 Analistas de investimento

A atividade do analista de investimento em ações (*equity research analyst*) pode ser classificada em duas categorias: analistas de *buy-side* e de *sell-side*.

O analista de investimento que atua no ***buy-side*** tem como principal função identificar oportunidades para formar uma carteira de investimentos. O trabalho do analista *buy-side* é voltado ao fornecimento de informações para a tomada de decisão no "lado comprador" do mercado. Atua exclusivamente no suporte de decisões de administração de carteira própria dos fundos de investimento.

Pela Instrução nº 483 de 2010 da CVM, esse analista é definido como vinculado à instituição integrante do sistema de distribuição ou à pessoa jurídica autorizada pela CVM a desempenhar a função de administrador de carteira ou de consultor de valores mobiliários.

Em geral, esse profissional atua em gestoras de recursos de terceiros (*asset management*), banco de investimento (*institutional money manager*), fundo de investimentos *private equity* e em fusões e aquisições (*merges and acquisitions*) que têm como objetivo a gestão de capital de investidores. Os recursos permitem a formação de carteiras (portfólios) e compete ao analista buscar as alternativas de investimento, comprando ações de forma a remunerar o capital dos clientes da maneira mais eficiente possível. Os administradores buscam otimizar o patrimônio, dado um determinado nível de risco.

Por outro lado, os analistas que atuam no ***sell-side*** atuam em corretoras e bancos de investimento para desenvolver a análise de investimentos em ações e produzir relatórios com pareceres técnicos para os clientes. Esses pareceres podem resultar em recomendação de compra, manutenção ou venda da ação. Analistas *sell-side* são definidos pela instrução CVM nº 483/2010 como os "profissionais que atuam em bancos e corretoras de valores fazendo a prospecção de investimentos e recomendando a compra ou venda das ações".

Os analistas *sell-side* interagem com os *buy-side* apresentando seus relatórios de recomendação para os analistas *buy-side* tomarem as decisões de investimento.

Podemos dizer então que, além dos investidores pessoas físicas, os investidores institucionais representados pelos analistas *buy-side* são clientes dos analistas *sell-side*, ou seja, eles possuem, como principais clientes, indivíduos externos à instituição em que trabalham. Já no caso dos analistas *buy-side*, suas recomendações são aplicadas aos fundos que estão sob sua administração. Assim, pode-se dizer que as recomendações dos analistas *sell-side* apresentam escopo mais amplo que as dos analistas *buy-side*.

5.3.7.1 Avaliação dos analistas de investimentos

Na maior parte dos bancos e corretoras de valores, os analistas *sell-side* são avaliados pela reputação externa e comissões, enquanto os *buy-side* são avaliados pelo desempenho da carteira de investimentos.

5.3.7.2 Remuneração dos analistas de investimentos

Os analistas *sell-side* não têm sua remuneração baseada diretamente no desempenho de suas recomendações. Isso se deve ao fato de a instituição na qual trabalham ter o poder de gerar receita independentemente de a recomendação ter realizado *performance* positiva. Sua remuneração pode advir apenas do incentivo a transações por parte de investidores.

5.3.7.3 Métodos de análise

Utilizando modelos de *valuation*, projeções de lucro líquido e fluxo de caixa, determinação de um valor justo da ação e avaliações de governança corporativa, os analistas *sell-side* geram relatórios com pareceres técnicos e recomendações de compra, manutenção ou venda de ações para seus clientes, investidores, desde pessoas físicas até institucionais, como fundos de investimento e fundos de pensão.

O processo de análise do profissional do *sell-side* envolve um conjunto de procedimentos que abrange busca, seleção, processamento, interpretação e comparação de informações para gerar o produto de seu trabalho: o relatório de recomendação de investimento. A Figura 5.3 representa o processo de análise de investimentos.

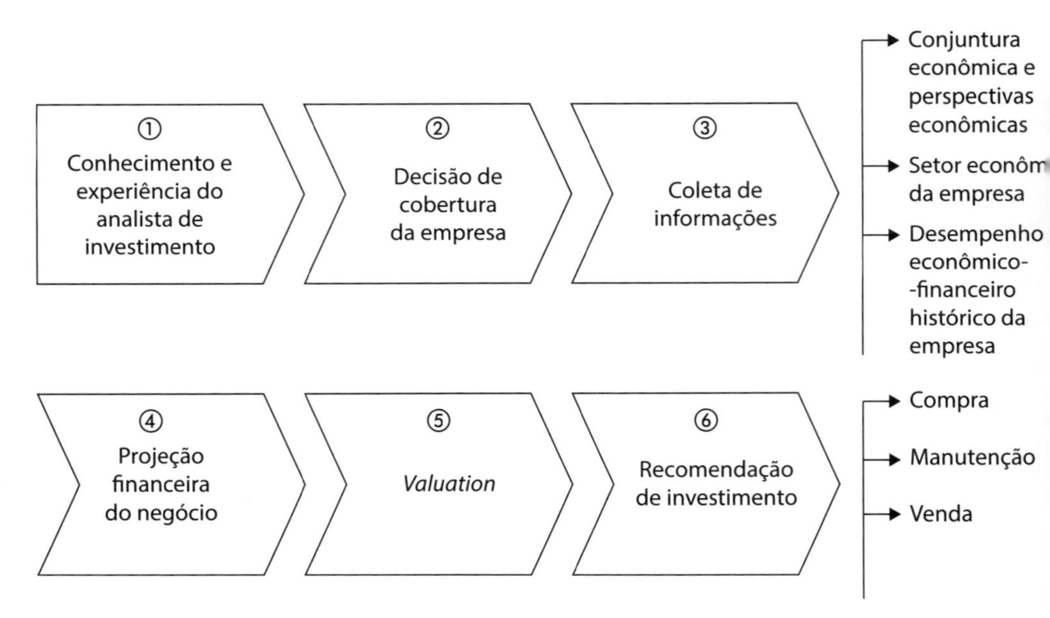

Figura 5.3 Processo de análise de investimento.

O processo pode ser descrito em seis etapas. Começa com o analista que possui especialização em determinado setor de atividade da economia, com cobertura das empresas em um setor econômico e, portanto, com capacidade de decidir pela cobertura de uma empresa do setor de sua experiência. Na etapa 2, a decisão de cobertura pode impactar os negócios que o banco de investimento possui com a empresa e os negócios com a ação da empresa na bolsa de valores, tanto em relação a volume de negócios quanto a retorno da ação.

A terceira etapa envolve a atualização das informações econômicas e suas perspectivas no curto e no longo prazo, coleta e investigação de informações sobre o setor econômico em que a empresa atua, assim como o desempenho econômico-financeiro histórico da empresa. Com as informações estruturadas, o analista pode iniciar a quarta etapa com a projeção do negócio da empresa, projetando vendas futuras, margens e fluxo de caixa futuro.

Finalmente, o analista estima o valor da empresa, compara com o valor de mercado, revisa o modelo de projeção do negócio e analisa a consistência das informações projetadas. A última etapa do relatório de recomendação é a confirmação do valor da empresa e, então, a definição de sua recomendação, que pode ser de compra, manutenção ou venda. Ao identificar um valor para a ação da empresa menor que seu valor de mercado, então sua recomendação deve ser venda. Por outro lado, ao calcular um valor bem maior que o valor de mercado, sua recomendação deve ser de compra. Caso o analista calcule um valor igual ou pouco acima do valor de mercado, então sua recomendação deve ser de venda.

SAIBA MAIS

Certificação do analista de investimento

Em outubro de 2010, a Associação dos Analistas e Profissionais de Investimento do Mercado de Capitais (Apimec) assumiu a função de reguladora da profissão de analista de valores mobiliários em parceria com a Comissão de Valores Mobiliários (CVM). A autorização da Apimec como credenciadora da atividade dos analistas é referendada em comunicado da própria CVM quando da divulgação da instrução nos seguintes termos: "A APIMEC pediu autorização para ser uma entidade credenciadora de analistas de valores mobiliários nos termos da nova Instrução. A CVM concedeu, em 6/07/2010, tal autorização à APIMEC, condicionada ao atendimento de alguns requisitos, acredita que tais condições estarão implementadas e a entidade estará autorizada a credenciar analistas, nos termos do novo regime, até a data de início de vigência da norma, em 1º de outubro de 2010."

A partir de então, encarregou-se de levar à frente o aumento da profissionalização da atividade, responsabilizando-se por implantar legislação, credenciamento dos profissionais e todas as regras que regem as atividades da categoria.

Os analistas brasileiros que produzem relatórios para terceiros necessitam ter a certificação chamada Certificado Nacional do Profissional de Investimento (CNPI), emitida pela Apimec.

A certificação CNPI é obrigatória, segundo a Instrução CVM nº 483, de 12/7/2010, para atuar na área. Sem essa certificação, pode-se, no máximo, recomendar investimentos em um tipo de ativo, como ações em geral. Para nominar o ativo e indicar uma ação específica, o profissional precisa estar certificado, ou a recomendação será irregular.

O CNPI é o primeiro passo para o analista evoluir profissionalmente. Há três categorias, que variam conforme a especialização desejada: fundamentalista (CNPI), que faz seus pareces a partir dos dados dos balanços das empresas; técnico ou grafista (CNPI-T), que toma por base o histórico dos preços das ações; ou pleno (CNPI-P), que é fundamentalista e técnico.

5.4 PROCESSO DE EMISSÃO DE TÍTULOS E VALORES MOBILIÁRIOS

O processo de emissão de títulos mobiliários no mercado de capitais envolve grande número de profissionais, como os executivos do banco de investimento, da empresa emissora, da empresa de auditoria, advogados, corretoras.

Esse processo pode ser descrito em três etapas: (i) pré-mandato; (ii) pós-mandato; e (iii) pós-fechamento. A Figura 5.4 representa o processo de IPO nas três etapas mencionadas.

5.4.1 Pré-mandato e mandato

A etapa **pré-mandato** caracteriza-se pela concorrência entre os diversos bancos que trabalham para conquistar o mandato da emissão. Parte-se da decisão da empresa de realizar a emissão que começa ao abordar os bancos de seu relacionamento. Nesta fase, a empresa pode, simplesmente, pedir uma cotação para três ou quatro bancos de maior relacionamento ou com maior experiência, ou ainda selecionar os bancos especializados no tipo de emissão, por setor, por tipo de estrutura listados nos *rankings* divulgados nas revistas especializadas (*league tables*, conforme termo em inglês). Uma terceira opção da empresa é criar uma concorrência abordando o maior número possível de bancos para conseguir o maior número de propostas, como se fosse um grande leilão.

Processo de Emissão de Títulos no Mercado de Capitais

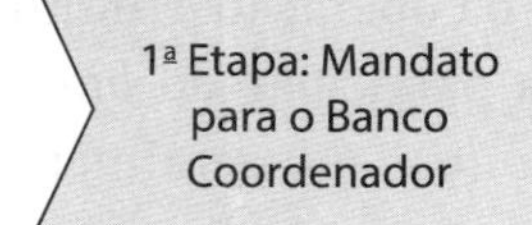

2ª Etapa: Estruturação, contratação de agentes, registro na CVM, marketing

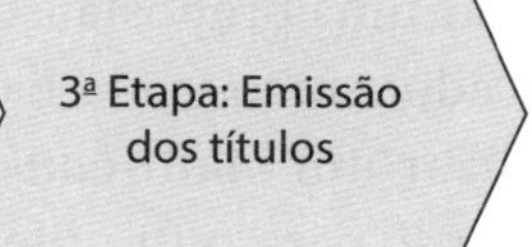

1ª Etapa:

1. Demanda por recursos de longo prazo do emissor
2. Banco de Investimento identifica oportunidade de criação de novas oportunidades de investimento no mercado de capitais

2ª Etapa:

1. Contratação de advogados, auditoria
2. *Due diligence*
3. *Pool* de distribuição
4. Registro do emissor e do título na CVM
5. Distribuição dos títulos

3ª Etapa:

1. Desembolso dos recursos pelos investidores
2. Bancos e corretoras recebem suas comissões
3. Emissor recebe os recursos

Figura 5.4 Processo de emissão de títulos no mercado de capitais.

Ao ser abordado pela empresa, o banco já possui todas as informações do cliente e opinião formada sobre a qualidade do investimento, no entanto, ainda precisa convencer-se de que o cliente é um nome demandado pelo público investidor e confirmar sua capacidade de distribuição dos títulos.

Forma-se o time que estará envolvido na operação, o qual parte para a aprovação da operação, normalmente no comitê de crédito, cujo objetivo é aprovar o risco de subscrição e definir o volume que permanecerá nos livros do banco. É fundamental que o banco permaneça com uma participação da operação seus livros de modo a indicar ao mercado que ele confia no risco do cliente.

A área de mercado de capitais dos bancos de investimento inicia uma abordagem junto ao mercado investidor para conhecer a credibilidade do cliente no mercado e prever a demanda, volume e taxas de juros da emissão. O time também obtém do executivo de crédito um *feeling* sobre o potencial de aprovação da operação no comitê. Passa-se então a discutir a necessidade de convidar outros bancos a participar da proposta (i) devido à possibilidade de não aprovação pelo comitê de crédito e (ii) porque muitas vezes a área de mercado de capitais também tem o interesse de convidar os bancos para uma parceria, estreitando, assim, o relacionamento com os demais participantes desse mercado.

Os bancos podem enviar propostas isoladas ou em conjunto com outros bancos (*multi-bank bidding group*). Neste caso, os bancos competem quanto ao papel que exercerão no sindicato e à consequente publicidade. Outra competição se dá na alocação dos *fees*. Dependendo do papel de cada banco, poderão dividir os *fees* por igual, ou não. Logicamente, os bancos preferem enviar uma proposta isoladamente; entretanto, se o valor da operação é muito elevado, então, cada banco deverá procurar outros para participar do *bid* e realizar um *multi-bank bidding group*. Uma proposta *multi-bank* geralmente perde para outra oferecida por um único banco, uma vez que este possui maior agilidade (por estar atuando individualmente, não precisa acordar condições com demais participantes). A decisão de entrar sozinho ou com um grupo de bancos é uma escolha crítica para os bancos. Outro aspecto de uma proposta de vários bancos é o da alocação de recursos, na qual a importância de seu papel depende do montante da participação e dependerá também da capacidade técnica do banco.

Outro aspecto importante é a base do comprometimento do banco: pode ser "*fully underwritten basis*" (subscrição firme) ou "*best efforts' basis*" (melhores esforços).

- A **subscrição firme** é uma garantia de que o banco irá subscrever o total da operação e, caso não haja demanda para todo o montante da emissão, o banco deverá adquirir o montante não distribuído no mercado.
- Na subscrição **melhores esforços**, o banco não garante a colocação total da emissão e o cliente pode não receber todo o volume que pretendia captar. Apesar da possibilidade de não garantia de colocação, é importante salientar que o banco só faz a proposta quando ele tem certeza sobre a colocação da operação no mercado, caso contrário pode comprometer sua imagem junto aos demais participantes do mercado sobre sua capacidade de analisar, estruturar, precificar e distribuir uma emissão.

Em alguns casos, se as condições de mercado permitirem, a empresa emissora pode distribuir um lote suplementar de ações. O dispositivo legal que permite essa distribuição complementar é chamado de registro de prateleira, ou ***green shoe***.

Importante que todos os pontos críticos sejam negociados antes da assinatura do mandato para que nenhuma das partes fique em situação constrangedora perante os participantes do "**sindicato**" (*syndication*) – como é chamado o grupo de instituições que participará da emissão.

O banco cria um time que trabalhará na proposta de modo a focar na obtenção do mandato, organizar o *syndication* e manter os padrões de crédito do banco:

- Gerente de relacionamento: deve entender os pontos de maior sensibilidade do cliente. O gerente conhece o negócio do cliente e deve saber quem serão os seus competidores na proposta. Deve monitorar o crédito. Se o crédito não for satisfatório para o banco, é melhor não participar da concorrência.
- Equipe de *underwriting*: deve obter informação sobre o apetite desse crédito pelo mercado através de operação, volume, prazo e preço contatando possíveis participantes. É essa unidade que deverá dar ao comitê de crédito do banco conforto sobre a capacidade de venda da operação no mercado. Deve conhecer as seguintes variáveis:
  - utilização dos recursos pelo cliente;
  - prazo e amortização;
  - qualidade do crédito.

Se a unidade não conhecer estas variáveis, pode causar um desastre à operação, resultando até na sua rejeição pelos investidores.

Na precificação, o departamento de *underwriting* deve acessar o valor de títulos já existentes no mercado para utilizar como parâmetro. Se o cliente não tiver títulos emitidos, deverá utilizar como parâmetro papéis de outros clientes com perfil de crédito similar. Deve acompanhar o mercado, mudanças e entender os fatores que afetam o apetite do mercado por determinados créditos.

Portanto, para poder enviar a proposta, o banco deve:

- aprovar crédito internamente; e
- ter conhecimento sobre o setor, o cliente e os demais bancos competidores.

A aprovação do crédito, muitas vezes, pode estabelecer condições que dificilmente serão atingidas, as quais não refletem o apetite do mercado com relação àquele cliente. O crédito exige um retorno de *yield* mais alto do que o mercado, ou aprova valor muito pequeno do total da operação. Há três possibilidades:

- aprovação irrestrita do crédito;
- não aprovação, neste caso deve-se comunicar ao cliente;
- aprovação condicional.

Se ocorrer exigência de maior retorno, uma possível solução será enviar a proposta só para receber todos os *fees*. Se o valor de retenção aprovado for muito baixo, é necessário verificar se não se deve enviar uma proposta de um valor menor do que aquele requisitado pelo cliente, a não ser que haja muita confiança com relação à venda no mercado secundário. Outra possibilidade é convidar bancos que não possuam condições de negociar direto com o cliente e, portanto, não pressionarão o banco a dividir *fees* igualmente. Outra possibilidade é trocar *fees* por posição no sindicato com outros bancos que entram com valores altos e assim compensar o baixo retorno.

Uma vez aprovada a operação junto ao comitê de crédito, o time parte para o desenvolvimento da proposta. Ela deve conter a estrutura inicial da operação, incluídos os custos de emissão.

SAIBA MAIS

Há, geralmente, duas condições que são incluídas na carta-proposta:

- os termos propostos são válidos desde que as condições de mercado permaneçam inalteradas; e
- a emissão só se efetivará em caso de concordância sobre os documentos a serem utilizados na operação. Sendo assim, a carta-proposta é, na verdade, uma indicação do banco de sua capacidade e de seu interesse em fazer a operação, e não um comprometimento firme.

Essas duas condições protegem os participantes de mudanças inesperadas de mercado, incluindo crises de liquidez nos mercados, crises políticas ou outros acontecimentos que alteram o cenário político-econômico internacional. Também permitem que os participantes possam se retirar da negociação se cláusulas contratuais não forem aceitas pelo cliente.

5.4.2 Estruturação e preparação da empresa

A **segunda etapa do processo de emissão, pós-mandato**, caracteriza-se pela preparação da empresa para a emissão, registro da empresa e da emissão junto à CVM e colocação dos títulos no mercado.

Tendo vencido o *bid*, o banco prepara então o *offering* circular ou prospecto, em conjunto com o cliente. Contratam-se os advogados e inicia-se a confecção dos contratos, sendo que a escolha dos advogados é realizada entre as maiores firmas de advocacia americanas e inglesas com sólida experiência nessas operações. No processo de preparação da documentação, o banco estruturador instrui os advogados a prepararem o primeiro *draft* dos documentos com base no *term-sheet* enviado ao cliente. Após incorporarem os primeiros comentários do banco estruturador, os advogados enviam o segundo *draft* aos demais bancos membros do consórcio e ao cliente. As partes entram em concordância sobre os termos dos contratos e, então, parte-se para a execução das cópias finais para assinatura, em data posterior.

O banco estruturador prepara a lista dos participantes e contatos e um planejamento das tarefas a serem cumpridas nos prazos estabelecidos, conforme o exemplo a seguir.

Os membros do consórcio (ou sindicato) definem os papéis a serem exercidos por cada participante:

- *arranger* ou estruturador: é o banco que estruturará a emissão. Inclui o desenvolvimento do prospecto. O banco estruturador normalmente é o *lead-manager*;

Quadro 5.7 Cronograma da 2ª etapa do processo de emissão

Semanas =>	**1**	**2**	**3**	**4**	**5**	**6**	**7**	**8**	**9**
1º *draft* da documentação									
Início do *due diligence*. Início da preparação do prospecto									
Contratação dos agentes da emissão: *financial printer, listing agent, fiscal and paying agent*									
Lançamento do título no mercado									
Envio das cartas-convite aos *co-managers* e ao *manager* do consórcio									
2º *draft* da documentação para os membros do consórcio									
1º *draft* do prospecto									
Negociação da documentação entre os bancos membros do consórcio e com o emissor									
Revisão do prospecto pelos auditores									
Envio da versão final dos documentos para os membros do consórcio. Impressão do prospecto.									
Road shows: publicidade									
Resposta dos investidores									
Assinatura dos documentos									
Closing day: Desembolso contra recebimento dos títulos									
Publicidade: publicação dos *tombstones*									

- *lead-manager*: é o banco que assume a liderança da subscrição devido ao montante assumido;
- *co-manager/co-leader*: são os demais *underwriters* da emissão. Participam com volume menor que o do *lead manager*;
- *book runner*: é o banco que define o montante a ser alocado aos investidores. É uma posição de grande destaque em um consórcio.

Os bancos abrem os livros do consórcio, *syndication book*, e definem para quais investidores cada banco membro do consórcio enviará a carta-convite.

A carta-convite contém o *term-sheet*, com os termos e condições da emissão, data limite de resposta do investidor e data de fechamento dos livros – data em que o *book-runner* define o volume alocado a cada investidor.

Os bancos membros possuem a responsabilidade de que a operação receba a melhor resposta de mercado possível, enviando cartas-convite ao maior número possível de investidores, respondendo às principais questões de crédito e gerenciando as informações enviadas à imprensa especializada.

5.4.2.1 Road-show

Se o emissor não tiver um histórico de emissões internacionais, podem-se realizar ***road-shows*** que envolvem a apresentação do *lead-manager*, apresentação do cliente, seu negócio e *performance* financeira e projeções sobre fluxo de caixa para atendimento da dívida. A necessidade dos *road-shows* depende de quanto o público investidor conhece o emissor; quando o emissor acessa constantemente o mercado internacional, não há essa necessidade.

Os bancos membros devem manter registros sobre os *feedbacks* recebidos dos investidores e enviá-los aos demais membros para acompanhar a evolução das negociações. O cliente deve estar comprometido com o consórcio para ajustar os termos da emissão, caso haja necessidade. A resposta final dos investidores poderá chegar em uma ou duas semanas, sendo que o resultado desse processo de *book-building* poderá resultar em uma demanda acima do montante total da emissão, situação de *oversubscription* ou uma demanda abaixo do montante total da emissão, situação de *undersubscription*.

Uma vez fechado o livro do consórcio, o passo seguinte é a assinatura dos contratos de emissão. Todos os participantes devem enviar informação sobre pessoas autorizadas a assinar. Tradicionalmente, a cerimônia de assinatura contava com a presença de todos os representantes dos bancos participantes, incluindo coquetel, jantar e brindes personalizados da emissão e a entrega das placas de apresentação da operação ao mercado, *tombstones*. Atualmente, a assinatura dos contratos se dá com a procuração dos participantes do grupo participante aos líderes da operação.

5.4.2.2 Processo de registro na CVM

O banco de investimento assessora e orienta a empresa para realização dos registros: (a) da empresa como capital aberto e (b) da emissão dos títulos que serão vendidos ao público investidor.

A Instrução nº 400 da CVM regula as ofertas públicas de distribuição de valores mobiliários, nos mercados primário e secundário. O segundo artigo dessa instrução impõe a exigência de registro de ofertas públicas de distribuição:

> Art. 2º Toda oferta pública de distribuição de valores mobiliários nos mercados primário e secundário, no território brasileiro, dirigida a pessoas naturais, jurídicas, fundo ou universalidade de direitos, residentes, domiciliados ou constituídos no Brasil, deverá ser submetida previamente a registro na Comissão de Valores Mobiliários - CVM, nos termos desta Instrução.

A própria instrução define a exceção ao registro caso a oferta seja realizada para **investidores qualificados**. Essa classe de investidores é especialista na área de investimentos no mercado de capitais e, portanto, não necessita da proteção da bolsa de valores.

LINKS

Sugere-se que o leitor com interesse em conhecer como se dá o processo de registro junto à CVM acesse a Instrução CVM nº 400:
http://www.cvm.gov.br/legislacao/instrucoes/inst400.html

5.5 EMISSÕES NO MERCADO INTERNACIONAL DE CAPITAIS

As empresas que desejam realizar distribuição de títulos e valores mobiliários no mercado internacional devem atender à regulamentação internacional. A mais restrita é a do mercado norte-americano.

O governo americano não tem como objetivo controlar as emissões estrangeiras em dólares, entretanto existem regulamentos que precisam ser levados em consideração, pois a regulamentação americana possui abrangência extraterritorial, visando proteger o investidor americano. A lei *U.S. Securities Act* de 1933 tem como objetivo viabilizar o recebimento por parte dos investidores de informações completas relacionadas a uma oferta de títulos no mercado de capitais americano. Exceto se a oferta de títulos for isenta de registro, toda emissão deve ser registrada na *Securities and Exchange Commission* (SEC) (equivalente à CVM, no Brasil), e deverá fornecer a cada investidor um prospecto que cumpra todas as exigências de transparência da lei de 1933 e regulamentos da SEC. O objetivo é a revelação clara e objetiva dos fatos. A *U.S. Securities Act* de 1933 requer que as emissões de títulos nos Estados Unidos sejam registradas na SEC. O registro envolve uma série de exigências de informações periódicas e específicas: contábeis, financeiras, de acordo com o padrão contábil americano, o US GAAP, o que acarreta altos custos para os emissores.

Em 1990, a SEC adotou a nova regulamentação – *Regulation S* (Reg S) – com o objetivo de esclarecer a aplicação da *U.S. Securities Act* para as ofertas internacionais, formalizando procedimentos para garantir que os títulos internacionais não sejam oferecidos nos Estados Unidos. É a Reg S que governa as emissões internacionais não registradas na SEC. Essa lei define que qualquer oferta ou venda de títulos realizada dentro dos Estados Unidos está sujeita a registro, conforme requisitado pela seção 5 da *Securities Act* na ausência de isenção de registro. Essa seção 5 proíbe qualquer pessoa de oferecer ou vender qualquer título a menos que este seja registrado na SEC. A Reg S especifica que, no caso de ofertas e vendas realizadas de acordo com determinados procedimentos ocorrerem fora dos Estados Unidos, estão isentas de registro. É uma regulamentação que visa proteger o investidor americano que adquire títulos nos Estados Unidos, seja de entidades americanas ou estrangeiras.

Adicionalmente, outra lei que impacta os emissores brasileiros no mercado internacional de capitais é a Lei 144 A (*Rule 144 A*). O grande interesse no mercado de capitais americano pelos emissores internacionais faz com que estes adotem a *Rule 144 A*. Esta regulamentação estabelece isenção para o registro da SEC em caso de venda de títulos para investidores qualificados. Dessa forma, tal emissão passa a ser, pelo ponto de vista do emissor, como uma emissão pública sem a necessidade de submeter ao registro da SEC.

Finalmente, emissores brasileiros com títulos negociados no mercado de capitais americano submetem-se à Lei Sarbanes-Oxley, que foi assinada em julho de 2002 com o objetivo de dar uma resposta às fraudes contábeis ocorridas nos Estados Unidos, cujo caso mais marcante foi do "caso Enron", que levou muitos bancos e investidores a enormes perdas financeiras. Essa legislação impõe uma série de responsabilidades aos agentes envolvidos nas publicações financeiras das empresas emissoras de títulos. Aplica-se às empresas que possuem registro na SEC.

EXEMPLO

O acesso ao mercado internacional de capitais disponibiliza um grande volume de recursos e capital de longo prazo, entretanto, os emissores passam a ter responsabilidade perante os órgãos fiscalizadores dos mercados de capitais internacionais. A Petrobras, por exemplo, que possui emissões tanto de títulos de dívida (*bonds*) quanto de ADRs (certificados de ações) registrados junto à SEC e negociados no mercado de capitais americano, responde a ações judiciais em função dos escândalos de corrupção. Foram abertas 21 ações individuais de fundos e investidores institucionais de diversas partes do mundo, incluindo vários Estados dos EUA, Europa, Austrália e Ásia, além da ação coletiva de violação das regras do mercado de capitais americano firmadas pela *U.S. Securities Act* de 1933. Os investidores acusam a Petrobras de ter escondido as informações sobre corrupção e pagamento de propinas, inflando ativos e não divulgando o que sabia em seus comunicados oficiais. Em janeiro de 2018, a Petrobras fechou um acordo com a justiça americana mediante pagamento de US$ 3 bilhões para encerrar a ação coletiva.

LINKS

Para ler todo o material disponível sobre o caso sugere-se o acesso ao link http://www.investidorpetrobras.com.br/pt/comunicados-e-fatos-relevantes/fato-relevante-acordo-da-class-action-da-petrobras-nos-estados-unidos-recebe-aprovacao-preliminar-da

5.6 PROSPECTO

Os principais documentos que compõem uma emissão de títulos mobiliários são:

- contrato do consórcio assinado entre os bancos membros;
- contrato de subscrição assinado pelos bancos membros e pelo emissor;
- prospecto de emissão.

O prospecto consiste no documento preparado pelo banco estruturador em conjunto com a empresa emissora dos títulos. O banco estruturador não possui responsabilidade sobre o prospecto, entretanto, tem interesse de fazê-lo da melhor forma possível para ajudar os participantes da operação a avaliar o crédito do cliente e conseguir aprovar a operação em seu comitê de crédito. As informações devem ser objetivas e todas as opiniões, eliminadas.

O prospecto consiste na descrição dos títulos, na identificação do emissor, garantidores e garantias, negócio do emissor, seu mercado de atuação, descrição da situação político-econômica de seu país, principais riscos envolvidos.

No caso de emissores que acessam frequentemente o mercado, as suas informações são bastante difundidas nesse ambiente, o que reduz, portanto, o tempo de preparação do prospecto.

EXEMPLO

O exemplo apresentado na seção 5.6.1 refere-se ao **prospecto** de distribuição pública primária e secundária de Certificados de Depósitos de Ações (Units) de emissão da Anhanguera Educacional.

5.6.1 Estudo de caso: Anhanguera Educacional

a. Introdução[3]

Fundada em 1994, a Anhanguera Educacional é hoje a maior empresa de ensino profissional do Brasil (inclui ensino superior e profissionalizante). Entre 2003 e 2006 a empresa recebeu uma sequência de aportes do Pátria Investimentos, totalizando cerca US$ 50 milhões. José Augusto Teixeira, Diretor de Plane-

[3] Fonte: Associação Brasileira de Private Equity e Venture Capital (ABVCAP).

jamento e RI da Anhanguera Educacional, explica que a decisão de buscar investimento via *private equity* ocorreu porque, além da necessidade de buscar capital para se estruturar, a empresa precisava de alguém que implantasse uma gestão de crescimento e que apontasse as questões críticas que precisavam ser melhoradas.

"Encontramos no Pátria o mesmo entendimento em relação a nossa proposta de valor", diz o diretor. Ele conta que o aporte possibilitou melhorar a *performance* da empresa, desenvolver o negócio e trazer uma estrutura clara de estratégia corporativa, além de formar um time profissional para gerir a empresa durante o crescimento, bem como implantar ferramentas de governança corporativa. Em 2004, a Anhanguera contava com 10 mil alunos e o faturamento era de R$ 50 milhões. Em 2009, a empresa possuía mais de 700 alunos e faturamento de mais de R$ 850 milhões.

José Augusto conta que o crescimento se deu através de aquisições, e que atualmente a Anhanguera conta com mais de 1.000 polos de ensino espalhados em todo o território nacional. A instituição oferece, além do curso superior, uma gama de serviços, como pós-graduação, cursos de extensão e preparatórios para concurso.

Nos anos seguintes, a empresa dobrou o número de alunos, alcançando mais de R$ 1 milhão e saindo de um Ebtida de R$ 185 milhões em 2004, atingindo um Ebtida de mais R$ 1 bilhão em 2014.

b. Histórico[4]

A Anhanguera Educacional foi fundada por um grupo de professores liderados por Antônio Carbonari Netto e José Luis Poli. Iniciou suas atividades por meio de uma instituição de ensino superior constituída na cidade de Leme, no Estado de São Paulo. Em 2003, tinha uma média de 8.848 alunos matriculados em sete unidades, localizadas em seis cidades no mesmo Estado, mantidas por três instituições sem fins lucrativos controladas pela Anhanguera Educacional.

Também em 2003, suas instituições sem fins lucrativos foram convertidas em instituições com fins lucrativos. No mesmo ano, o ISCP, entidade mantenedora da Universidade Anhembi Morumbi, tornou-se seu acionista mediante a integralização de capital e a subscrição de novas ações. Além dos recursos aportados, o ISCP também contribuiu com o conhecimento de seus acionistas acerca do setor de educação brasileiro. Em seguida, a Anhanguera Educacional realizou uma reorganização societária por meio da qual as três empresas

[4] Fonte: Anhanguera Educacional.

que formavam seu grupo naquela época foram incorporadas pela Anhanguera Educacional S.A. (Aesa), constituída em 15 de julho de 2003. Com os recursos financeiros aportados pelo ISCP, abriu novas unidades em três cidades de pequeno porte do Estado de São Paulo. Ao final de 2005, sua rede de ensino já contava com 10 unidades.

Em 2005, o ISCP permutou sua participação acionária na Aesa por cotas do FEBR, um fundo de investimentos criado e administrado pelo Pátria que captou e investiu novos recursos na Aesa. Além desses recursos captados, o FEBR também obteve uma linha de crédito de 12 milhões de dólares junto ao IFC. Esses recursos foram disponibilizados à Aesa em troca de novas ações e utilizados para financiar suas estratégias de aquisição e expansão orgânica. Como resultado dessas operações, o FEBR se tornou seu acionista controlador.

Em março de 2006, inaugurou sua 11ª unidade, elevando o seu total de alunos matriculados a 23.431. Nesse mesmo ano, acrescentou duas unidades à sua rede mediante as aquisições: (i) do Ilan, mantenedor da Faculdade Latino Americana (FLA), localizada no estado de Goiás, com uma média de 4.826 alunos matriculados em 2006; e (ii) Faculdade de Jacareí, localizada na cidade de mesmo nome e provida pelas mantenedoras Sapiens e Jacareiense, com uma média de 1.887 alunos matriculados em 2006. Além disso, a instituição estava em fase de implantação de seis unidades para 2007.

Em 19 de dezembro de 2006, os acionistas da Aesa, por meio de um veículo específico, a Viana, adquiriram 100% das ações da Anhanguera Educacional Participações S.A. (Aesa Participações) – à época denominada Mehir Holdings S.A. –, sociedade de capital aberto constituída em 2001 e registrada na CVM sob nº 18.961. Em 29 de dezembro de 2006, o FEBR contribuiu com suas ações da Aesa para o aumento de capital da Aesa Participações, com base em seu valor patrimonial. A Aesa Participações passou a deter a totalidade das ações da Aesa.

Em 7 de fevereiro de 2007, acrescentou ainda mais unidades à sua rede mediante a aquisição do Centro Hispano-Brasileiro, mantenedor da Unibero, localizada na cidade de São Paulo, com uma média de 2,4 mil alunos matriculados em 2006.

c. Prospecto da oferta pública

O prospecto da oferta pública de ações apresenta na sua capa o emissor das ações, a quantidade de ações vendidas ao público, as respectivas quantidades de ações primárias e secundárias, mercados de colocação das ações, o preço de colocação dos papéis no mercado de capitais e os bancos que fazem parte da oferta pública de ações.

- Emissor: Anhanguera Educacional.
- Quantidade de *units* da emissão: 24.750.000.
- 20.000.000 *units* referem-se à oferta primária e 4.750.000 *units* referem-se à oferta secundária, sendo que cada *unit* equivale a 1 ação ordinária e 6 ações preferenciais.
- Quantidade de ações ordinárias e preferenciais: após a emissão, o capital social seria composto de 459.903.565 ações ordinárias e 244.842.725 ações preferenciais.
- Valor financeiro da emissão: R$ 445.500.000.
- Mercado de distribuição: a distribuição seria feita no Brasil e no mercado internacional, sendo que nos Estados Unidos seria oferecida para investidores qualificados sem registro na SEC, de acordo com a Lei nº 144A.
- Instituições financeiras intermediárias: O Crédit Suisse foi o banco líder dessa emissão. O Merrill Lynch foi o banco que realizou a colocação do papel em conjunto com o Crédit Suisse.
- Compromisso de subscrição: as duas instituições, Crédit Suisse e Merrill Lynch, assumiram compromisso firme de subscrição. As instituições Banco Real, BBI e Espírito Santo Investimentos ajudaram a distribuir a emissão no mercado.
- Método de definição de preço: *bookbuilding.*

Em seguida, tem-se o índice do conteúdo do prospecto. É usualmente composto de quatro partes: (1) Introdução; (2) Informações sobre a companhia; (3) Anexos; e (4) Demonstrações Financeiras. A introdução contém as definições dos termos utilizados as longo do prospecto, resumo sobre a empresa emissora, resumo da oferta dos títulos, resumo das demonstrações financeiras, apresentação dos agentes participantes, fatores de risco da oferta e destinação dos recursos captados com a emissão. As informações sobre a empresa contêm uma descrição das atividades da empresa emissora, do seu setor de atuação, a estrutura de propriedade da emissora, aspectos sobre governança corporativa e responsabilidade social.

Os anexos contêm documentos da empresa, como o estatuto social, parecer dos auditores sobre os demonstrativos financeiros e ata da reunião do Conselho de Administração aprovando a oferta.

d. Cronograma da oferta

O cronograma da oferta da emissão descreve o processo de colocação dos títulos no mercado, conforme o Quadro 5.8.

Quadro 5.8 Cronograma de oferta da emissão

ETAPA	EVENTO	DATA
1	Disponibilização do prospecto preliminar para o mercado	16/2/2017
2	Início do *bookbuilding*	20/2/2017
3	Início do período de reserva	26/2/2017
4	Início do prazo para desistência do pedido de reserva por investidores não institucionais	1/3/2017
5	Término do prazo para desistência do pedido de reserva por investidores não institucionais	7/3/2017
6	Encerramento do período de reserva	7/3/2017
7	Encerramento do *bookbuilding* e fixação do preço de emissão da ação	8/3/2017
8	Disponibilização do prospecto definitivo	9/3/2017
9	Início das negociações na bolsa de valores no Brasil	12/3/2017
10	Encerramento do prazo de exercício da opção de emissão de ações suplementares	11/4/2017
11	Anúncio de encerramento	16/4/2017

e. Custos de emissão

Os custos de emissão consistem em custos e despesas com as instituições financeiras que participam da colocação dos títulos no mercado e as despesas com os demais agentes: despesas de registro e listagem da oferta em bolsa de valores, despesas com advogados, despesas com auditores, despesas com publicidade.

O custo total de emissão da IPO foi de R$ 26.940.740, discriminado no Quadro 5.9. As comissões de colocação e de incentivo foram pagas ao Crédit Suisse, ao Merrill Lynch e aos demais bancos participantes da colocação, de acordo com a participação de cada um na emissão.

5.7 PRODUTOS DO MERCADO DE CAPITAIS

5.7.1 Ação

A ação é título de propriedade de uma fração do capital social da empresa emissora, sem prazo de vencimento nem definição de retorno para seu detentor.

Quadro 5.9 Custo da emissão

		Comissão em R$
Comissão de Coordenação		3.786.750
	Crédit Suisse	3.786.750
Comissão de Garantia Firme		3.786.750
	Crédit Suisse	2.196.315
	Merrill Lynch	1.590.435
Comissão de Colocação		11.360.250
Comissão de Incentivo		3.341.250
Despesas de Registro e Listagem em Bolsa		165.740
Despesas com Advogados		2.000.000
Despesas com Auditores		1.000.000
Despesas com Publicidade da Oferta Global		1.500.000
Custo Total de Emissão		26.940.740

O investidor em ações de uma empresa é o proprietário de uma fração da empresa, denominado acionista, e possui todos os direitos de um sócio. Desfruta de todos os benefícios do sucesso da empresa que podem ser transferidos para o acionista através da valorização do preço da ação e do recebimento de dividendos. Os dividendos distribuídos aos acionistas dependem do resultado da empresa. Em períodos de resultado negativo, pode não haver distribuição de dividendos.

Os acionistas elegem, em assembleia, o Conselho de Administração para representar seus interesses junto à administração da empresa. O Conselho de Administração contrata os executivos – presidente e diretoria – com o objetivo de gerenciar a empresa de forma a gerar o maior valor possível aos acionistas.

Para atingir o objetivo dos acionistas, a gestão da empresa consiste em três principais decisões: (i) decisão de investimentos; (ii) decisão de financiamento; e (iii) decisão de dividendos. A decisão de investimentos é a que gera o maior valor presente líquido (VPL). A decisão de financiamento resulta no custo mínimo de capital e, finalmente, a decisão de dividendos delibera a distribuição de resultado aos acionistas depois de realizar o reinvestimento na própria empresa. Para aprofundamento no assunto, o interessado deve buscar literatura de finanças corporativas.

5.7.1.1 Valor da ação

- Valor nominal da ação: o estatuto social da companhia aberta deve definir se as ações terão ou não valor nominal. Se houver emissão de novas ações, o preço não poderá ser inferior ao valor nominal, caso este seja definido no estatuto social.
- Valor patrimonial da ação: refere-se ao montante contábil do patrimônio líquido dividido pelo número de ações emitidas pela companhia.
- Valor de mercado da ação: refere-se à cotação ou preço em que a ação está sendo estimada. O valor de mercado da empresa é o produto da cotação pelo número de ações emitidas.
- Valor de subscrição da ação ou preço de lançamento: refere-se ao preço em que novas ações são oferecidas aos investidores. Os acionistas têm direito de preferência; ou seja, por determinado período podem adquirir as novas ações na proporção das detidas.

5.7.2 Preço de lançamento

A Lei nº 6.404/1976, em seu artigo 170, dispõe que o preço de emissão de novas ações por subscrição deve levar em conta: a perspectiva de rentabilidade da companhia; o valor do patrimônio líquido da ação; e a cotação das ações em bolsa de valores ou no mercado de balcão organizado, admitindo ágio ou deságio em função das condições do mercado.

Os acionistas têm **direito de preferência** nas subscrições de capital que a empresa venha a realizar. Esse direito pode representar uma vantagem interessante porque, geralmente, o preço de subscrição é inferior ao valor de mercado. Se preferir não exercer esse direito, o acionista poderá negociá-lo em bolsa de valores.

5.7.3 Bônus de subscrição

Bônus de subscrição é o direito de subscrever uma nova ação dentro de um prazo determinado.

Após o acionista ter exercido seu direito de subscrição, o preço teórico, ou preço de ajuste na bolsa, é obtido da seguinte forma:

$$P_E = \frac{P_M + \left(L \times P_S\right)}{1 + L}$$

Onde:

P_E = preço teórico de mercado ou preço de equilíbrio, ao qual a ação deve ajustar-se após o exercício do direito de subscrição: é o preço ex-direitos;

P_M = preço de mercado da ação antes da subscrição, ou seja, com direitos;

L = percentual da subscrição para cada ação antiga possuída;

P_S = preço de subscrição da ação.

EXEMPLO

Certa ação estava cotada a $ 3,00, quando foi anunciada subscrição de novas ações na base de uma nova para cada 4 antigas possuídas (portanto, subscrição de 25%) ao preço de $ 2,50.

$$P_E = \frac{3{,}00 + (0{,}25 \times 2{,}50)}{1 + 0{,}25} = 2{,}90$$

O valor teórico de um **direito de subscrição** negociável no mercado é obtido por:

$$P_D = \frac{P_M - P_E}{L} = \frac{3{,}00 - 2{,}90}{0{,}25} = 0{,}40$$

EXEMPLO

Outro exemplo

Capital $ 1.000.000 dividido em 1.000.000 ações de valor unitário $ 1,00
Ações cotadas a $ 8,00 (valor de mercado)

Subscrição / *underwriting* de 40% ao preço de $ 7,50
Serão emitidas 400.000 ações a $ 7,50: valor captado = $ 3.000.000
Novo número de ações: 1.400.000
Preço de ajuste: [8,00 + (0,4 × 7,50)] / 1,4 = **$ 7,86**

Ponto de vista do acionista

Suponha um acionista que detenha 5% do capital dessa empresa, ou seja, 50.000 ações. Ao valor de mercado atual de $ 8, seu patrimônio pessoal será de $ 400.000 nesta empresa.

Após subscrição, se exercer seu direito no prazo de preferência, somará 20.000 ações × $ 7,50 (aportará $ 150.000), e seu patrimônio nessas ações passará a $ 550.000.
Terá um total de 70.000 ações (manterá participação de **5%** do novo número de ações).
Valor unitário da ação: $ 550.000 / 70.000 = **$ 7,86.**

A Lei nº 6.404/1976 prevê que as ações podem ser **ordinárias** ou **preferenciais.** As ações ordinárias têm como principal característica o direito ao voto proporcional à quantidade de ações detidas nas assembleias de acionistas. As ações preferenciais possuem prioridade no recebimento de dividendos e direito de receber, no caso de dissolução da sociedade, prioritariamente às ordinárias. Em caso de não distribuição de resultados por três exercícios consecutivos, as ações preferenciais adquirem direito a voto. O número de preferenciais não pode ultrapassar 50% do total de ações emitidas (Lei nº 10.303, de 31/10/2001).

- ***Tag along*:** no caso de venda do controle da companhia, os acionistas ordinários têm o direito de vender suas ações por 80% do preço de venda das ações do acionista controlador. Nos níveis mais altos de governança, o *tag along* deve ser estendido às ações preferenciais.
- Um dos parâmetros utilizados pelos investidores para classificar as ações é o grau de liquidez ou índice de negociabilidade.
- **Ações de primeira linha** (ou *blue chips*) são as ações que têm alta liquidez em bolsa, ou seja, maior volume de negócios diários. Em geral, são ações de empresas mais tradicionais em bolsa, de grande porte, como Petrobras e Vale.
- **Ações de segunda linha** são ações com menos liquidez em bolsa, ou seja, menor índice de negociabilidade. A expressão *segunda linha* não indica que sejam empresas de menor qualidade ou com menor potencial de valorização. Ao contrário, embora com menos presença nos pregões em relação às *blue chips*, as ações de segunda linha podem apresentar excelente rentabilidade e segurança ao investidor.
- ***Small caps* ou ações de terceira linha** são ações de empresas de menor porte ou menor valor de capitalização, com baixa liquidez em bolsa e baixo volume de negociação, embora possam oferecer alto potencial de valorização. A baixa liquidez na bolsa torna as *small caps* mais sujeitas a variações bruscas de preço. Em geral, são ações de empresas de menor porte, mas isso não significa que sejam de menor qualidade ou menor potencial de valorização.

- ***Golden shares.*** Nas empresas estatais ou de capital misto, são **ações** de classe especial detidas pelo poder público, que garantem poderes especiais de caráter estratégico, como a possibilidade de vetar algumas decisões da administração.

A Figura 5.5 representa o processo de emissão e aquisição de ações.

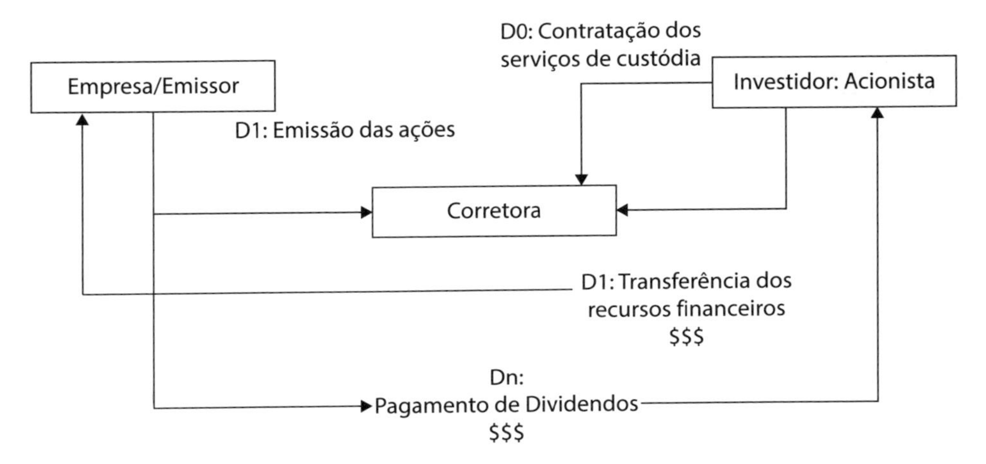

Figura 5.5 Representação da emissão de ações.

Um investidor seleciona uma corretora para prestar-lhe os serviços de custódia. Ao tomar a decisão de investimento nas ações de uma empresa, dá a ordem de compra para a corretora e esta adquire as ações através do banco de investimento contratado da empresa.

O resultado do investimento em ações pode ocorrer na forma de dividendos, bonificações, juros sobre capital próprio e valorização do preço da ação.

Na data de pagamento de **dividendos**, **bonificações** ou **juros sobre o capital próprio**, o emissor faz o pagamento para a corretora custodiante, que deposita na conta-corrente do acionista.

- Os **dividendos** são uma fração do lucro da empresa, distribuída aos acionistas em dinheiro, na proporção das ações detidas pelo investidor.
- A **bonificação** refere-se à distribuição gratuita de uma nova quantidade de ações proporcional às ações detidas por cada investidor, que resulta do aumento de capital por incorporação de reservas de capital. Não

há alteração no valor do patrimônio líquido da empresa e no patrimônio pessoal dos acionistas.

- **Os juros sobre o capital próprio** são uma forma de remuneração originada pelo lucro retido em exercícios anteriores. Foram introduzidos pela Lei nº 9.249, de 26/12/1995, permitindo a dedução na base de cálculo do Imposto de Renda da Pessoa Jurídica (IRPJ) e da Contribuição Social sobre o Lucro Líquido (CSLL) do valor correspondente aos "juros" sobre o capital próprio pago aos sócios.

EXEMPLO

Suponha uma empresa com a seguinte composição de capital próprio:

Capital (500.000 ações de valor nominal $ 10) ...5.000.000
Reservas de Capital.. 3.000.000
Reservas de Lucros.. 2.000.000
Total do Patrimônio Líquido................................. 10.000.000

Essa empresa resolve realizar uma bonificação de 40%, com incorporação de lucros. Pode optar por duas situações:

Situação a) Sem alterar o valor nominal da ação, emitindo novas ações:
Capital (700.000 ações a $ 10) 7.000.000
Reservas..3.000.000
Total do Patrimônio Líquido...........................10.000.000

Situação b) Sem emissão de novas ações, alterando o valor nominal da ação:
Capital (500.000 ações a $ 14) 7.000.000
Reservas..3.000.000
Total do Patrimônio Líquido...........................10.000.000

Ponto de vista do acionista perante uma operação de bonificação

Suponha que o Sr. José seja acionista da empresa acima, antes da bonificação. Ele detém 50.000 ações que atualmente estão cotadas a $ 15 na bolsa de valores – ou seja, ele possui 10% do capital. Seu patrimônio pessoal com ações dessa empresa soma R$ 750.000 atualmente.

Quando a empresa anuncia a bonificação de 40% com incorporação de reservas, a bolsa de valores realiza o ajuste técnico nas cotações.

$$P_E = P_M / (1 + b)$$

Onde:

P_E = Preço teórico ou preço de ajuste

P_M = Preço de mercado atual

b = percentual da bonificação

A cotação de R$ 15 será ajustada para o preço teórico de **$ 10,71** ($ 15 / 1,4).

O Sr. José receberá novas ações bonificadas, mantendo sua participação de 10% do novo capital. Passará a ter 70.000 ações à cotação de **$ 10,71**, mantendo o patrimônio de $ 750.000.

Desdobramento de ações ou stock split

Operações em que são distribuídas novas ações sem alterar o valor do capital social, com o objetivo de aumentar a liquidez em bolsa. Quando a ação é cotada a um valor elevado, a empresa emissora pode realizar um desdobramento ou *stock split*. Nesse tipo de operação, não ocorre o aumento do capital da empresa, mas uma nova divisão do capital social. Por exemplo, uma empresa que tenha suas ações negociadas a $ 100,00 por ação pode realizar um *stock split* de 10:1, ou seja, para cada ação possuída, o acionista passará a ter 10 ações de valor $ 10,00. A empresa distribui nove novas ações para cada possuída. Essa operação não altera o patrimônio do acionista nem o capital da empresa. Apenas haverá aumento do número de ações em circulação, com a correspondente redução no valor de mercado da ação.

EXEMPLO

ANTES DO DESDOBRAMENTO:

Patrimônio Líquido	10.000
Capital	3.000 – dividido em 300 ações de valor nominal $ 10
Reservas	7.000

APÓS O DESDOBRAMENTO de 900%:

Patrimônio Líquido	10.000
Capital	3.000 – dividido em 3.000 ações de valor nominal $ 1
Reservas	7.000

Ponto de vista do acionista perante uma operação de desdobramento

Suponha que o Sr. José seja acionista da empresa acima, antes do desdobramento. Ele é o feliz proprietário de 60 ações que atualmente estão cotadas a $ 40 na bolsa de valores – ou seja, ele possui 60 das 300 ações, ou 20% do capital.

Qual o valor de seu patrimônio pessoal antes do desdobramento? 60 × $ 40 = $ 2.400.

Com o desdobramento de 900% anunciado pela empresa, o Sr. José receberá nove ações novas para cada uma possuída, ou seja, receberá 540 novas ações, ficando com 600. Como o capital da empresa passará a ser de 3.000 ações, o Sr. José manterá sua participação de 20%.

Com o desdobramento, nem o capital social nem o patrimônio pessoal do Sr. José irá se alterar. Isso porque, com o desdobramento de 900%, a bolsa de valores fará um ajuste técnico e a cotação passará a [40 / (1 + **9**)] = $ 4. O patrimônio pessoal do Sr. José será 600 × $ 4 = $ 2.400 (mantido!).

Cotação ex-desdobramento = cotação anterior / (1 + percentual do desdobramento)

Agrupamento de ações

Operação inversa ao desdobramento. As ações são agrupadas, aumentando seu valor nominal, **sem alterar o capital social.**

EXEMPLO

ANTES DO AGRUPAMENTO:

Patrimônio Líquido	10.000
Capital	3.000 – dividido em 6.000 ações de valor nominal $ 0,50
Reservas	7.000

APÓS O AGRUPAMENTO de 100%:

Patrimônio Líquido	10.000
Capital	3.000 – dividido em 3.000 ações de valor nominal $ 1
Reservas	7.000

Nesse caso, cada duas ações se tornarão uma única.

Ponto de vista do acionista perante uma operação de agrupamento

Suponha que o Sr. José seja acionista da empresa acima, antes do agrupamento. Ele é o feliz proprietário de 1.200 ações que atualmente estão cotadas a $ 2 na bolsa de valores – ou seja, ele possui 1.200 das 6.000 ações, ou 20% do capital.

Qual o valor de seu patrimônio pessoal antes do agrupamento? 1.200 × $ 2 = $ 2.400.

Com o agrupamento de 100% anunciado pela empresa, o Sr. José passará a ter (1.200 / 2) = 600 ações. Como o capital da empresa passará a ser de 3.000 ações, o Sr. José manterá sua participação de 20%.

Com o agrupamento, nem o capital social nem o patrimônio pessoal do Sr. José irá se alterar. Isso porque, com o agrupamento de 100%, a bolsa de valores fará um ajuste técnico e a cotação passará a [2 × (1 + **1**)] = $ 4. O patrimônio pessoal do Sr. José será 600 × $ 4 = $ 2.400 (mantido!!).

Cotação ex-agrupamento = cotação anterior ×
(1 + percentual do agrupamento)

Recompra de ações

As companhias podem adquirir ações de sua própria emissão para cancelamento ou permanência em tesouraria e para atender aos planos de remuneração da administração, como, por exemplo, as *stock options*. As ofertas de compra de ações da própria emissão são reguladas pela Instrução CVM nº 567/2015.

O artigo 30 da Lei nº 6.404/1976 determina as condições em que as ações em tesouraria poderão ser negociadas. São as operações de resgate, reembolso ou amortização previstas em lei e a venda de ações em tesouraria, no caso de necessidade de recompor o patrimônio líquido se este se tornar inferior ao capital social.

5.7.3.1 Units

As *units* são ativos compostos por mais de uma classe de valores mobiliários, como uma ação ordinária e um bônus de subscrição, por exemplo, negociados em conjunto. Formam um "combo": compradas ou vendidas como uma unidade. As *units* estão sujeitas à mesma tributação das ações e outros títulos e valores mobiliários.

5.7.4 *Depositary receipts* (DR)

Depositary receipts são recibos emitidos em bolsa de valores no mercado externo que possuem como lastro ações listadas na bolsa de valores no Brasil. Essas ações ficam depositadas em instituição financeira. A decisão da emissão de DRs consiste no acesso ao controle da empresa por investidores internacionais e, com isso, ampliam-se as alternativas de captação de recursos para as empresas, no Brasil. Os investidores internacionais passam a adquirir ações de empresas com a finalidade de diversificar suas carteiras sob ambiente regulatório de seu próprio país. São, portanto, títulos de renda variável, que possuem como lastro ações ordinárias ou preferenciais de empresas sociedades anônimas de capital aberto, no Brasil.

Ao decidir dividir o controle da empresa com investidores estrangeiros, as empresas brasileiras entram em contato com o banco especializado na emissão de DRs. Normalmente, são os bancos estrangeiros contratados para serem estruturadores da emissão e para serem os bancos depositários no exterior. No caso dos *American depositary receipts* (ADRs), são os bancos americanos presentes no Brasil que melhor conhecem os procedimentos de emissão dos recibos do mercado acionário nos Estados Unidos.

Existem duas formas distintas de emissão de DRs: patrocinado ou não patrocinado. Normalmente, os programas de DR são patrocinados, ou seja, estruturados pela iniciativa da própria empresa emissora que estabelece o contato com o banco estrangeiro e assume os custos de emissão do programa. A segunda forma é a não patrocinada, quando a iniciativa da emissão é do investidor, no exterior, que firma um contrato com o banco depositário. Não é uma forma muito utilizada porque a empresa não se compromete com a divulgação das informações, e a operação torna-se mais cara para o investidor.

A seguir, será apresentada a estrutura de uma emissão de ADRs, que se refere aos DRs emitidos na bolsa de valores nos Estados Unidos.

As empresas já não se limitam ao ADR. Empresas brasileiras já começam a acessar outros mercados além do americano, incluindo a bolsa de valores da Espanha – Latinbex. Quando a emissão dos recibos acontece em um ou mais mercados fora dos Estados Unidos, os DRs denominam-se *global depositary receipts* (GDRs).

Estrutura da emissão

Na emissão dos DRs, vários agentes participam da operação:

- Empresa emissora: é a patrocinadora do programa de DRs. É uma empresa de capital aberto no Brasil que quer ter suas ações negociadas nas bolsas de valores de outros países.
- Banco estruturador: é o banco que estará auxiliando a empresa na preparação das informações para submissão aos órgãos competentes do país de negociação dos DRs. No caso dos Estados Unidos, são a SEC e as bolsas de valores – Amex, Nyse ou Nasdaq.

- Corretor, nos Estados Unidos: é responsável pelo recebimento da ordem de compra do investidor estrangeiro através da corretora de seu país.
- Corretor, no Brasil: realiza o fechamento de câmbio para ingresso dos recursos e compra as ações junto à Bovespa, emitindo a ordem de compra e realizando a entrega dos recursos financeiros na liquidação.
- Banco custodiante: é o banco contratado para realizar a custódia das ações em nome do investidor, no exterior. Deve ter autorização pela CVM para prestar serviços de custódia específicos de emissão de DRs. É responsável por enviar a informação ao banco depositário sobre a custódia das ações e informar ao Banco Central sobre a emissão dos DRs. Possui um prazo de cinco dias úteis para informar o Bacen sobre movimentações nas contas de custódia.[5] Adicionalmente, o banco custodiante deve manter atualizados à disposição do Bacen os contratos firmados pelo programa, documentos comprovantes dos pagamentos de proventos do emissor que justifiquem as remessas financeiras do exterior.[6] É responsável também por manter o banco depositário atualizado sobre as ações da empresa emissora.
- Banco depositário: é o banco responsável pela emissão dos recibos – DRs – para o investidor. Adicionalmente, assessora o emissor, cancela os DRs, fornece informações sobre o emissor aos investidores, mantém o registro dos investidores, conduz o *roadshow* e assessora na estrutura da operação.
- Banco autorizado a operar em câmbio: é o banco que fecha o contrato de câmbio nos ingressos e nas remessas de recursos financeiros do/e para o exterior. Deve informar ao banco custodiante as características da operação de câmbio realizada no mesmo dia de sua liquidação.[7]
- Investidor: é aquele interessado em adquirir títulos da empresa estrangeira e, uma vez em posse do recibo DR, pode negociá-lo em seu mercado secundário doméstico.

As emissões de DRs sujeitam-se ao registro na CVM e no Bacen. O banco custodiante deve solicitar o registro da operação junto ao Firce – Departamento de Capitais Estrangeiros do Bacen, com, no mínimo, 10 dias da data prevista para o início da negociação dos DRs no exterior.

---

[5] Regulamento Anexo V à Resolução nº 1.289, de 20 de março de 1987.

[6] Carta Circular nº 2.702, de 28 de novembro de 1996.

[7] Circular nº 2.179, de 21 de maio de 1992.

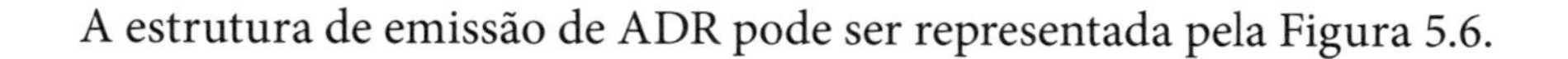

A estrutura de emissão de ADR pode ser representada pela Figura 5.6.

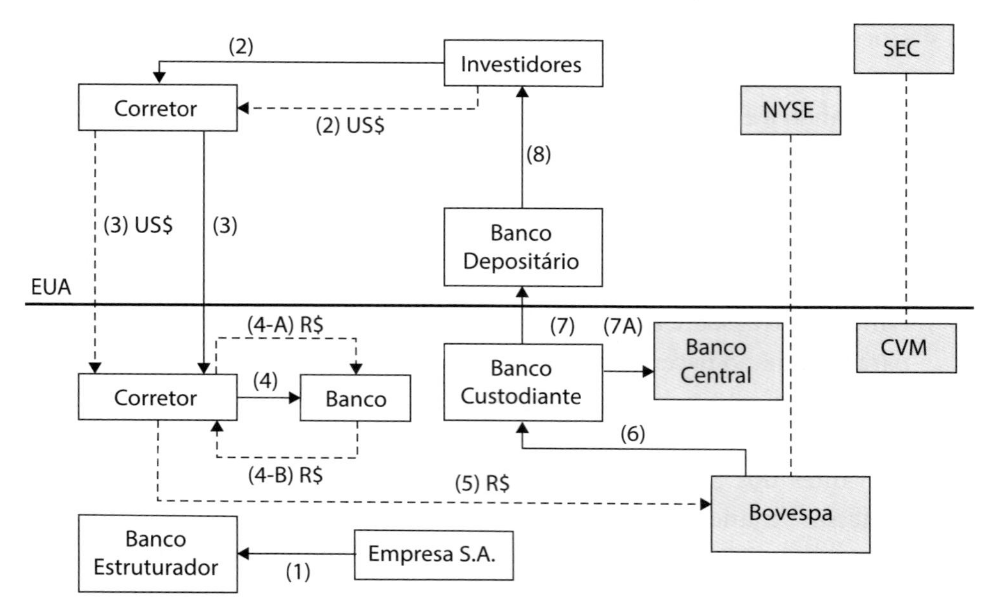

(1) A empresa emissora contrata o banco estruturador.

(2) O investidor emite ordem de compra para seu corretor, nos Estados Unidos e entrega os recursos para a efetivação da compra.

(3) O corretor, no exterior, emite ordem de compra e entrega os recursos financeiros.

(4) O corretor, no Brasil, fecha câmbio, vendendo os US$ (4A) e recebe os R$ (4B).

(5) O corretor, no Brasil, compra ações na Bovespa, em nome do investidor, no exterior.

(6) As ações são entregues, em custódia, junto ao banco custodiante. A liquidação ocorre em D + 3 a partir da data de negociação da compra das ações.

(7) Banco custodiante informa o banco depositário sobre a custódia das ações e fornece informações ao Bacen sobre o ingresso dos recursos (7A).

(8) Banco depositário emite os ADRs ao investidor em D + 4 a partir da data de negociação da compra das ações. O sistema de liquidação dos ADRs, nos Estados Unidos, é realizado pela central de liquidação Depository Trust Company (DTC).

Figura 5.6 Representação da emissão de ADRs.

A operação de emissão de DRs é formalizada através de um contrato de depósito (*deposit agreement*) assinado entre o emissor e o banco depositário, e o contrato de custódia entre o banco depositário e a instituição custodiante.

Os pagamentos de direitos em dinheiro – dividendos, bonificações – são feitos com fechamento de câmbio efetivado pela corretora ou investidor estrangeiro ou representante legal no país ao investidor estrangeiro ou à corretora, no exterior. O banco que realizará o fechamento de câmbio para a remessa dos recursos ao exterior é responsável pela verificação dos seguintes documentos, conforme Carta Circular nº 2.702:

- demonstrações financeiras, com base nas quais estiverem sendo distribuídos os DRs, e ato autorizativo de sua distribuição;
- comprovante de pagamento de lucros ou dividendos, emitido pelo banco custodiante;
- comprovante de alienação dos direitos de subscrição de ações ou outros direitos em bolsa de valores.

Quando o investidor decide se desfazer de sua posição, pode (i) vender ADRs em seu mercado; ou (ii) cancelá-los. Em caso de cancelamento, o corretor entrega os DRs para o banco depositário para cancelamento ao mesmo tempo em que emite uma ordem de venda à corretora, no Brasil, a qual, instrui o banco custodiante para vender as ações e entregar os reais ao corretor, no Brasil, para fechar o câmbio e remeter os dólares para o corretor, no exterior, ou ao próprio investidor, vendedor dos DRs.

5.7.4.1 Tipos de ADRs

Os emissores podem expandir sua base de acionistas escolhendo um entre quatro tipos de ADR, sendo que cada tipo acessa diferentes tipos de investidores:

- Nível 1 é negociado no mercado de balcão americano e não é listado em bolsa de valores. Os corretores que desejam atuar neste segmento obtêm informações de mercado através dos "*Pink Sheets – National Quotation Bureau*", sistema de informações disponibilizado somente para corretores e instituições financeiras registrados. Neste nível, aplica-se a isenção de registro, Regra 12g3-2(b), pela qual o emissor deve apenas traduzir para o inglês as informações exigidas em seu próprio país. É um programa não registrado na SEC e é o nível que acessa a menor base de investidores de ADR.
- O Nível 2 consiste nos ADRs listados nas bolsas de valores americanas, acessando, assim, um mercado maior de potenciais acionistas, pois a listagem oferece maior visibilidade aos títulos. A listagem implica a exigibilidade de registro junto à SEC pelo *Securities Exchange Act 1934*: os emissores devem passar a ter contabilidade em US GAAP e preencher os formulários de registro. As informações anuais são fornecidas através do preenchimento do formulário F-20.

- O Nível 3 diferencia-se do Nível 2, pois consiste, na captação de novos recursos, emissão de novas ações pela empresa emissora. Neste nível, há listagem em bolsa de valores e, portanto, registro na SEC, devendo, assim, o emissor atender às exigibilidades de fornecimento de informação.

O quarto tipo de ADR é o chamado 144ª, que corresponde à colocação privada de acordo com a Regra 144A, pela qual os títulos podem ser distribuídos somente para os investidores qualificados – QIBs. Neste caso, não há registro na SEC. As informações de mercado dos ADRs 144A são registradas no Portal, sistema de informações do mercado de colocação privada nos Estados Unidos.

Da mesma forma que os títulos de dívida, os DRs são liquidados pelas centrais de liquidação – DTC, nos Estados Unidos, e Cedel e Euroclear, na Europa.

No caso de emissão de DRs no Brasil, estamos nos referindo aos *Brazilian Depositary Receipts* (BDR), que são os recibos de depósitos emitidos no Brasil, representativos de ações de empresas listadas em bolsas de valores no exterior. Representam uma oportunidade de investimento ao público de investidores brasileiros nos títulos de propriedade de empresas listadas no exterior. As ações que lastreiam os BDRs são custodiadas no banco custodiante no exterior. A regulamentação da emissão de BDRs é dada pela instrução da CVM nº 331, de abril de 2000, que dispõe sobre o registro da empresa emissora dos BDRs, e pela instrução CVM nº 332, de abril de 2000, que dispõe sobre emissão e negociação dos BDRs.

5.7.5 Notas promissórias

As notas promissórias, também denominadas *commercial papers*, são títulos de dívida emitidos pelo prazo mínimo de 30 dias e máximo de 360 dias nos casos de empresas de capital aberto e prazo máximo de 180 dias para os casos de empresas de capital fechado. É o único título do mercado de capitais de curto prazo. Os interesses dos investidores são protegidos pelo agente fiduciário. Esse agente deve zelar pelo cumprimento da escritura da emissão e produzir relatórios periódicos sobre o desempenho da empresa.

A Figura 5.7 representa a empresa emissora das notas promissórias. O credor seleciona uma corretora para prestar-lhe os serviços de custódia. Ao tomar a decisão de investimento na nota promissória, dá a ordem de compra para a corretora que adquire os títulos da empresa. Na data de pagamento dos juros e amortização de principal, o emissor faz o pagamento para a corretora custodiante que deposita na conta-corrente do investidor.

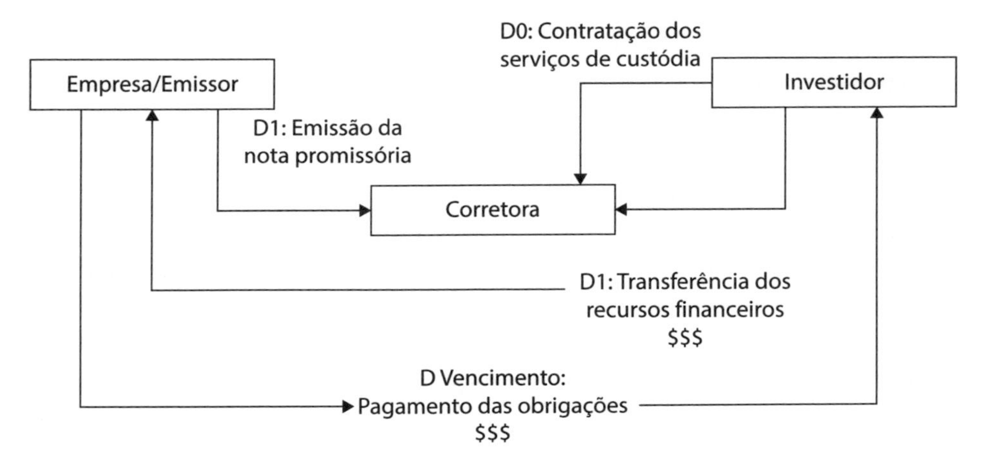

Figura 5.7 Representação de emissão de nota promissória.

5.7.6 Debêntures

As debêntures são títulos de dívida de longo prazo emitidas por empresas sociedade anônimas de capital aberto ou capital fechado. No caso das distribuições ao público geral de investidores, distribuição pública, estamos nos referindo às empresas de capital aberto e que devem estar registradas junto à CVM. Adicionalmente, a emissão também deve ser submetida ao processo de registro junto à CVM, de acordo com o artigo 4º da Lei nº 6.404/1976, que estabelece que nenhuma distribuição pública de valores mobiliários será efetivada sem o prévio registro na CVM.

A colocação pública das debêntures exige a definição de um agente fiduciário que tem como principal função a proteção dos direitos e interesses dos debenturistas de acordo com as cláusulas definidas na escritura da debênture. Essa escritura contém a descrição das características das debêntures: as datas de pagamento de juros e amortização de principal, os juros que podem ser fixos ou flutuantes, garantias e de outras condições e direitos conferidos aos investidores, os debenturistas.

A Figura 5.8 representa a empresa emissora das debêntures que capta recursos do debenturista. O debenturista seleciona uma corretora para prestar-lhe os serviços de custódia. Ao tomar a decisão de investimento, dá a ordem de compra para a corretora que adquire as debêntures junto ao banco de investimento contratado pela empresa. Na data de pagamento dos juros e principal, o emissor faz o pagamento para a corretora custodiante que deposita na conta-corrente do debenturista.

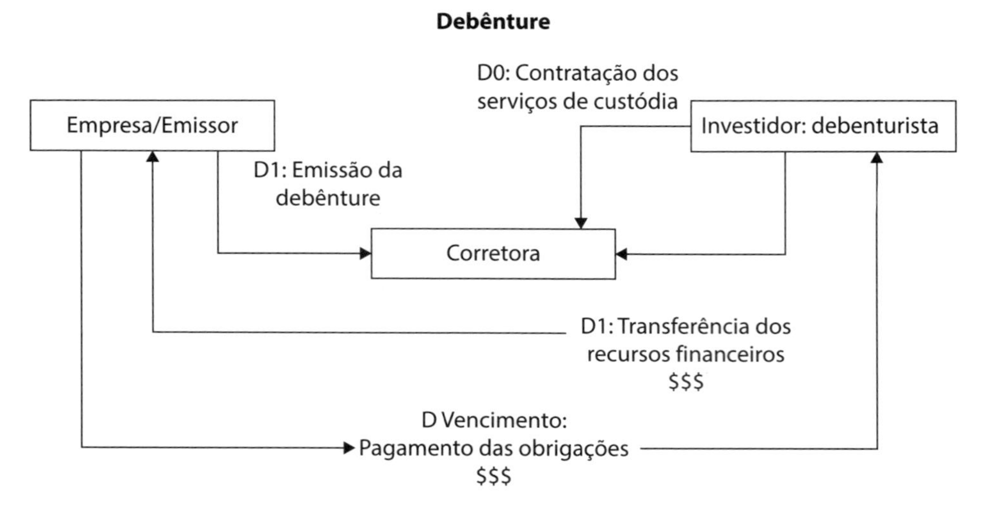

Figura 5.8 Representação da operação de emissão das debêntures.

Caso o investidor queira se desfazer do título antecipadamente, pode vendê-lo a outro investidor no mercado secundário de notas promissórias e debêntures. Os títulos originados de ofertas públicas são admitidos à negociação na B3, porém com escassa liquidez. Entretanto, estarão sujeitos às condições de mercado do momento da venda, portanto não terão qualquer garantia de retorno.

Dessa forma, além do **risco de crédito**, o investidor assume o **risco de mercado**, caracterizado pela variabilidade das taxas, e o **risco de liquidez**, dado que o mercado secundário de CP e debêntures é bastante restrito no Brasil.

5.7.7 Securitização de recebíveis

São títulos de crédito garantidos por uma carteira de ativos do emissor, que é uma empresa criada especificamente para emitir os títulos. Funciona como uma captação de recursos para a empresa originadora dos recebíveis, que os vende para receber antecipadamente os recursos financeiros. Para os investidores que adquirem os títulos securitizados, assumem o risco de vários devedores, o que é atrativo em razão da diversificação de riscos.

A operação é estruturada por uma instituição financeira que cria uma empresa exclusivamente para adquirir os recebíveis e emitir os títulos no mercado de capitais. Essa empresa, denominada Sociedade de Propósitos Específicos (SPE), não deve exercer atividade operacional. A empresa que deseja captar recursos (originadora) desconta sua carteira de recebíveis com a SPE, que consegue recursos emitindo títulos de dívida aos investidores. Esses títulos são lastreados nos ativos adquiridos. Ou seja, a SPE terá um passivo de longo prazo e o ativo composto por títulos de curto prazo, os quais deverão ser substituídos ao longo do prazo da operação. Os clientes da empresa tomadora dos recursos, ao liquidarem seus títulos, proporcionam os recursos para que a SPE remunere os investidores de seus títulos. A atividade da SPE encerra-se com o vencimento do título de longo prazo que compõe seu passivo.

A estrutura de uma operação de securitização de recebíveis envolve também a contratação de uma instituição financeira, denominada *trustee*, para acompanhar o desempenho e a situação financeira da SPE. O agente fiduciário ou *trustee* deve manter os investidores informados por meio de relatórios periódicos e pareceres de auditoria externa.

É a originadora que patrocina a operação e deve oferecer recebíveis de alta qualidade, de modo que possa atrair investidores para aquisição dos títulos ao menor custo possível. São vários os ativos que podem ser securitizados: recebíveis do mercado imobiliário, cartão de crédito, impostos (Municípios, Estados), financiamento de carros, barcos, *trailers*, entre outros.

As condições a serem atendidas para que um ativo seja securitizado são:

- diversificação: os ativos devem ser suficientemente diversificados para reduzir o risco de perdas. Diversificação por devedor, área geográfica, tamanho e até por segmento;
- homogeneidade: devem ser recebíveis de mesma natureza;
- estatísticas de repagamento e perdas estáveis;
- similaridade em termos e condições de empréstimos.

Os recebíveis podem ser classificados em ordem crescente de risco:

- recebíveis performados: referem-se aos créditos preexistentes gerados em uma operação comercial já realizada pela originadora;
- recebíveis a serem performados, já contratados: referem-se aos créditos que serão criados em uma operação comercial ainda não realizada, cujo contrato comercial já tenha sido formalizado;
- recebíveis a serem contratados: referem-se aos créditos que serão criados sob a expectativa de realização de operação comercial em razão do histórico de *performance* comercial.

As operações de securitização também podem ser classificadas em função da natureza dos recebíveis:

- **Recebíveis imobiliários**

Quando os recebíveis forem provenientes de contratos imobiliários, a operação denomina-se **securitização de recebíveis imobiliários.**

As companhias constituídas com a finalidade de adquirir créditos imobiliários podem emitir quaisquer títulos, porém, o Certificado de Recebíveis Imobiliários (CRI) é o título criado especialmente para o financiamento da SPE de recebíveis imobiliários. São títulos de renda fixa cuja fonte de repagamento origina-se dos pagamentos das contraprestações de aquisição de bens imóveis ou de aluguéis.

LINKS

Para mais informações sobre o CRI, acesse o *site* da B3.
http://www.bmfbovespa.com.br/pt_br/produtos/listados-a-vista-e-derivativos/renda-fixa-privada-e-publica/certificados-de-recebiveis-imobiliarios.htm

Outro veículo de securitização de recebíveis imobiliários é o fundo de investimento, em lugar da SPE. Os fundos de investimentos imobiliários viabilizam o financiamento de empreendimentos imobiliários, sendo que os investimentos adquirem cotas dos fundos em vez dos certificados ou debêntures, títulos utilizados em outros tipos de securitização.

- **Recebíveis de exportação**

Uma das principais transações de securitização realizadas por grandes empresas exportadoras é a **securitização de exportação**, que proporciona recursos do mercado externo, lastreados em recebíveis ou contratos de exportação. Os recebimentos dos clientes no exterior, pagamentos dos importadores fora do país, são utilizados para pagamento do empréstimo captado no mercado internacional de capitais, eliminando assim uma parte do risco país referente ao pagamento pelos importadores que situam-se além das fronteiras do Brasil. Com isso, o risco da operação diminui, os investidores exigem retorno menor e, desse modo, o custo de captação é reduzido.

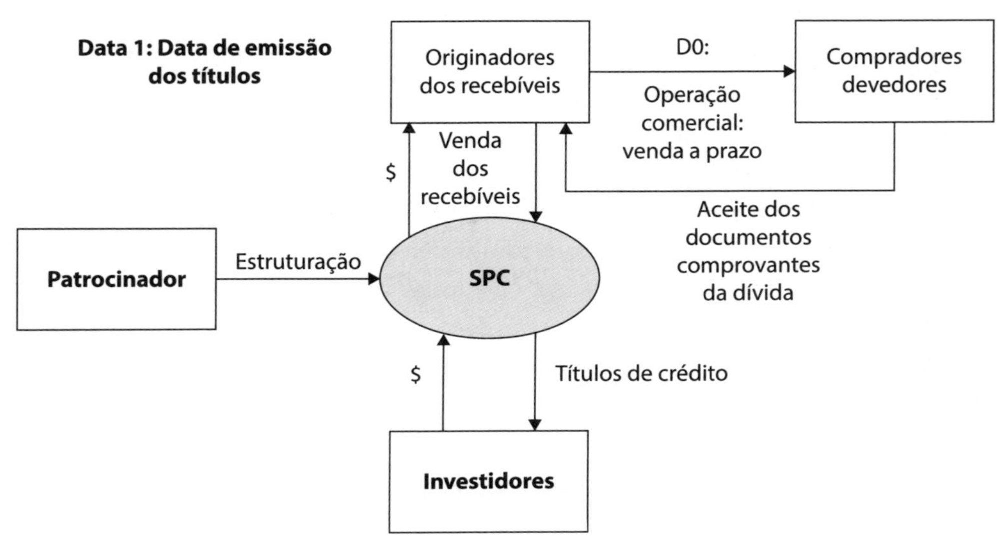

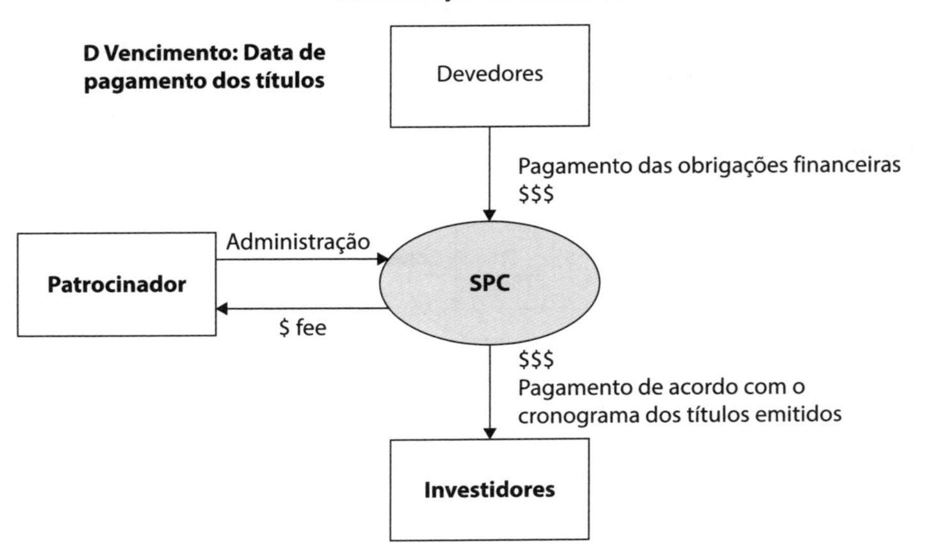

Figura 5.9 Representação da operação de securitização.

EXEMPLO

A corretora Tivalmobil está oferecendo cotas do fundo imobiliário no valor de $ 240.000.000. O fundo tem como objetivo a realização de investimentos imobiliários de longo prazo, por meio da aquisição e gestão patrimonial dos empreendimentos, em construção ou performados, de forma a proporcionar a seus cotistas uma remuneração para o investimento realizado, por meio de pagamento de rendimentos advindos da locação dos empreendimentos. Determine o retorno esperado do investidor, considerando as informações apresentadas a seguir.

Representação da operação

A representação da Figura 5.10 consiste na etapa de constituição do fundo de investimento, emissão das cotas e aquisição do empreendimento imobiliário.

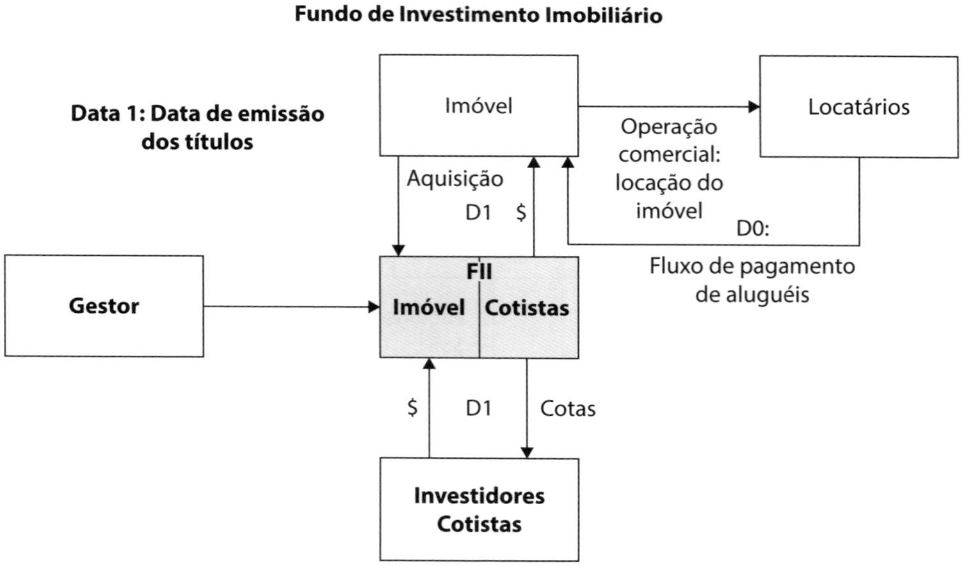

Fundo de Investimento Imobiliário

Data 1: Data de emissão dos títulos

Imóvel

Locatários

Operação comercial: locação do imóvel

Aquisição

D1 $

D0:

Fluxo de pagamento de aluguéis

Gestor

FII

Imóvel **Cotistas**

$ D1 Cotas

Investidores Cotistas

Figura 5.10 Representação da constituição do fundo de investimento.

A Figura 5.11 representa a remuneração do cotista e do gestor do fundo de investimento.

Do total de recursos captados pelo fundo de investimento, o gestor aplicará o valor líquido de comissões de $ 229.344.000 na aquisição de imóvel comercial

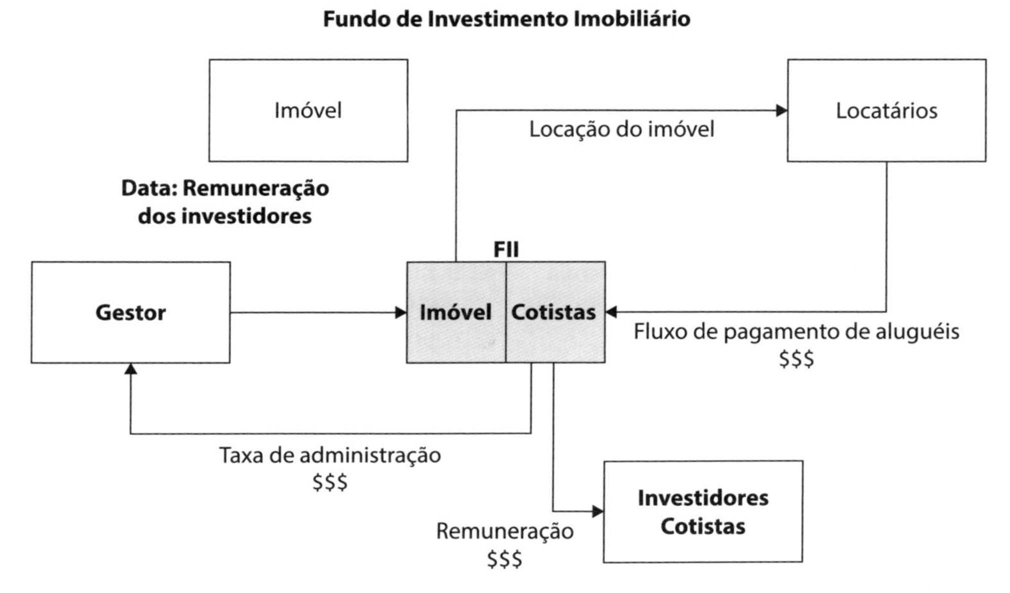

Figura 5.11 Representação da remuneração do investidor.

de área de 20.000 m². O valor de $ 10.656.000 será utilizado para pagar as despesas de lançamento do fundo de investimento nos seguintes valores:

Despesas	Valor
Total	**$ 10.656.000**
Comissão de Estruturação, Coordenação e Colocação	$ 8.400.000
Taxa de Registro CVM	$ 72.000
Custos com Publicação dos Documentos	$ 120.000
Assessoria Legal	$ 144.000
Despesas de Cartório + Laudo de Avaliação + Corretor de Imóvel	$ 1.920.000

O imóvel será alugado pelo valor de $ 1.900.000 por mês pelo prazo de dez anos, corrigido anualmente pelo IGP-M. O avaliador apresentou uma expectativa de valor de venda do imóvel em dez anos por $ 440.000.000, considerando uma expectativa anual do IGP-M de 5%.

A cada ano o gestor cobra 0,80% TOA sobre o patrimônio líquido do fundo. Em caso de venda das cotas, o gestor pagará 20% de Imposto de Renda sobre o ganho de capital. Há isenção de IR sobre juros recebidos pelos cotistas.

Para determinar o retorno anual esperado do investidor, deve-se construir o fluxo de caixa anual com o investimento inicial do investidor na data 0, entrada do aluguel anual, entrada do valor de venda do imóvel no 10° ano, despesas do fundo de investimento com a administração. Esses dados estão apresentados a seguir:

	IGP-M	Valor do Aluguel	Valor de Venda Esperado	Soma das Entradas de Caixa	Despesas Gestor	Entrada Líquida de Caixa
1	5,50%	22.800.000		22.800.000	R$344.016	$ 22.455.984
2	5,50%	24.054.000		24.054.000	R$344.016	$ 23.709.984
3	5,50%	25.376.970		25.376.970	R$344.016	$ 25.032.954
4	5,50%	26.772.703		26.772.703	R$344.016	$ 26.428.687
5	5,50%	28.245.202		28.245.202	R$344.016	$ 27.901.186
6	5,50%	29.798.688		29.798.688	R$344.016	$ 29.454.672
7	5,50%	31.437.616		31.437.616	R$344.016	$ 31.093.600
8	5,50%	33.166.685		33.166.685	R$344.016	$ 32.822.669
9	5,50%	34.990.853		34.990.853	R$344.016	$ 34.646.837
10	5,50%	36.915.349	440.000.000	476.915.349	R$344.016	$ 476.571.333

E então pode-se determinar a taxa interna de retorno (TIR) do fluxo de caixa anual:

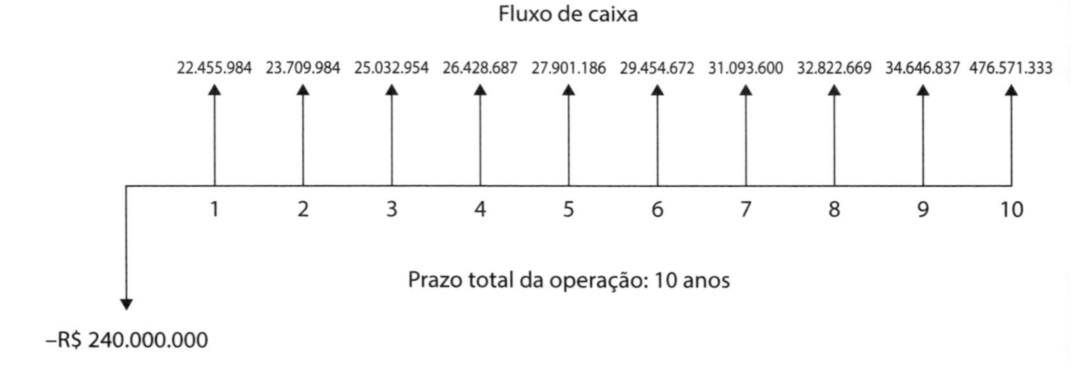

$$240.000.000 = \frac{22.455.984}{(1+TIR)} + \frac{23.709.984}{(1+TIR)^2} + \frac{25.032.954}{(1+TIR)^3} + \frac{26.428.687}{(1+TIR)^4} + \frac{27.901.186}{(1+TIR)^5} + \frac{29.454.672}{(1+TIR)^6} + \frac{31.093.600}{(1+TIR)^7} + \frac{32.822.669}{(1+TIR)^8} + \frac{34.646.837}{(1+TIR)^9} + \frac{476.571.333}{(1+TIR)^{10}}$$

Figura 5.12 Determinação da TIR do fluxo de caixa anual.

Com o auxílio da calculadora financeira, obtemos TIR de 7,41% ao semestre, equivalente a 15,38% ao ano. A sequência do cálculo na HP 12-C seria:

f	REG	
$ 240.000.000	CHS g CF_0	Valor presente
$ 22.455.984	g CFj	Prestação no 1º ano
$ 23.709.984	g CFj	Prestação no 2º ano
$ 25.032.954	g CFj	Prestação no 3º ano
$ 26.428.687	g CFj	Prestação no 4º ano
$ 27.901.186	g CFj	Prestação no 5º ano
$ 29.454.672	g CFj	Prestação no 6º ano
$ 31.093.600	g CFj	Prestação no 7º ano
$ 32.822.669	g CFj	Prestação no 8º ano
$ 34.646.837	g CFj	Prestação no 9º ano
$ 476.571.333	g CFj	Prestação no 10º ano
	f IRR	TIR

■ **Outros recebíveis**

O Fundo de Investimento em Direitos Creditórios (FIDC) consiste em uma comunhão de recursos que destina parcela preponderante do respectivo patrimônio líquido para a aplicação em direitos creditórios. Seu funcionamento é regulamentado pela Instrução da CVM nº 356, de dezembro de 2001. Os direitos creditórios que podem ser adquiridos pelo FIDC podem ser: os direitos e títulos representativos de crédito, originários de operações realizadas nos segmentos financeiro, comercial, industrial, imobiliário, de hipotecas, de arrendamento mercantil e de prestação de serviços; e os *warrants*, contratos e títulos.

Os FIDCs podem ser abertos ou fechados. Os fundos abertos são aqueles em que os investidores, ou condôminos, podem solicitar resgate de cotas, em conformidade com o disposto no regulamento do fundo. Os fundos fechados são aqueles cujas cotas somente são resgatadas ao término do prazo de duração do fundo ou de cada série ou classe de cotas, conforme estipulado no regulamento, ou em virtude de sua liquidação, admitindo-se, ainda, a amortização de cotas por disposição do regulamento ou por decisão da assembleia geral de cotistas. Os FIDCs destinados à colocação pública devem ser classificados por agência classificadora de risco em funcionamento no Brasil e, assim, outros títulos distribuídos para o mercado público devem emitir prospecto que descreva as características das cotas do fundo e dos direitos creditórios, possibilitando que os próprios investidores possam avaliar o risco do investimento e tomar a decisão de alocação dos recursos.

LINKS

O Certificado de Recebíveis do Agronegócio (CRA) consiste em outro produto do mercado de capitais. São títulos de renda fixa lastreados em recebíveis originados por negócios realizados pelos produtores rurais. Para mais informações sobre CRAs, acesse o *site* da B3.
http://www.bmfbovespa.com.br/pt_br/produtos/listados-a-vista-e-derivativos/renda-fixa-privada-e-publica/certificado-de-recebiveis-do-agronegocio.htm

5.7.8 *Private equity/venture capital*

O mercado caracteriza-se pela intermediação financeira da empresa de *private equity* ou *venture capital* que capta recursos de investidores para aplicar em empresas de capital fechado, através da aquisição de participação acionária nessas empresas. Com a aquisição do controle acionário, adquirem também poder de decisão na empresa investida, o que pode representar um grande ganho em experiência de gestão e na preparação da empresa para uma possível abertura de capital no futuro.

As empresas de *private equity* e *venture capital* se diferenciam no estágio do ciclo de vida da empresa que recebe o aporte dos recursos. O *venture capital* realiza o investimento para a empresa que já possui um produto e uma base de clientes para realizar seu primeiro estágio de crescimento, no momento em que a empresa precisa investir na produção e no marketing para expandir sua atuação. Nesse estágio do ciclo de vida, as empresas são denominadas *startups*. Já o *private equity* realiza o investimento para a empresa que já possui uma participação de mercado efetuar aumento de escala de produção e de mercado, realizando uma grande expansão.

A aquisição de participação acionária nas empresas investidas ocorre fora da bolsa de valores e envolve somente a empresa investida e o investidor *private equity/venture capital*, entretanto a venda de sua participação no futuro pode ser realizada no mercado de capitais através da IPO, quando o *private equity/venture capital* venderá sua participação para os investidores públicos e realizará seu resultado.

Esse mercado caracteriza-se por altos retornos em razão do alto risco envolvido nas aquisições de participação de empresas de capital fechado e da falta de liquidez. As empresas de capital fechado apresentam maior risco por serem, normalmente, de menor tamanho e atuam em segmentos não tradicionais, com menor conhecimento das margens financeiras e retorno sobre o capital. A falta de liquidez consiste na inexistência de um mercado secundário para a venda da participação acionária a qualquer momento, já que se trata de empresas de capital fechado, sem negociação em bolsa de valores.

É importante ressaltar que a IPO não é a única forma de resgate dos investimentos de *private equity/venture capital*, entretanto, é a saída de maior interesse em razão do seu maior retorno potencial, já que uma grande demanda pela participação da empresa objeto da IPO pode fazer com que as ações atinjam preços muito altos.

Um exemplo de IPO que gerou grande demanda pelos investidores foi o do Facebook, como relatamos no início deste capítulo. Um dos participantes desse processo, a Accel Partners, foi um investidor *venture capital* que resgatou seu investimento nessa IPO.

Uma segunda opção de saída se dá pela venda estratégica para uma empresa do setor com interesse em expandir seu mercado ou adquirir novas tecnologias, que pode estar disposta a pagar um bom preço pela participação do *private equity/venture capital*. Nesse caso, a venda é realizada fora das bolsas de valores.

As empresas são formalizadas como sociedades limitadas ou como fundos de investimento que vendem suas cotas aos investidores, os quais podem ser pessoas físicas, fundos de pensão ou ainda outros fundos de investimento. A distribuição das participações das empresas ou dos fundos de investimento pode ser realizada para o público geral investidor através da listagem em bolsa de valores.

No Brasil, os fundos de *private equity* são regulados pela CVM, observando a Instrução nº 290, de 11 de setembro 1998 – Fundos Mútuos de Investimento em Empresas Emergentes (FMIEE), voltados para *venture capital* – e a Instrução nº 391, de 16 de julho de 2003 – Fundos de Investimento em Participações (FIP), voltados para *private equity*.

5.7.9 Outros produtos

Existem outros produtos do mercado de capitais que podem interessar aos leitores. Sugerimos aos interessados acessar informações adicionais sobre os produtos no *site* da B3, conforme indicado a seguir.

5.7.9.1 Exchange trade funds (ETF)

São cotas de fundos de investimento listadas na B3 que têm como objetivo obter retornos correspondentes à *performance* de um índice de ações reconhecido pela CVM.

LINKS

O leitor com interesse em obter maiores informações pode acessar o *link* a seguir: http://www.bmfbovespa.com.br/pt_br/produtos/listados-a-vista-e-derivativos/renda-variavel/etf-de-renda-variavel.htm

5.7.9.2 Cédula do produtor rural (CPR)

A CPR é um título de renda fixa negociada no mercado de balcão (não é listada na B3) que possui como garantia a safra do produtor rural. É utilizada para financiar o produtor rural.

LINKS

O leitor com interesse em obter maiores informações pode acessar o *link* a seguir: http://www.bmfbovespa.com.br/pt_br/produtos/mercado-de-balcao/titulos-financeiros/cedula-de-produto-rural-cpr.htm

RESUMO

Este capítulo apresentou o funcionamento do mercado de capitais e os principais participantes: emissores de títulos mobiliários, investidores, órgão regulador, intermediários financeiros, com destaque para a atividade de analista de investimento. Permitiu conhecer os produtos, serviços e riscos intrínsecos das atividades desse segmento de negócios. A apresentação de casos práticos auxilia a desenvolver a capacidade de compreensão do noticiário econômico-financeiro e das atualidades do mercado de capitais, como fatos relevantes publicados pelas empresas, investigações e normas editadas pela Comissão de Valores Mobiliários, entre outras.

Referências

ASSAF NETO, Alexandre. **Mercado financeiro**. 12. ed. São Paulo: Atlas, 2014.

BREALEY, Richard A.; MYERS, Stewart C.; **Investimento de capital e avaliação.** Porto Alegre: Bookman, 2006.

BRIGHAM, Eugene F.; HOUSTON, Joel F. **Fundamentos da moderna administração financeira**. Rio de Janeiro: Campus, 1999.

CAOUETTE, J. B.; ALTMAN, E. I.; NARAYANAN, P. **Gestão do risco de crédito**: o próximo grande desafio financeiro. Rio de Janeiro: Qualitymark, 1999.

CASAGRANDE NETO, Humberto; SOUZA, Lucy A.; ROSSI, Maria Cecília. **Abertura do capital de empresas no Brasil**: um enfoque prático. 4. ed. São Paulo: Atlas, 2010.

CAVALCANTE, Francisco; MISUMI, Jorge Yoshio. **Mercado de capitais**: o que é, como funciona. 6. ed. Rio de Janeiro: Elsevier, 2005.

CHISHTI, Susanne; BARBERIS, Janos. **A revolução fintech**: o manual das startups financeiras. Rio de Janeiro: Alta Books, 2017.

CROUHY, M.; GALAI, D.; MARK, R. **Fundamentos da gestão de risco**. Rio de Janeiro: Qualitymark; São Paulo: Serasa, 2007.

DAMODARAN, Aswath. **Gestão estratégica do risco**: uma referência para a tomada de riscos empresariais. Porto Alegre: Bookman, 2009.

FARIAS NETO, Pedro Sabino de. **Mercado financeiro**: enfoque na política econômica. Curitiba: Juruá, 2016.

FORTUNA, Eduardo. **Mercado financeiro**: produtos e serviços. 19. ed. Rio de Janeiro: Qualitymark, 2013.

GAROFALO FILHO, Emílio. **Câmbios no Brasil**: as peripécias da moeda nacional e da política cambial, 500 anos depois. São Paulo: Bolsa de Mercadorias & Futuros, 2000.

______. **Câmbios**: princípios básicos do mercado cambial. São Paulo: Saraiva, 2005.

GLANTZ, Morton. **Gerenciamento de riscos bancários**: introdução a uma engenharia de crédito. Rio de Janeiro: Elsevier, 2007.

______. **Loan risk management**: strategies and analytical techniques for commercial banks. New York: Irwin, 1994.

GRINBLATT, Mark; TITMAN, Sheridan. **Mercados financeiros e estratégia corporativa**. 2. ed. Porto Alegre: Bookman, 2005.

KERR, R. B. **Mercado financeiro e de capitais**. São Paulo: Pearson Prentice Hall, 2011.

LIMA, Iran Siqueira; LIMA, Gerlando A.S.F.; PIMENTEL, Renê C. (Coord.). **Curso de mercado financeiro**: tópicos especiais. São Paulo: Atlas, 2007.

MELLAGI FILHO, Armando; ISHIKAWA, Sérgio. **Mercado financeiro e de capitais**. 2. ed. São Paulo: Atlas, 2003.

NIYAMA, J. K.; GOMES, A. L. O. **Contabilidade de instituições financeiras**. 2. ed. São Paulo: Atlas, 2002.

OLIVEIRA, Virgínia I.; GALVÃO, Alexandre; RIBEIRO, Érico. (Org.). **Mercado financeiro**: uma abordagem prática dos principais produtos e serviços. Rio de Janeiro: Elsevier, 2006.

OLIVEIRA JR., Gilson Alves de; PACHECO, Marcelo Marques. **Mercado financeiro**: objetivo e profissional. 3. Ed. São Paulo: Fundamento, 2017.

PINHEIRO; Juliano Lima. **Mercado de capitais**: fundamentos e técnicas. 4. ed. São Paulo: Atlas, 2007.

RIEHL, Heinz; RODRIGUEZ, Rita M. **Câmbio & mercados financeiros**: as técnicas das operações locais e estrangeiras. São Paulo: McGraw-Hill, 1988.

SAITO, R.; PROCIANOY, J. L. (Org.). **Captação de recursos de longo prazo**. São Paulo: Atlas, 2008.

SANTOS, José Odálio dos. **Análise de crédito**: empresas, pessoas físicas, agronegócio e pecuária. 5. ed. São Paulo: Atlas, 2012.

SAUNDERS, A. **Administração de instituições financeiras**. São Paulo: Atlas, 2000.

SCHRICKEL, W. K. **Análise de crédito**: concessão e gerência de empréstimos. São Paulo: Atlas, 1994.

SECURATO, José Roberto. **Cálculo financeiro das tesourarias**: bancos e empresas. São Paulo: Saint Paul, 2012.

______. **Crédito**: análise e avaliação do risco: pessoas físicas e jurídicas. 2. ed. São Paulo: Saint Paul, 2012.

SILVA, José Pereira da. **Gestão e análise de risco de crédito.** 4. ed. São Paulo: Atlas, 2003.

SILVEIRA, A.D.M. **Governança corporativa e estrutura de propriedade**: determinantes e relação com o desempenho das empresas no Brasil. 2006. Tese (Doutorado) – FEA-USP, São Paulo.

BARTIRA — 2019/1